Introdução à análise de dados categóricos com aplicações

Política editorial do Projeto Fisher

O Projeto Fisher, uma iniciativa da Associação Brasileira de Estatística (ABE), tem como finalidade publicar textos básicos de estatística em língua portuguesa.

A concepção do projeto se fundamenta nas dificuldades encontradas por professores dos diversos programas de bacharelado em Estatística no Brasil em adotar textos para as disciplinas que ministram.

A inexistência de livros com as características mencionadas, aliada ao pequeno número de exemplares em outros idiomas em nossas bibliotecas impedem a utilização de material bibliográfico de forma sistemática pelos alunos, gerando o hábito de acompanhamento das disciplinas exclusivamente pelas notas de aula.

Em particular, as áreas mais carentes são: amostragem, análise de dados categorizados, análise multivariada, análise de regressão, análise de sobrevivência, controle de qualidade, estatística bayesiana, inferência estatística, planejamento de experimentos etc. Embora os textos que se pretendem publicar possam servir para usuários da estatística em geral, o foco deverá estar concentrado nos alunos do bacharelado.

Nesse contexto, os livros devem ser elaborados procurando manter um alto nível de motivação, clareza de exposição, utilização de exemplos preferencialmente originais e não devem prescindir do rigor formal. Além disso, devem conter um número suficiente de exercícios e referências bibliográficas e apresentar indicações sobre implementação computacional das técnicas abordadas.

A submissão de propostas para possível publicação deverá ser acompanhada de uma carta com informações sobre o objetivo do livro, conteúdo, comparação com outros textos, pré-requisitos necessários para sua leitura e disciplina onde o material foi testado.

Associação Brasileira de Estatística (ABE)

Blucher

Introdução à análise de dados categóricos com aplicações

Suely Ruiz Giolo

Departamento de Estatística

Universidade Federal do Paraná

Introdução à análise de dados categóricos com aplicações

Editora Edgard Blücher Ltda.

Imagem da capa: cortesia de cooldesign em FreeDigitalPhotos.net

Blucher

Rua Pedroso Alvarenga, 1245, 4º andar
04531-934 - São Paulo - SP - Brasil
Tel.: 55 11 3078-5366
contato@blucher.com.br
www.blucher.com.br

Segundo o Novo Acordo Ortográfico, conforme 5. ed. do *Vocabulário da Língua Portuguesa*, Academia Brasileira de Letras, março de 2009.

Dados Internacionais de Catalogação na Publicação (CI
Angélica Ilacqua CRB-8/7057

Giolo, Suely Ruiz
Introdução à análise de dados categóricos com aplicações / Suely Ruiz Giolo. – São Paulo : Blucher, 2017.
256 p. : il.

Bibliografia
ISBN 978-85-212-1187-7

1. Estatística 2. Estatística matemática I. Título.

17-0504 CDD 519.5

Índices para catálogo sistemático:
1. Estatística

Livros já publicados

ANÁLISE DE SÉRIES TEMPORAIS
Pedro A. Morettin
Clélia M. C. Toloi

ELEMENTOS DE AMOSTRAGEM
Heleno Bolfarine
Wilton O. Bussab

ANÁLISE DE SOBREVIVÊNCIA APLICADA
Enrico Antônio Colosimo
Suely Ruiz Giolo

Conteúdo

Prefácio

Este livro apresenta um texto introdutório sobre métodos desenvolvidos para a análise de dados categóricos e foi escrito, em essência, para servir de apoio em cursos de graduação em Estatística. Contudo, com os devidos cuidados, também pode ser utilizado em cursos ministrados para alunos e profissionais de outras áreas (Medicina, Epidemiologia, Saúde Pública etc.).

O livro *Análise de dados categorizados* (PAULINO; SINGER, 2006) foi o primeiro escrito em língua portuguesa sobre esse tema. Entretanto, o enfoque adotado pelos autores para a apresentação das metodologias, assim como a abrangência de métodos abordados por eles, fazem desse texto uma reconhecida referência em cursos de pós-graduação.

Em termos gerais, esta obra apresenta métodos estatísticos utilizados com frequência na análise de dados categóricos. Dos nove capítulos que compõem o texto, os três primeiros são dedicados à apresentação de conceitos básicos, delineamentos amostrais usuais e respectivos modelos probabilísticos, além de testes e medidas de associação direcionados à análise de dados categóricos dispostos em tabelas de contingência 2×2. Metodologias para a análise de dados em tabelas de contingência $s \times r$ (com s, r ou ambos > 2) são apresentadas no Capítulo 4. O Capítulo 5 discute métodos estatísticos propostos para a análise de situações que envolvem variáveis interferentes (de confundimento ou modificadoras de efeito), e o Capítulo 6 é dedicado à apresentação de medidas usuais em tabelas de contingência com dados pareados. Modelos de regressão para respostas com duas ou mais categorias (dicotômica ou politômica) são tratados nos Capítulos 7 e 8, respectivamente. No Capítulo 9, respostas dicotômicas em observações pareadas, como as obtidas em estudos caso-controle com pareamento 1:1 ou em estudos cruzados (do inglês *crossover*) de dois períodos, são analisadas por meio do modelo de regressão logística condicional.

As metodologias apresentadas no decorrer dos capítulos são ilustradas com exemplos que enfatizam as interpretações e conclusões dos resultados. Para a obtenção dos resultados foi adotado o *software R*, que fornece uma ampla variedade de metodologias estatísticas e de técnicas gráficas. Este *software* pode ser obtido gratuitamente em http://www.r-project.org. Ademais, os códigos utilizados em linguagem *R* encontram-se disponíveis na página https://docs.ufpr.br/~giolo/LivroADC e também no site da editora Blucher (https://www.blucher.com.br/).

Alunos de graduação em Estatística da Universidade Federal do Paraná (UFPR) e de outras universidades já tiveram acesso a este texto ou a parte dele. Agradecimentos ficam registrados aos que contribuíram com críticas, comentários e sugestões para seu aperfeiçoamento, bem como aos que cederam alguns dos conjuntos de dados utilizados no decorrer do texto.

Para a editoração do texto, foi utilizado o editor LaTeX, e para a tradução dos termos estatísticos do inglês para o português, foi, em geral, utilizado o glossário da SPE/ABE (Sociedade Portuguesa de Estatística/Associação Brasileira de Estatística), disponível em http://glossario.spestatistica.pt/. Os eventuais erros e imperfeições não detectados são de exclusiva responsabilidade da autora. Críticas, sugestões e comentários são bem-vindos.

Suely Ruiz Giolo
giolo@ufpr.br

Capítulo 1

Conceitos introdutórios

1.1 Introdução

Analistas se deparam frequentemente com experimentos em que diversas das variáveis de interesse são categóricas (ou qualitativas), refletindo assim categorias de informação em vez da usual escala intervalar. Exemplos de variáveis categóricas são, dentre outros, melhora do paciente (sim ou não), sintomas de uma doença (sim ou não), desempenho do candidato (bom, regular ou péssimo) e classe social (baixa, média ou alta).

Dependendo do delineamento amostral utilizado para obtenção dos dados, bem como dos objetivos para a análise dos mesmos, as variáveis de interesse podem ser classificadas em variáveis respostas ou explicativas. Aquelas descrevendo a livre resposta de cada unidade amostral e que, por isso, estão sujeitas a modelos probabilísticos que estejam de acordo com o esquema de obtenção dos dados, são denominadas variáveis respostas. Já aquelas consideradas fixas, seja pelo delineamento amostral ou pela ação causal atribuída a elas no contexto dos dados, são comumente denominadas variáveis explicativas (ou ainda fatores, covariáveis, dentre outros).

O objetivo desse texto é o de apresentar um material introdutório sobre a análise de dados provenientes de estudos em que o interesse se concentra em uma variável resposta categórica. A análise de dados dessa natureza é comumente denominada análise de dados categóricos ou análise de dados discretos. Isso porque distribuições discretas de probabilidade (binomial, Poisson, multinomial etc.) estão associadas à variável resposta. As demais variáveis envolvidas nesses estudos, as quais usualmente se tem interesse em verificar suas respectivas associações com a variável resposta, podem ser tanto categóricas quanto contínuas. Variáveis contínuas podem também ser categorizadas, seja por interesse do pesquisador ou por conveniência. Por exemplo, a idade pode ser categorizada em faixas etárias, bem como o resultado de um exame médico categorizado em normal ou anormal. O peso, por sua vez, pode ser categorizado em obeso e não obeso ou, ainda, em intervalos tais como < 60, $[60, 100)$, $[100, 150)$ e ≥ 150 kg.

1.2 Classificação de variáveis

Dos exemplos de variáveis categóricas citados na Seção 1.1 é possível notar algumas diferenças entre elas. Por exemplo, algumas apresentam duas categorias mutuamente exclusivas, outras três ou mais, bem como algumas apresentam uma ordenação natural das categorias e outras não.

Variáveis categóricas que apresentam somente duas categorias são denominadas *dicotômicas* ou *binárias*. Já as que apresentam três ou mais categorias são denominadas *politômicas*. Em geral, variáveis categóricas são classificadas de acordo com sua escala de mensuração em ordinais ou nominais. As que apresentam categorias ordenadas são ditas ordinais. Por exemplo: *a*) efeito produzido por um medicamento (nenhum, algum ou acentuado); ou ainda *b*) grau de pureza da água (baixo, médio ou alto). Nesses dois exemplos, nota-se a existência de uma ordem natural das categorias com as distâncias absolutas entre elas sendo, contudo, desconhecidas. Em contrapartida, variáveis cujas categorias não exibem uma ordenação natural são ditas nominais. Como exemplos tem-se: *i*) preferência de local para passar as férias (praia, montanha ou fazenda); bem como *ii*) candidato de sua preferência (A, X, Y ou Z). Para essas variáveis, a ordem das categorias é irrelevante.

Algumas variáveis podem, ainda, apresentar um número finito de valores distintos. Assim, em vez de categorias, tais como *sim* e *não* ou *baixo*, *médio* e *alto*, tem-se valores inteiros (contagens discretas). Alguns exemplos são: *i*) tamanho da ninhada (1, 2, 3, 4 ou 5); e *ii*) número de televisores em casa (0, 1, 2, 3 ou 4). Variáveis dessa natureza são usualmente denominadas *quantitativas do tipo discreto*. Em geral, métodos utilizados para a análise de respostas categóricas (nominais ou ordinais) também se aplicam a variáveis dessa natureza, bem como àquelas que têm seus valores agrupados em categorias (por exemplo, anos de educação: < 5, 5 a 10 e > 10).

Em certas situações, agrupar categorias se faz necessário devido à presença de categorias com frequências muito pequenas ou nulas. Em *a*), por exemplo, os efeitos *algum* e *acentuado* podem ser agrupados obtendo-se uma variável resposta dicotômica com as categorias *melhora* e *não melhora*.

1.3 Terminologia e notação

Dados provenientes de estudos em que a variável resposta Y e as variáveis explicativas $\mathbf{X} = (X_1, \ldots, X_p)$ são categóricas (ou foram categorizadas) são usualmente dispostos nas, assim denominadas, tabelas de contingência. Um exemplo de tabela de contingência 2×2 de dupla entrada (ou bidimensional) é mostrado na Tabela 1.1. Nesse exemplo, o termo dupla-entrada é utilizado pelo fato de a tabela apresentar a classificação cruzada de duas variáveis. Já a dimensão 2×2 se deve ao fato de tanto a variável explicativa X quanto a resposta Y apresentarem duas categorias cada.

Neste texto, convencionou-se dispor as categorias da variável X nas linhas das tabelas de contingência e as da resposta Y nas colunas. Contudo, é comum encontrar tal disposição de outras formas na literatura.

As frequências denotadas na Tabela 1.1 por n_{ij} $(i, j = 1, 2)$ correspondem aos totais de indivíduos observados simultaneamente na i-ésima categoria da variável X e j-ésima categoria da variável resposta Y. Ainda, as frequências denotadas por n_{i+} $(i = 1, 2)$ correspondem às somas das frequências n_{ij} na i-ésima linha e são denominadas totais marginais-linha. Analogamente, as frequências n_{+j} $(j = 1, 2)$ correspondem às somas das frequências n_{ij} na j-ésima coluna, sendo denominadas totais marginais-coluna. O total amostral denotado por n_{++}, ou simplesmente n, corresponde à soma das frequências n_{ij}, para $i, j = 1, 2$.

Tabela 1.1 – Representação de uma tabela de contingência 2 × 2

Categorias da variável X	Categorias da variável resposta Y		Totais
	$j = 1$	$j = 2$	
$i = 1$	n_{11}	n_{12}	n_{1+}
$i = 2$	n_{21}	n_{22}	n_{2+}
Totais	n_{+1}	n_{+2}	$n_{++} = n$

Ainda, a notação $p_{ij} = \mathrm{P}(X = i, Y = j)$ será utilizada para denotar a probabilidade de um indivíduo apresentar a categoria i de X e a categoria j de Y, para $i, j = 1, 2$. Tais probabilidades são denominadas probabilidades conjuntas. Por outro lado, probabilidades condicionais, tais como a probabilidade de um indivíduo apresentar a categoria j de Y, dado que pertence à categoria i de X, isto é, $\mathrm{P}(Y = j \mid X = i)$, serão denotadas por $p_{(i)j}$.

Adicionalmente, as notações p_{+j} e p_{i+} serão utilizadas para designar, respectivamente, as probabilidades marginais-coluna e marginais-linha, sendo $p_{+j} = \mathrm{P}(Y = j)$ a probabilidade de um indivíduo apresentar a j-ésima categoria de Y (independente da categoria de X a que pertence) e $p_{i+} = \mathrm{P}(X = i)$ a probabilidade de um indivíduo apresentar a i-ésima categoria de X (independente da categoria de Y a que pertence).

Em decorrência do delineamento amostral adotado para a realização de um estudo, os valores de algumas das frequências dispostas na Tabela 1.1

serão determinísticos (isto é, serão fixados no delineamento e, assim, não dependerão da realização do estudo para serem conhecidos). Já os valores das demais frequências serão aleatórios, isto é, dependerão da realização do estudo para serem conhecidos e poderão variar a cada repetição sob o mesmo delineamento (KENDAL; STUART, 1961). Nesse contexto, frequências cujos valores são aleatórios serão denominadas variáveis aleatórias. Essas variáveis serão representadas por letras maiúsculas e seus correspondentes valores observados por letras minúsculas. Por exemplo, a notação n_{11} corresponderá ao valor observado da variável aleatória N_{11}.

Assim, se em um estudo com X e Y binárias forem fixados no delineamento amostral os totais marginais-linha n_{1+} e n_{2+}, as respectivas tabelas representando o delineamento adotado e os valores das frequências após a realização do estudo, em termos das notações mencionadas, ficam como mostrado nas Tabelas 1.2 e 1.3 a seguir.

Tabela 1.2 – Delineamento adotado

Variável X	Variável Y		Totais
	$j = 1$	$j = 2$	
$i = 1$	N_{11}	N_{12}	n_{1+}
$i = 2$	N_{21}	N_{22}	n_{2+}
Totais	N_{+1}	N_{+2}	n

Tabela 1.3 – Estudo realizado

Variável X	Variável Y		Totais
	$j = 1$	$j = 2$	
$i = 1$	n_{11}	n_{12}	n_{1+}
$i = 2$	n_{21}	n_{22}	n_{2+}
Totais	n_{+1}	n_{+2}	n

1.4 Exemplos de estudos clínico-epidemiológicos

Estudos envolvendo variáveis categóricas são comuns em diversas áreas de pesquisa. Alguns desses estudos, conduzidos com frequência em pesquisas clínico-epidemiológicas, são descritos nesta seção.

1.4.1 Estudos de coorte

Ao conduzir um estudo de coorte o interesse está, em geral, em avaliar se indivíduos expostos a um determinado fator (por exemplo: tabaco, álcool, poluição do ar etc.) apresentam maior propensão ao desenvolvimento de certa doença do que indivíduos não expostos ao fator. Fatores que aumentam o risco de adoecer são usualmente denominados "de risco". Exposição a um fator de risco significa que um indivíduo, antes de adoecer, esteve em contato com o fator em questão ou o manifestou.

Um estudo de coorte é constituído, em seu início, de um grupo de indivíduos, denominado coorte, em que todos estão livres da doença sob investigação. Os indivíduos dessa coorte são classificados em expostos e não expostos ao fator de interesse obtendo-se dois grupos ou duas coortes de comparação. Essas coortes são observadas por um período de tempo, registrando-se os indivíduos que desenvolvem e os que não desenvolvem a doença em questão. Os indivíduos expostos e não expostos devem ser comparáveis, ou seja, semelhantes quanto aos demais fatores, que não o de interesse, para que os resultados e as conclusões obtidas sejam confiáveis.

Portanto, o termo coorte é utilizado para descrever um grupo de indivíduos que apresentam algo em comum ao serem reunidos e que são observados por um determinado período de tempo a fim de se avaliar o que ocorre com eles. É importante que todos os indivíduos sejam observados por todo o período de seguimento, já que informações de uma coorte incompleta pode distorcer o verdadeiro estado das coisas. Por outro lado, o período de tempo em que os indivíduos serão observados deve ser significativo na história natural da doença em questão para que haja tempo suficiente de o risco se manifestar. Doenças com período de latência longa exigirão períodos longos de observação. Entenda-se por história natural da doença sua evolução sem intervenção médica e, por período de latência, o tempo entre a exposição ao fator e as primeiras manifestações da doença.

Outras denominações usuais para os estudos de coorte são: *a*) estudos longitudinais ou de seguimento, enfatizando o acompanhamento dos indivíduos ao longo do tempo; *b*) estudos prospectivos, enfatizando a direção do acompanhamento; e *c*) estudos de incidência, atentando para a proporção de novos eventos da doença no período de seguimento, definida como incidência e calculada por

$$\text{incidência} = \frac{\text{número de casos novos no período de seguimento}}{\text{número de indivíduos no início do estudo}}.$$

Quanto à forma de coleta das informações dos indivíduos pertencentes à coorte sob investigação, pode-se, ainda, classificar os estudos de coorte em: *i*) estudos de coorte contemporânea ou prospectiva; e *ii*) estudos de coorte histórica ou retrospectiva. Em um estudo de coorte contemporânea, os indivíduos são escolhidos no presente e o desfecho é registrado após um período futuro de acompanhamento. Já em uma coorte histórica, os indivíduos são escolhidos em registros do passado, sendo o desfecho investigado no presente. Sendo assim, os dados de estudos de coorte histórica podem não ter a qualidade suficiente para uma pesquisa rigorosa. O mesmo não ocorre com os estudos de coorte contemporânea, uma vez que os dados são coletados para atender aos objetivos do estudo.

Do que foi apresentado sobre o delineamento amostral e a coleta de dados nos estudos de coorte, nota-se que os totais n_{1+} e n_{2+} são determinísticos (isto é, seus valores são fixados no delineamento amostral). Já os valores n_{ij} associados às variáveis aleatórias N_{ij} $(i, j = 1, 2)$ dependem da realização do estudo para serem conhecidos. Os dados de um estudo de coorte realizado para pesquisar a associação entre tabagismo e câncer de pulmão são mostrados na Tabela 1.4.

Tabela 1.4 – Representação dos dados obtidos em um estudo de coorte

Exposição ao tabaco	Câncer de pulmão		Totais
	Sim	Não	
Sim	75	45	120
Não	21	56	77
Totais	96	101	197

As principais dificuldades para a realização de um estudo de coorte são: *a*) é um estudo demorado, que pode envolver custos elevados devido aos recursos necessários para acompanhar os indivíduos ao longo do tempo estabelecido; *b*) não disponibiliza resultados em curto prazo; *c*) os indivíduos sob estudo vivem livremente e não sob o controle do pesquisador, podendo ocorrer perda de seguimento de alguns deles; e *d*) não é viável para doenças raras. A Figura 1.1 exibe o esquema amostral de um estudo de coorte.

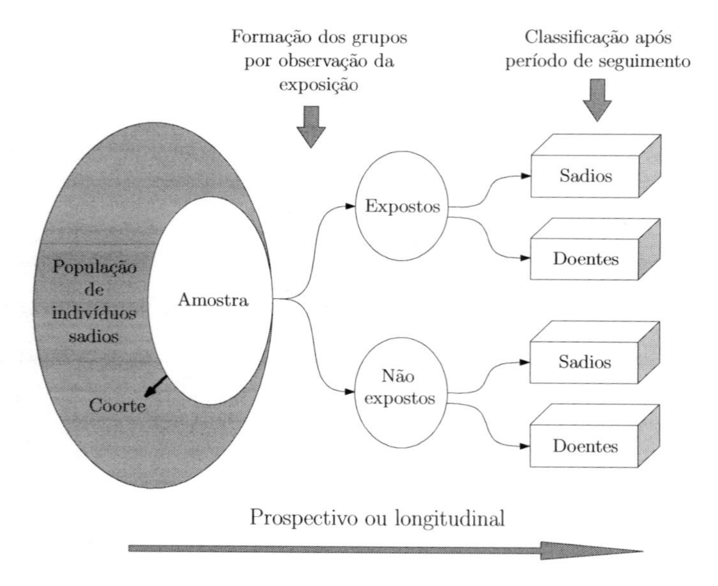

Figura 1.1 – Esquema amostral de um estudo de coorte.

1.4.2 Estudos caso-controle

O objetivo de um estudo caso-controle é essencialmente o mesmo de um estudo de coorte, o de avaliar se uma doença apresenta associação com um fator suspeito de ser de risco. Contudo, tais estudos se diferenciam dos estudos de coorte quanto à forma de seleção e de coleta de informações dos indivíduos. Nos estudos caso-controle, o pesquisador seleciona um grupo de indivíduos com uma determinada doença de interesse, denominados *casos*, e outro grupo de indivíduos livres da doença, os *controles*.

A validade dos resultados desses estudos está condicionada, em particular, à forma de seleção dos indivíduos. Os casos devem ser de preferência novos e os controles devem ser comparáveis aos casos, isto é, todas as diferenças importantes, que não o fator de interesse, devem ser controladas quando da escolha dos indivíduos. Em outras palavras, casos e controles devem parecer ter tido chances iguais de exposição ao fator em questão.

Os controles são, em geral, escolhidos segundo alguma estratégia que possa minimizar os vieses de seleção. Uma das possibilidades é a dos controles pareados aos casos, isto é, para cada caso, são selecionados um ou mais controles com algumas características comuns aos casos. É usual o pareamento por características demográficas (idade, sexo, raça etc.), porém deve-se também levar em conta outras características reconhecidamente importantes. O pareamento apresenta, contudo, o risco de o pesquisador considerar, no pareamento, um fator que esteja relacionado à exposição.

Outra estratégia é a seleção de mais de um grupo controle. A comparação dos casos com cada um deles pode trazer à tona potenciais vieses de seleção, pois, se forem observados resultados diferentes na comparação dos casos com os diferentes grupos controle, há evidências de que os grupos não são comparáveis. Desse modo, atenção e cuidado são necessários na seleção dos casos e dos controles para que a comparabilidade entre os grupos possa ser assegurada. Atenção também deve ser dada ao número de indivíduos sob estudo, que deve ser suficientemente grande para que o acaso não interfira em demasia nos resultados.

Uma vez selecionados os casos e os controles, registram-se os indivíduos expostos e os não expostos ao fator sob investigação. Para esse fim, o pesquisador geralmente utiliza informações passadas, dependendo, assim, da disponibilidade e da qualidade dos registros existentes ou da memória dos pacientes. Evidentemente, isso pode ocasionar vieses de informação.

Por fazer uso de informações passadas, os estudos caso-controle são também denominados retrospectivos. A Figura 1.2 exibe o esquema amostral de um estudo caso-controle.

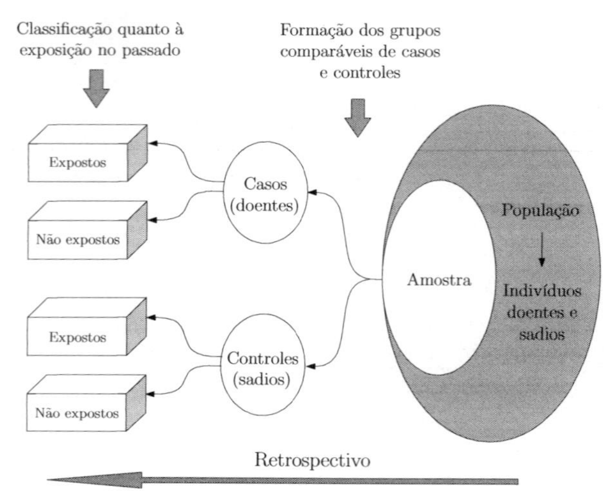

Figura 1.2 – Esquema amostral de um estudo caso-controle.

As principais vantagens dos estudos caso-controle são o custo e o tempo envolvidos para obtenção da resposta, fatores que são relativamente pequenos quando comparados aos de outros estudos como o de coorte. Por outro lado, tais estudos apresentam um particular problema, o de resultados propensos a vieses devidos, principalmente, às possíveis manipulações dos grupos de comparação, bem como pela exposição ao fator de interesse ser medida por meio de informações passadas. Contudo, se a atenção apropriada for dada às possíveis fontes de vícios, os estudos caso-controle podem ser válidos e eficientes para responder várias questões clínicas, em particular aquelas envolvendo doenças raras.

Se os dados apresentados na Tabela 1.4 tivessem sido obtidos por meio de um estudo caso-controle, nota-se que n_{+1} e n_{+2} é que teriam seus valores previamente estabelecidos (determinísticos) e não n_{1+} e n_{2+}. Quanto aos valores n_{ij} associados às variáveis aleatórias N_{ij} $(i, j = 1, 2)$, eles também dependeriam da realização do estudo para serem conhecidos.

1.4.3 Estudos transversais

Nos estudos transversais (do inglês *cross-sectional*), informações sobre uma variedade de características (variáveis) são coletadas simultaneamente de um grupo ou população de indivíduos em um ponto específico do tempo (ou durante um período bem curto). São estudos geralmente utilizados para investigar potenciais associações entre fatores suspeitos de serem de risco e a doença. Contudo, o fato de todas as informações serem coletadas em um ponto específico do tempo limitam esses estudos em sua capacidade de fornecer conclusões quanto às associações, pois não se sabe se a exposição ocorreu antes, depois ou durante o aparecimento da doença. Sendo assim, fica difícil inferir causalidade. São estudos, no entanto, muito úteis para o direcionamento e o planejamento de novas pesquisas.

Os estudos transversais podem ser vistos como avaliações fotográficas de grupos ou populações de indivíduos, sendo o termo transversal usado para indicar que os indivíduos estão sendo estudados em um ponto específico do tempo (corte transversal). Um exemplo de estudo dessa natureza foi realizado com 1.080 crianças a fim de investigar se elas apresentavam sintomas de doenças respiratórias. Nesse estudo, cada criança foi examinada, registrando-se simultaneamente o sexo (feminino ou masculino) e a presença ou a ausência dos sintomas. Os dados estão na Tabela 1.5.

Tabela 1.5 – Estudo transversal sobre doenças respiratórias

Sexo	Sintomas		Totais
	Sim	Não	
Feminino	355	125	480
Masculino	410	190	600
Totais	765	315	1.080

Fonte: Stokes et al. (2000).

A Figura 1.3 exibe o esquema amostral de um estudo transversal em que as informações sobre a exposição a um fator de interesse e o *status* da doença foram coletadas simultaneamente.

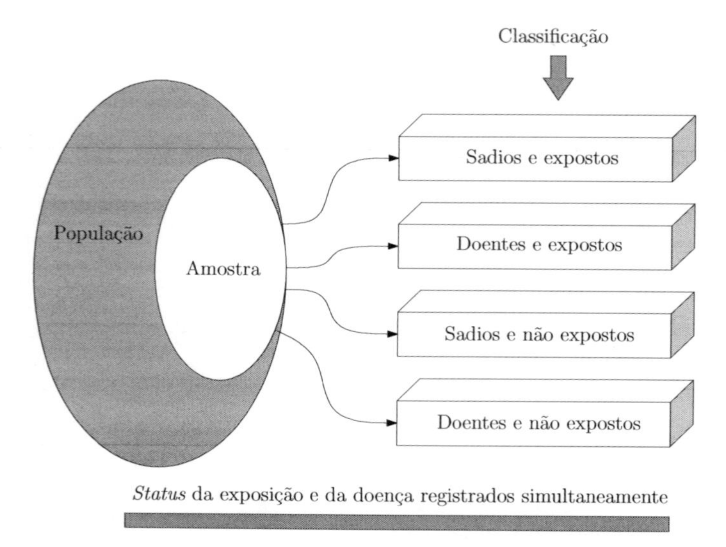

Figura 1.3 – Esquema amostral de um estudo transversal.

Como nos estudos transversais os indivíduos não são acompanhados por um período de tempo, não é possível obter a proporção de casos novos, mas sim a de indivíduos com resposta positiva em um ponto específico do tempo. Essa proporção é denominada prevalência, sendo obtida por

$$\text{prevalência} = \frac{\text{total de indivíduos com a resposta em um tempo específico}}{\text{total de indivíduos pesquisados em um tempo específico}}.$$

Em um estudo transversal, nota-se que somente o total amostral n é estabelecido no delineamento amostral. Assim, n é determinístico, enquanto os valores n_{ij}, associados às variáveis aleatórias N_{ij}, e os totais n_{i+} e n_{+j} $(i, j = 1, 2)$ dependem da realização do estudo para serem conhecidos.

Observa-se, também, não fazer sentido falar em incidência ou prevalência nos estudos caso-controle descritos previamente, tendo em vista os totais de casos e de controles serem estabelecidos *a priori*.

1.4.4 Ensaios clínicos aleatorizados

Os ensaios clínicos aleatorizados são realizados, em geral, com o objetivo de comparar dois ou mais tratamentos. Uma etapa importante no planejamento de tais ensaios é a de se estabelecer os indivíduos elegíveis. Adotar critérios de inclusão é, assim, uma prática usual nesses ensaios. Os indivíduos podem ser, por exemplo, os que derem entrada em um hospital em um período estabelecido e que atendam certos critérios de elegibilidade (definidos entre os pesquisadores).

Uma vez selecionados os indivíduos, os tratamentos de interesse são alocados aleatoriamente aos mesmos, que passam a ser acompanhados para observação da resposta de interesse. Ensaios clínicos usualmente necessitam da aprovação de um comitê de ética para que possam ser realizados, bem como que cada participante assine um termo de consentimento livre e esclarecido para autorizar sua participação no estudo. A Figura 1.4 exibe o esquema amostral de um ensaio clínico aleatorizado realizado com dois grupos, um submetido ao tratamento novo e outro ao tratamento padrão.

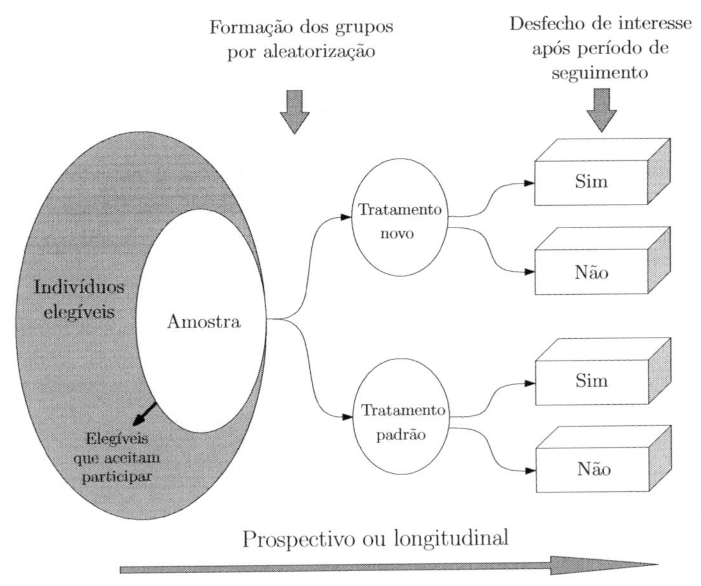

Figura 1.4 – Esquema amostral de um ensaio clínico aleatorizado.

Nos ensaios clínicos, nota-se que o pesquisador intervém deliberadamente no curso natural dos acontecimentos, ou seja, impõe um dos tratamentos sendo pesquisados. Daí serem denominados estudos experimentais. Nos estudos de coorte, caso-controle e transversais, o pesquisador não intervém no curso natural dos acontecimentos, apenas participa como observador. São, assim, estudos observacionais.

Os dados de um ensaio clínico aleatorizado realizado para comparar dois medicamentos são mostrados na Tabela 1.6. Semelhante aos estudos de coorte, nota-se que n_{1+} e n_{2+} são previamente estabelecidos nos ensaios clínicos (determinísticos), com os valores n_{ij}, associados às variáveis N_{ij} $(i, j = 1, 2)$, dependendo da realização do ensaio para serem conhecidos.

Tabela 1.6 – Dados de um ensaio clínico realizado para comparar medicamentos

Medicamento	Resposta		Totais
	Favorável	Não favorável	
Novo	29	16	45
Padrão	14	31	45
Totais	43	47	90

Fonte: Stokes et al. (2000).

Quando um ensaio clínico aleatorizado é realizado, há uma tendência dos participantes (pacientes, profissionais e avaliadores envolvidos) mudarem seus comportamentos por serem alvos de interesse e de atenção especial. Por exemplo, o fato de o paciente saber que está recebendo um tratamento novo pode ter um efeito psicológico benéfico e, ao contrário, saber que está recebendo um tratamento convencional, ou nenhum tratamento, pode exercer um efeito desfavorável. O entusiasmo do médico por um tratamento novo pode também ser transferido para o paciente e ocasionar uma mudança de atitude. Os avaliadores, por outro lado, podem registrar respostas mais favoráveis para o tratamento que acreditam ser superior. O não conhecimento dos grupos e o uso de placebos auxiliam a evitar esses vieses.

Ensaios clínicos em que os pacientes não conhecem o tratamento que estão recebendo são denominados ensaios cegos. O termo duplo cego é utilizado nos casos em que nem os pacientes nem os responsáveis pela sua assistência e avaliação conhecem o tratamento que está sendo administrado para cada paciente. Princípios éticos internacionais que regem as pesquisas com seres humanos constam da Declaração de Helsinque (WMA, 2013).

1.5 Estudos híbridos

Além dos estudos descritos, há também os que integram características dos estudos de coorte e dos estudos caso-controle. Daí serem denominados estudos híbridos. Dois deles são o estudo caso-controle encaixado em uma coorte e o estudo caso-coorte.

1.5.1 Estudo caso-controle encaixado em uma coorte

Nesse estudo, casos de uma doença são identificados à medida que vão ocorrendo em uma coorte sendo que, para cada um deles, um ou mais controles são selecionados da coorte dentre os que estão livres da doença no momento do diagnóstico do caso. São fatos característicos desses estudos: *i*) os controles são pareados aos casos de acordo com algumas características como: idade, sexo e data de entrada na coorte; e *ii*) um membro da coorte selecionado como controle em determinado tempo pode se tornar mais tarde um caso (WACHOLDER, GAIL, PEE, 1991; WACHOLDER et al., 1992).

Quando comparado aos estudos de coorte, estudos caso-controle encaixados em coortes apresentam alguns fatos atrativos, dentre eles, a redução dos custos e dos esforços para a coleta e a análise dos dados. Contudo, Ernster (1994) observa que a realização desses estudos somente faz sentido quando da existência de uma coorte apropriada para a questão que se deseja investigar, assim como quando existem reais evidências de redução dos custos e dos esforços para a análise de um subconjunto de dados, compensando qualquer perda de poder estatístico.

Um estudo dessa natureza, que teve como objetivo investigar a hipótese de associação entre colesterol sérico e câncer do intestino grosso, foi apresentado por Sidney et al. (1986). A coorte na qual o estudo caso-controle foi encaixado consistiu de 48.314 membros do *Kaiser Permanente Medical Care Program* que tinham exames de colesterol sérico disponíveis e que foram acompanhados por um período de, em média, 7,2 anos. Os 245 membros dessa coorte que desenvolveram câncer de intestino grosso formou o grupo dos casos. No momento do diagnóstico de cada caso, cinco controles foram selecionados da coorte totalizando 1.225 controles. As variáveis consideradas no pareamento de casos e controles foram: idade, sexo, raça e data dos exames. Desse modo, em vez de serem analisados os dados de todos os membros da coorte, os pesquisadores limitaram seus esforços aos 245 casos e 1.225 controles, ou seja, a uma amostra de tamanho muito menor e logisticamente mais viável.

1.5.2 Estudos caso-coorte

Nos estudos caso-coorte são considerados todos os casos de uma doença de interesse que ocorrem na coorte. O grupo controle (comumente denominado subcoorte) é selecionado da coorte completa por meio de amostragem aleatória. Desse modo, casos e controles não são pareados nem quanto ao tempo em que os casos ocorrem nem quanto a outras variáveis. É, portanto, uma variante do estudo caso-controle encaixado ou, ainda, um estudo caso-controle não pareado dentro de uma coorte. Alguns fatos que caracterizam esses estudos são: *i*) os indivíduos da subcoorte podem ser selecionados assim que considerados elegíveis para a coorte, não sendo necessário esperar que um caso ocorra para proceder à seleção de controles pareados a ele; *ii*) a mesma subcoorte pode ser utilizada para múltiplas respostas da doença (ERNSTER, 1994); e *iii*) apresentam vantagens quanto à redução de custos e de esforços para a coleta dos dados.

Um exemplo que ilustra os estudos caso-coorte foi descrito em Overvad et al. (1991). Nesse estudo, a hipótese de associação entre selênio e câncer de mama foi analisada tendo, por base, uma coorte de 5.162 mulheres saudáveis da ilha de Guernsey, todas com amostras de sangue disponíveis. A análise laboratorial dos níveis de selênio foi realizada para as 46 mulheres que desenvolveram câncer de mama (casos), bem como para as 138 livres da doença (controles) selecionadas aleatoriamente da coorte completa. Similar aos estudos discutidos na Seção 1.5.1, nota-se que os custos e esforços também ficaram restritos, nesse estudo, a uma amostra de tamanho muito menor e logisticamente mais viável.

1.6 Exemplos em outras áreas de pesquisa

Estudos nos quais variáveis categóricas estão presentes são também comuns em diversas outras áreas de pesquisa (entomologia, ciência animal, finanças, agronomia, genética, psicologia, educação etc.). Um exemplo em entomologia e outro em ciência animal são apresentados a seguir.

1.6.1 Estudos em entomologia

Durante o planejamento e a execução de certos estudos, nem sempre é possível estabelecer o total de indivíduos que participarão deles. Um estudo em entomologia que ilustra tal situação é o da coleta de insetos em armadilhas adesivas de duas cores descrito por Silveira Neto et al. (1976) e Demétrio (2001). No referido estudo, insetos de uma determinada espécie foram coletados em um período de tempo T e, então, sexados com a finalidade de se verificar a influência da cor da armadilha sobre a atração de machos e fêmeas dessa espécie. Os dados estão na Tabela 1.7.

Nota-se que o número de insetos que chegam às armadilhas, sejam eles machos ou fêmeas, é uma contagem que somente será conhecida após o término da coleta. Portanto, nos estudos como o descrito, é estabelecido o tempo de duração e não os totais amostrais, que são todos aleatórios.

Tabela 1.7 – Insetos coletados em armadilhas e sexados

Armadilha	Sexo		Totais
	Machos	Fêmeas	
Alaranjada	246	17	263
Amarela	458	32	490
Totais	704	49	753

Fonte: Silveira Neto et al. (1976).

1.6.2 Estudos em ciência animal

Um estudo nessa área relata o interesse na comparação de dois vermífugos. Para isso, o pesquisador selecionou 400 carneiros adultos da mesma raça, todos sem verminose, mantendo-os sob o mesmo manejo em pastos com condições similares. A seguir, separaram-se os 400 animais aleatoriamente em dois grupos de tamanhos iguais e, para cada um, administrou-se um de dois vermífugos. Decorridos quatro meses da administração, os animais foram examinados. Os dados estão na Tabela 1.8.

Tabela 1.8 – Dados sobre a avaliação de vermífugos

Vermífugo	Verminose		Totais
	Sim	Não	
1	48	152	200
2	68	132	200
Totais	116	284	400

Fonte: Curi (1997).

Como o delineamento amostral associado ao estudo descrito é o de um ensaio clínico aleatorizado, segue que n_{1+} e n_{2+} são estabelecidos no delineamento amostral (isto é, são determinísticos), assim como os valores n_{ij}, associados às variáveis N_{ij} $(i, j = 1, 2)$, dependem da realização do estudo para serem conhecidos.

Para mais detalhes sobre os estudos apresentados neste capítulo, o leitor pode consultar, dentre outros, Fletcher et al. (2014) e Hulley et al. (2013).

1.7 Exercícios

1. Em cada um dos itens a seguir, classifique uma das variáveis como resposta e as demais como variáveis explicativas.

(a) Infecção urinária (curada, não curada), sexo (feminino, masculino) e tratamento (A, B, C).

(b) Consumo de bebida alcoólica (sim, não), câncer de esôfago (sim, não) e histórico familiar (presente, ausente).

(c) Alívio da dor de cabeça (0, 1, 2, 3, 4 horas), dosagem do medicamento (10, 20, 30 mg) e idade (< 30, ≥ 30 anos).

(d) Método de aprendizado preferido (individual, em grupo, em sala de aula) e período escolar frequentado (padrão, integral).

2. Identifique a escala de medida mais apropriada (nominal ou ordinal) associada a cada uma das variáveis citadas no exercício anterior.

3. Em um estudo realizado com 39 pacientes com linfoma de Hodgkin, cada paciente foi classificado simultaneamente por sexo e anormalidades na função pulmonar. Os dados estão na Tabela 1.9.

(a) Identifique o tipo de estudo realizado.

(b) Obtenha a prevalência de anormalidade pulmonar: *i*) entre os pacientes do sexo masculino; e *ii*) entre os pacientes do sexo feminino.

Tabela 1.9 – Estudo referente a linfoma de Hodgkin

Sexo	Anormalidade pulmonar		Totais
	Presente	Ausente	
Masculino	14	12	26
Feminino	12	01	13
Totais	26	13	39

4. Com o objetivo de investigar a associação entre tabaco e câncer de pulmão, 2.000 pessoas (800 fumantes e 1.200 não fumantes) foram acompanhadas por 20 anos obtendo-se os dados na Tabela 1.10.

(a) Identifique o tipo de estudo realizado.

(b) Obtenha a incidência de câncer de pulmão: *i*) entre os fumantes; e *ii*) entre os não fumantes.

Tabela 1.10 – Estudo sobre tabaco e câncer de pulmão

Status	Câncer de pulmão		Totais
	Sim	Não	
Fumante	90	710	800
Não fumante	10	1.190	1.200
Totais	100	1.900	2.000

5. Com o objetivo de investigar se o histórico familiar é fator de risco para o câncer de mama, dois grupos de mulheres (um com a doença e outro sem) foram comparados. Os dados estão na Tabela 1.11.

(a) Identifique o tipo de estudo realizado.

(b) Comente sobre os cuidados para a escolha dos dois grupos.

(c) Comente sobre as vantagens e desvantagens do estudo ter sido conduzido como descrito.

Tabela 1.11 – Estudo referente a câncer de mama

Histórico familiar	Câncer de mama		Totais
	Sim	Não	
Sim	17	36	53
Não	8	102	110
Totais	25	138	163

6. Um estudo conduzido para investigar o efeito da vitamina C em uma desordem renal genética (denominada *nephropathic cystosis*) produziu os dados mostrados na Tabela 1.12.

(a) Identifique o tipo de estudo realizado. Justifique sua resposta.

Tabela 1.12 – Estudo sobre vitamina C

Vitamina C	Melhora clínica		Totais
	Sim	Não	
Sim	24	8	32
Não	29	3	32
Totais	53	11	64

Fonte: Schneider et al. (1979).

7. Os dados exibidos na Tabela 1.13 são de um estudo realizado para investigar a associação entre câncer de esôfago e consumo de álcool.

(a) Considerando redução de custos e de tempo para obtenção dos dados, indique como esse estudo deve ter sido conduzido.

Tabela 1.13 – Estudo referente a câncer de esôfago

Consumo de álcool	Câncer de esôfago		Totais
	Sim	Não	
Sim	96	109	205
Não	104	666	770
Totais	200	775	975

Fonte: Tuyns et al. (1977).

8. Uma pesquisa foi conduzida para avaliar a opinião de homens e mulheres a respeito da legalização do aborto. Os dados dos 1.100 entrevistados estão na Tabela 1.14.

(a) Identifique o delineamento amostral utilizado na pesquisa.

Tabela 1.14 – Estudo sobre opinião do aborto

Sexo	Favorável à legalização		Totais
	Sim	Não	
Mulheres	309	191	500
Homens	319	281	600
Totais	628	472	1.100

Fonte: Christensen (1997).

9. Em um estudo descrito por Bergkvist et al. (1989), uma coorte composta de 23.244 mulheres com prescrição de terapia de reposição hormonal na menopausa serviu de base para investigar a associação entre câncer de mama e tipo de terapia prescrita (A = apenas estrogênio ou B = estrogênio e progesterona). Com base nessa coorte de mulheres:

(a) Descreva como poderia ser realizado um estudo caso-coorte para investigar a associação de interesse.

(b) Faça o mesmo considerando o estudo caso-controle encaixado à coorte descrita. Para cada caso, considere a seleção de cinco controles com pareamento na idade e no ano de inclusão no estudo.

10. Apresente duas alternativas de delineamento amostral para conduzir um estudo em que o objetivo consiste em investigar a existência de associação entre exposição da pele ao sol forte (sim ou não) e câncer de pele (sim ou não).

11. Sabendo que a anemia perniciosa é considerada uma doença rara e havendo interesse em investigar a existência de associação entre a deficiência de vitamina B12 (sim ou não) e esta doença, apresente um delineamento amostral para conduzir a investigação de interesse.

Capítulo 2

Delineamentos amostrais e modelos associados

2.1 Introdução

Identificar o delineamento amostral que produziu os dados é importante para que se possa determinar uma análise apropriada e, consequentemente, fazer as inferências de interesse. Neste capítulo, são descritos alguns dos delineamentos amostrais mais usuais, bem como os modelos probabilísticos frequentemente assumidos para eles.

2.2 Delineamentos usuais e modelos associados

2.2.1 Modelo produto de binomiais

Suponha que um estudo seja planejado de modo que a população alvo seja dividida em duas subpopulacões independentes de acordo com as categorias $i = 1, 2$ de uma variável X e que, a seguir, sejam extraídas duas amostras aleatórias, uma de tamanho n_{1+} da subpopulação 1 e outra de tamanho n_{2+} da subpopulação 2. Uma vez extraídas as amostras, os indivíduos são acompanhados por um período de tempo, registrando-se os que apresentam as categorias $j = 1$ e $j = 2$ da variável resposta Y. Os dados de estudos conduzidos desse modo são comumente apresentados em tabelas de contingência como os da Tabela 1.1.

Sob o delineamento amostral descrito, nota-se que os totais marginais n_{1+} e n_{2+} (e consequentemente n) são fixos, enquanto os valores n_{ij}, associados às variáveis N_{ij}, $i, j = 1, 2$, com N_{ij} sendo a frequência de indivíduos apresentando a categoria j de Y dentre os n_{i+} na categoria i de X, dependem da realização do estudo para serem conhecidos. Ainda, como $n_{i1} + n_{i2} = n_{i+}$, $i = 1, 2$, segue que o conjunto $\{0, 1, \ldots, n_{i+}\}$ determina os valores possíveis de n_{i1}, com $n_{i2} = n_{i+} - n_{i1}$ para $i = 1, 2$.

Para os leitores familiarizados com técnicas de amostragem (COCHRAN, 1977; BOLFARINE; BUSSAB, 2005), ressalta-se que o delineamento descrito corresponde a um processo de amostragem estratificada, em que para cada estrato é selecionada uma amostra aleatória simples. Ainda, como cada indivíduo é classificado de acordo com uma variável resposta Y dicotômica, tem-se que cada amostra define uma sequência de n_{i+} ensaios de Bernoulli, $i = 1, 2$ (DANTAS, 2000). Assim, assumindo as condições a seguir válidas,

i) ocorrência somente da categoria $j = 1$ ou $j = 2$ da variável resposta Y em cada ensaio da sequência i, $i = 1, 2$;
ii) ensaios independentes em cada sequência i, isto é, independência entre as respostas dos n_{i+} indivíduos ($i = 1, 2$); e
iii) probabilidade constante de ocorrência da categoria de resposta $j = 1$, denotada por $p_{(i)1}$, em cada ensaio da sequência i, $i = 1, 2$,

segue que as variáveis aleatórias N_{i1}, $i = 1, 2$, com N_{i1} representando a frequência de indivíduos apresentando a categoria $j = 1$ de Y dentre os que pertencem à categoria i de X, têm distribuição binomial com parâmetros n_{i+} e $p_{(i)1}$, isto é, $N_{i1} \mid (n_{i+}, p_{(i)1}) \sim \text{Bin}(n_{i+}, p_{(i)1})$, para $i = 1, 2$.

Uma vez que as distribuições associadas às variáveis N_{i1}, $i = 1, 2$, são independentes, o que resulta do fato de as amostras de tamanhos n_{1+} e n_{2+}

terem sido extraídas de subpopulações independentes, segue que o modelo probabilístico associado a estudos conduzidos como os aqui descritos é o produto de binomiais independentes. Ou seja, condicional a n_{i+}, $i = 1, 2$, obtém-se, para a distribuição do vetor $(N_{11}, N_{12}, N_{21}, N_{22})'$, o modelo produto de binomiais independentes descrito pela função de probabilidade

$$
\begin{aligned}
P(\mathbf{N}_1 = \mathbf{n}_1, \mathbf{N}_2 = \mathbf{n}_2) &= \prod_{i=1}^{2} P(N_{i1} = n_{i1}, N_{i2} = n_{i2}) \\
&= \prod_{i=1}^{2} \left[(n_{i+})! \prod_{j=1}^{2} \frac{(p_{(i)j})^{n_{ij}}}{(n_{ij})!} \right], \qquad (2.1)
\end{aligned}
$$

sendo $(\mathbf{N}_i = \mathbf{n}_i) = (N_{i1} = n_{i1}, N_{i2} = n_{i2})$, para $i = 1$, 2, e $p_{(i)j}$ a probabilidade de um indivíduo qualquer apresentar a categoria j de Y dado que pertence à categoria i de X, isto é, $p_{(i)j} = P(Y = j \mid X = i)$, em que para $i = 1, 2$ tem-se $\sum_{j=1}^{2} p_{(i)j} = 1$.

Dentre os estudos discutidos no Capítulo 1, observa-se que os de coorte e os ensaios clínicos aleatorizados seguem o delineamento amostral descrito (marginais-linha fixos). Sendo assim, o modelo de probabilidade associado a ambos é o produto de binomiais independentes.

Para estimar as probabilidades $p_{(i)j}$ em (2.1) pode-se fazer uso do método da máxima verossimilhança (AGRESTI, 2002, 2007; MOOD et al., 1974). A partir desse método, os estimadores de máxima verossimilhança, denotados aqui por $\widehat{p}_{(i)j}$, resultam (Apêndice A) em

$$
\widehat{p}_{(i)j} = \frac{N_{ij}}{n_{i+}}, \qquad i, j = 1, 2.
$$

Aos valores numéricos assumidos por tais estimadores, o que resulta da substituição dos N_{ij} pelos valores observados n_{ij}, $i, j = 1, 2$, denominam-se estimativas de máxima verossimilhança. Assim, se $n_{1+} = 100$, $n_{11} = 40$ e $n_{12} = 100 - 40 = 60$, segue que as proporções amostrais $\frac{40}{100} = 0,4$ e $\frac{60}{100} = 0,6$ correspondem às estimativas de máxima verossimilhança de $p_{(1)1}$ e $p_{(1)2}$, respectivamente.

2.2.1.1 Particularidades dos estudos caso-controle

O delineamento amostral associado aos estudos caso-controle é semelhante ao que foi previamente descrito, porém com amostras de tamanhos fixos n_{+1} e n_{+2} extraídas das subpopulações de casos e de controles, respectivamente. Sendo assim, sob argumentação idêntica à utilizada no delineamento anterior, tem-se $N_{1j} \mid (n_{+j}, p_{1(j)}) \sim \text{Bin}(n_{+j}, p_{1(j)})$, para $j = 1, 2$.

Quanto à independência das distribuições binomiais, esta pode ser considerada razoável na ausência de pareamento entre casos e controles. Nesses casos, condicional a n_{+j}, $j = 1, 2$, obtém-se, para a distribuição do vetor $(N_{11}, N_{12}, N_{21}, N_{22})'$, o modelo produto de binomiais independentes descrito pela função de probabilidade

$$\begin{aligned} P(\mathbf{N}_1 = \mathbf{n}_1, \mathbf{N}_2 = \mathbf{n}_2) &= \prod_{j=1}^{2} P(N_{1j} = n_{1j}, N_{2j} = n_{2j}) \\ &= \prod_{j=1}^{2} \left[(n_{+j})! \prod_{i=1}^{2} \frac{(p_{i(j)})^{n_{ij}}}{(n_{ij})!} \right], \end{aligned} \tag{2.2}$$

sendo $(\mathbf{N}_j = \mathbf{n}_j) = (N_{1j} = n_{1j}, N_{2j} = n_{2j})$, para $j = 1, 2$, e $p_{i(j)}$ a probabilidade de um indivíduo qualquer ser classificado na categoria i de X dado que pertence à categoria j de Y, isto é, $p_{i(j)} = P(X = i \mid Y = j)$, tal que $\sum_{i=1}^{2} p_{i(j)} = 1$, para $j = 1, 2$.

Por analogia ao apresentado no delineamento anterior, os estimadores de máxima verossimilhança de $p_{i(j)}$, $i, j = 1, 2$, resultam em

$$\widehat{p}_{i(j)} = \frac{N_{ij}}{n_{+j}}, \qquad i, j = 1, 2,$$

de modo que aos valores numéricos assumidos por tais estimadores tem-se as correspondentes estimativas de máxima verossimilhança.

Como mencionado, a suposição de independência entre as amostras de tamanhos n_{+1} e n_{+2} pode não ser adequada, em particular quando os indivíduos da amostra 1 (casos) estiverem pareados com os indivíduos da amostra 2 (controles). Nesses casos, métodos especializados para a análise de amostras binomiais dependentes (dados pareados) são recomendados. Um desses métodos é discutido no Capítulo 9.

2.2.2 Modelo produto de multinomiais

Se uma amostra de tamanho fixo n_{1+} for extraída de uma subpopulação e outra de tamanho n_{2+} de outra subpopulação independente da primeira, mas a variável resposta Y apresentar três ou mais categorias ($r > 2$ finito), com N_{ij} denotando o número de vezes que a j-ésima categoria ocorre na i-ésima amostra ($j = 1, \ldots, r$ e $i = 1, 2$), o modelo probabilístico associado será o produto de multinomiais. Isso porque, condicional aos totais n_{i+}, tem-se duas distribuições de probabilidade multinomiais independentes, uma associada a cada amostra (isto é, a cada linha da tabela de contingência $2 \times r$). Ou seja, $(N_{11}, N_{12}, \ldots, N_{1r})' \mid (n_{i+}, \mathbf{p}_i) \sim \text{Multi}(n_{i+}, \mathbf{p}_i)$, com $\mathbf{p}_i = (p_{(i)1}, \ldots, p_{(i)r})'$ tal que $\sum_{j=1}^{r} p_{(i)j} = 1$ e $\sum_{j=1}^{r} n_{ij} = n_{i+}$, para $i = 1, 2$.

Logo, condicional a $n_{i+} = \sum_{j=1}^{r} n_{ij}$, para $i = 1, 2$, e considerando que as amostras de tamanhos n_{1+} e n_{2+} são independentes, obtém-se, para a distribuição do vetor $(N_{11}, N_{12}, \ldots, N_{1r}, N_{21}, N_{22}, \ldots, N_{2r})'$, o modelo produto de multinomiais independentes descrito pela função de probabilidade

$$\begin{aligned} P(\mathbf{N}_1 = \mathbf{n}_1, \mathbf{N}_2 = \mathbf{n}_2) &= \prod_{i=1}^{2} P(N_{i1} = n_{i1}, N_{i2} = n_{i2}, \ldots, N_{ir} = n_{ir}) \\ &= \prod_{i=1}^{2} \left[(n_{i+})! \prod_{j=1}^{r} \frac{(p_{(i)j})^{n_{ij}}}{(n_{ij})!} \right], \end{aligned} \tag{2.3}$$

com $(\mathbf{N}_i = \mathbf{n}_i) = (N_{i1} = n_{i1}, N_{i2} = n_{i2}, \ldots, N_{ir} = n_{ir})$ e $p_{(i)j} = P(Y = j \mid X = i)$, em que para $i = 1, 2$ tem-se $\sum_{j=1}^{r} p_{(i)j} = 1$.

Quanto aos estimadores de máxima verossimilhança de $p_{(i)j}$ em (2.3), estes são dados por

$$\widehat{p}_{(i)j} = \frac{N_{ij}}{n_{i+}}, \quad i = 1, 2 \text{ e } j = 1, \ldots, r.$$

Sendo assim, as estimativas de máxima verossimilhança de $p_{(i)j}$ correspondem aos valores numéricos assumidos por tais estimadores.

2.2.3 Modelo multinomial

Considere agora que uma única amostra aleatória de tamanho fixo n seja extraída de uma população de interesse, sendo registradas, a seguir, as frequências n_{ij} de indivíduos que apresentam simultaneamente as categorias (i, j) associadas, respectivamente, ao par de variáveis (X, Y), $i, j = 1, 2$.

Sob este delineamento amostral, nota-se que ambas as variáveis são consideradas respostas. Contudo, dependendo dos objetivos do estudo, uma delas é usualmente considerada como variável explicativa (ou fator). Nota-se, ainda, que o delineamento amostral apresentado equivale a um processo de amostragem aleatória simples (COCHRAN, 1977), em que de uma população suficientemente grande é selecionada uma amostra aleatória de tamanho n. Desse modo, supondo válidas as condições:

i) ocorrência de somente uma das $k = 4$ possibilidades de respostas mutuamente exclusivas $\{(i = 1, j = 1), (i = 1, j = 2), (i = 2, j = 1), (i = 2, j = 2)\}$ para cada indivíduo da amostra;
ii) independência entre as respostas dos n indivíduos; e
iii) para os n indivíduos o mesmo vetor $\mathbf{p} = (p_{11}, p_{12}, p_{21}, p_{22})'$ de probabilidades de ocorrência das k possibilidades de respostas,

segue, condicional a n, que o vetor aleatório $\mathbf{N} = (N_{11}, N_{12}, N_{21}, N_{22})'$, com N_{ij} denotando a frequência de indivíduos apresentando simultaneamente as categorias (i, j) de (X, Y), $i, j = 1, 2$, tem distribuição multinomial com parâmetros n e $\mathbf{p}$, isto é, $\mathbf{N} \mid (n, \mathbf{p}) \sim \text{Multi}(n, \mathbf{p})$, com função de probabilidade expressa por

$$\begin{aligned} P(\mathbf{N} = \mathbf{n}) &= P(N_{11} = n_{11}, N_{12} = n_{12}, N_{21} = n_{21}, N_{22} = n_{22}) \\ &= n! \prod_{i=1}^{2} \prod_{j=1}^{2} \frac{(p_{ij})^{n_{ij}}}{(n_{ij})!}, \end{aligned} \tag{2.4}$$

em que $n_{ij} \geq 0$, $\sum_{i,j=1}^{2} n_{ij} = n$ e $\sum_{i,j=1}^{2} p_{ij} = 1$.

Condicional a n, tem-se, ainda, que as variáveis N_{ij} que compõem o vetor aleatório $\mathbf{N}$ não são independentes e que os elementos da matriz de variância-covariância de $\mathbf{N}$ (Apêndice B) são dados por

$$\text{Cov}(N_{ij}, N_{i'j'}) = \begin{cases} n\, p_{ij}(1 - p_{ij}) & \text{para } i = j = i' = j' \\ -n\, p_{ij}\, p_{i'j'} & \text{para } i \neq i' \text{ e/ou } j \neq j'. \end{cases}$$

Do que foi apresentado, segue que se um ensaio com duas categorias de resposta for realizado n vezes, então o número de vezes que uma das categorias ocorre define uma variável aleatória binomial. Se, contudo, um ensaio com r categorias de resposta ($r > 2$ finito) for realizado n vezes, com N_j denotando o número de vezes que a j-ésima categoria de resposta ocorre, $j = 1, \ldots, r$, então $\mathbf{N} = (N_1, \ldots, N_r)'$ define um vetor aleatório multinomial. Portanto, a distribuição multinomial pode ser vista como uma generalização da distribuição binomial.

Em um modelo multinomial tem-se, ainda, que a distribuição marginal associada a cada variável que compõe o vetor aleatório $\mathbf{N}$ é a binomial (JAMES, 1996). Para o modelo multinomial em (2.4), por exemplo, a distribuição marginal associada a cada variável N_{ij} ($i, j = 1, 2$) é a binomial de parâmetros (n, p_{ij}). Sendo assim, os estimadores de máxima verossimilhança de p_{ij} em (2.4) são dados por

$$\widehat{p}_{ij} = \frac{N_{ij}}{n}, \qquad i, j = 1, 2,$$

de modo que aos valores numéricos assumidos por tais estimadores, que correspondem às proporções amostrais, tem-se as respectivas estimativas de máxima verossimilhança de p_{ij}.

Dentre os estudos discutidos no Capítulo 1, os estudos transversais seguem o delineamento amostral descrito nesta seção (somente n fixo). Sendo assim, o modelo de probabilidade associado a eles é o multinomial.

2.2.4 Modelo produto de distribuições de Poisson

Nas situações em que somente a duração do experimento é estabelecida, os N_{ij}, $i, j = 1,2$, são contagens aleatórias. Um exemplo é o da coleta de insetos em armadilhas adesivas descrito na Seção 1.6. Para a definição de um modelo apropriado para estudos dessa natureza se faz necessário considerar algumas suposições. No contexto do exemplo citado, são elas:

a) em um determinado intervalo de tempo, o número de insetos é independente do número de insetos em qualquer outro intervalo de tempo disjunto;

b) a distribuição do número de insetos depende somente do comprimento do intervalo de tempo considerado e não do seu instante inicial;

c) a probabilidade de um inseto passar em um intervalo de tempo suficientemente pequeno é proporcional ao comprimento do intervalo; e

d) a probabilidade de que dois ou mais insetos passem simultaneamente em um intervalo de tempo suficientemente pequeno é desprezível.

Com tais suposições é possível assumir, para cada variável aleatória N_{ij}, $i, j = 1, 2$, uma distribuição de Poisson de média $\mu_{ij} = T\lambda_{ij}$, sendo λ_{ij} a taxa média por unidade de tempo e T a duração do experimento. Se for assumido que as variáveis N_{ij}, $i, j = 1, 2$, são independentes, segue que o modelo probabilístico associado ao estudo é o produto de distribuições de Poisson independentes com função de probabilidade

$$\begin{aligned} P(\mathbf{N} = \mathbf{n}) &= \prod_{i=1}^{2}\prod_{j=1}^{2} P(N_{ij} = n_{ij}) \\ &= \prod_{i=1}^{2}\prod_{j=1}^{2} \frac{e^{-\mu_{ij}}(\mu_{ij})^{n_{ij}}}{(n_{ij})!}, \qquad \mu_{ij} > 0, \end{aligned} \tag{2.5}$$

em que $(\mathbf{N} = \mathbf{n}) = (N_{11} = n_{11}, N_{12} = n_{12}, N_{21} = n_{21}, N_{22} = n_{22})$.

Os estimadores de máxima verossimilhança de μ_{ij}, $i, j = 1, 2$, são dados por $\widehat{\mu}_{ij} = N_{ij}$, sendo que as estimativas de máxima verossimilhança correspondem aos valores numéricos assumidos por tais estimadores.

Uma observação sobre a análise de estudos dessa natureza é que eles são frequentemente tratados assumindo-se o modelo multinomial. A justificativa é o fato de que a distribuição associada ao vetor $(N_{11}, \ldots, N_{22})'$, sendo N_{ij} Poisson independentes, condicional à soma $N = \sum_{i,j=1}^{2} N_{ij}$, é a multinomial de parâmetros N e $\mathbf{p} = (p_{11}, \ldots, p_{22})'$ com $p_{ij} = \frac{\mu_{ij}}{\sum_{i,j=1}^{2} \mu_{ij}}$, para $i, j = 1, 2$ (BISHOP et al., 2007).

2.3 Considerações sobre os delineamentos

Os delineamentos amostrais apresentados são, na prática, os mais usuais. Como visto, seus respectivos modelos probabilísticos são obtidos com base nas características dos esquemas de amostragem adotados. Naturalmente, nem todas as tabelas de contingência têm um desses modelos associado a elas, o que implica obviamente na necessidade de se considerar outros modelos probabilísticos. Nessa direção, podem ser citados os estudos em que: a) as amostras não são independentes; b) são utilizados delineamentos amostrais mais complexos; c) nenhum tipo de amostragem aleatória é utilizado no processo de seleção das unidades amostrais; e d) a população não está claramente especificada. As conclusões em qualquer estudo estarão, contudo, condicionadas à validade das suposições distribucionais.

Os leitores interessados em referências adicionais sobre delineamentos amostrais no contexto de dados categóricos podem consultar, dentre outros, Kendall e Stuart (1961, Cap. 33), Agresti (1996, 2007) e Paulino e Singer (2006, Cap. 2).

A Tabela 2.1, a seguir, apresenta uma síntese dos delineamentos amostrais discutidos neste capítulo e o Apêndice C, um resumo das características dos modelos probabilísticos discretos mais usuais.

Tabela 2.1 – Síntese dos delineamentos amostrais considerando duas variáveis X e Y em que as categorias i ($i = 1, \ldots, s$) de X estão dispostas nas linhas e as categorias j ($j = 1, \ldots, r$) de Y nas colunas de uma tabela de contingência

	Categorias	Frequências no delineamento		Observações	Modelo associado
		Fixas	Aleatórias		
IA	$X: i = 1, 2$ $Y: j = 1, 2$	n_{i+} $i = 1, 2$	N_{ij} $i, j = 1, 2$	N_{i1} e N_{i2} dependentes, $i = 1, 2$ $(N_{11}, N_{12})' \perp (N_{21}, N_{22})'$ $n_{i+} = n_{i1} + n_{i2}, i = 1, 2$	Produto de binomiais
IB	$X: i = 1, \ldots, s$ $Y: j = 1, \ldots, r$ $s \geq 2, r > 2$	n_{i+} $i = 1, \ldots, s$	N_{ij} $i = 1, \ldots, s$ $j = 1, \ldots, r$	$N_{i1}, N_{i2}, \ldots, N_{ir}$ dependentes, $i = 1, \ldots, s$ $(N_{11}, \ldots, N_{1r})' \perp \ldots \perp (N_{s1}, \ldots, N_{sr})'$ $n_{i+} = n_{i1} + \ldots + n_{ir}, i = 1, \ldots, s$	Produto de multinomiais
IIA	$X: i = 1, 2$ $Y: j = 1, 2$	n_{+j} $j = 1, 2$	N_{ij} $i, j = 1, 2$	N_{1j} e N_{2j} dependentes, $j = 1, 2$ $(N_{11}, N_{21})' \perp (N_{12}, N_{22})'$ $n_{+j} = n_{1j} + n_{2j}, j = 1, 2$	Produto de binomiais
IIB	$X: i = 1, \ldots, s$ $Y: j = 1, \ldots, r$ $s > 2, r \geq 2$	n_{+j} $j = 1, \ldots, r$	N_{ij} $i = 1, \ldots, s$ $j = 1, \ldots, r$	$N_{1j}, N_{2j}, \ldots, N_{sj}$ dependentes, $j = 1, \ldots, r$ $(N_{11}, \ldots, N_{s1})' \perp \ldots \perp (N_{1r}, \ldots, N_{sr})'$ $n_{+j} = n_{1j} + \ldots + n_{sj}, j = 1, \ldots, r$	Produto de multinomiais
III	$X: i = 1, \ldots, s$ $Y: j = 1, \ldots, r$ $s \geq 2, r \geq 2$	n	N_{ij} $i = 1, \ldots, s$ $j = 1, \ldots, r$	N_{ij} dependentes, $i = 1, \ldots, s; j = 1, \ldots, r$ $\text{Cov}(N_{ij}, N_{i'j'}) = np_{ij}(1 - p_{ij}), i = j = i' = j'$ $\text{Cov}(N_{ij}, N_{i'j'}) = -np_{ij}p_{i'j'}, i \neq i'$ e/ou $j \neq j'$ $n = \sum_{i=1}^{s} \sum_{j=1}^{r} n_{ij}$	Multinomial
IV	$X: i = 1, \ldots, s$ $Y: j = 1, \ldots, r$ $s \geq 2, r \geq 2$	nenhuma	N_{ij} $i = 1, \ldots, s$ $j = 1, \ldots, r$	Tempo T de duração do estudo predefinido N_{ij} independentes, $i = 1, \ldots, s; j = 1, \ldots, r$	Produto de Poisson

Nota: frequências em letras maiúsculas denotam variáveis aleatórias e em minúsculas os valores de suas ocorrências. Já $\perp$ denota independente.

2.4 Representação gráfica de dados categóricos

Após os estudos terem sido conduzidos, os dados registrados e organizados em tabelas de contingência podem ser representados graficamente com o intuito de facilitar a leitura e a compreensão das informações contidas nas tabelas, bem como auxiliar na formulação de hipóteses.

Dentre as representações gráficas existentes, algumas são apresentadas a seguir. No decorrer do texto, essas representações serão utilizadas sempre que possível para auxiliar nas análises.

2.4.1 Gráficos de colunas, de barras e de setores

Considere que um estudo tenha sido conduzido de acordo com o delineamento amostral que assume fixos os totais marginais associados às categorias da variável X (marginais-linha), tal como ocorre com os dados apresentados na Tabela 2.2 referentes a um estudo de coorte em que o fator de exposição X e a resposta Y apresentam duas categorias cada.

Tabela 2.2 – Dados registrados em um estudo de coorte

Exposição ao fator	Desfecho		Totais
	Doente	Sadio	
Sim	75	45	120
Não	21	56	77
Totais	96	101	197

Para os dados mencionados, duas possíveis representações gráficas são mostradas na Figura 2.1. No gráfico de colunas múltiplas (ou justapostas) em (a), as colunas exibidas lado a lado nas cores cinza e branco representam, respectivamente, as proporções amostrais de indivíduos doentes e sadios entre os expostos ($\frac{75}{120} = 0,625$ e $\frac{45}{120} = 0,375$) e entre os não expostos ($\frac{21}{77} = 0,273$ e $\frac{56}{77} = 0,727$) ao fator. Já no gráfico de colunas segmentadas (ou empilhadas) em (b), essas mesmas proporções são sobrepostas obtendo-se duas colunas de altura 1.

Em ambas as representações é imediato visualizar que a proporção de indivíduos doentes entre os expostos ao fator (0,625) é superior à dos não expostos (0,273) ou, equivalentemente, a proporção de indivíduos sadios entre os expostos (0,375) é inferior à dos não expostos (0,727).

Alternativamente, as proporções amostrais podem ser representadas em barras em vez de colunas. Colunas ou barras em perspectiva também são comuns. Contudo, esse recurso deve ser utilizado com cautela e somente se for imprescindível, pois a perspectiva selecionada pode confundir o leitor. O mais importante ao escolher uma representação gráfica é que esta facilite a leitura e a compreensão das informações registradas no estudo.

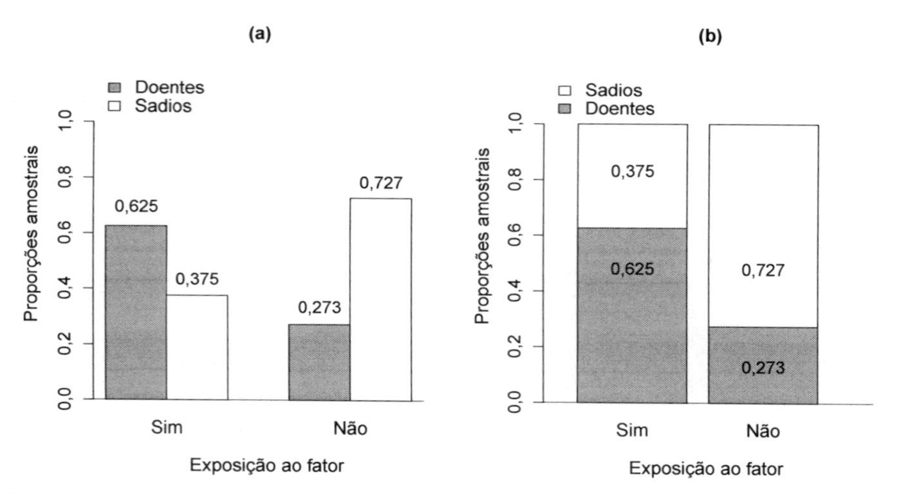

Figura 2.1 – Gráficos de colunas (a) múltiplas ou justapostas e (b) segmentadas ou empilhadas associados aos dados de um estudo de coorte.

As representações gráficas mencionadas são igualmente úteis para os ensaios clínicos aleatorizados (delineamento amostral similar ao dos estudos de coorte), assim como para os estudos caso-controle, que assumem fixos no delineamento amostral os totais marginais associados às categorias da variável Y (marginais-coluna). Para ilustrar, suponha que os dados dispostos na Tabela 2.2 sejam provenientes de um ensaio clínico aleatorizado ($n_{1+} = 120$ e $n_{2+} = 77$ fixados no delineamento) com os tratamentos A e B representando as categorias da variável X e *cura* e *não cura* as categorias da resposta Y. Uma representação para esses dados pode ser visualizada no gráfico (a) da Figura 2.2, sendo possível observar uma proporção maior de curados entre os que receberam o tratamento A (0,625 contra 0,273).

Supondo, no entanto, que os dados na Tabela 2.2 provêm de um estudo caso-controle ($n_{+1} = 96$ e $n_{+2} = 101$ fixos), tem-se, representado no gráfico (b) da Figura 2.2, as respectivas proporções amostrais de expostos e não expostos entre os casos ($\frac{75}{96} = 0,781$ e $\frac{21}{96} = 0,219$), bem como entre os controles ($\frac{45}{101} = 0,445$ e $\frac{56}{101} = 0,555$). Com o auxílio desse gráfico, fica fácil notar a existência de uma proporção maior de expostos ao fator entre os casos do que entre os controles (0,781 contra 0,445).

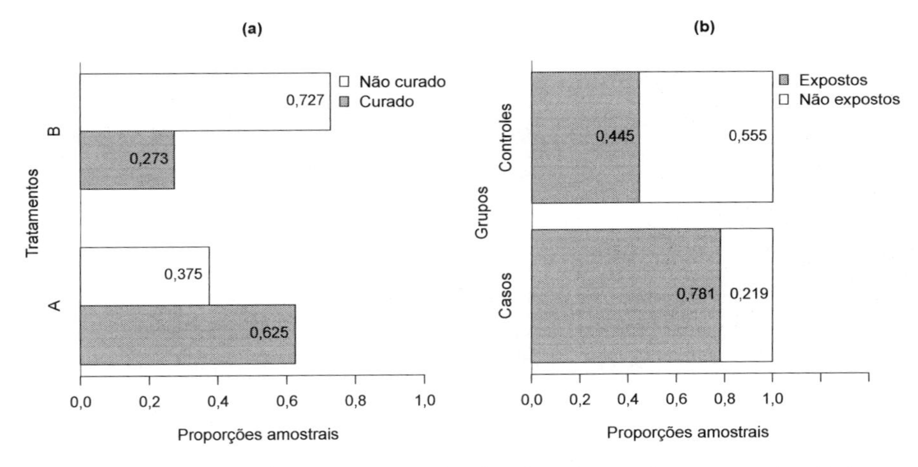

Figura 2.2 – Gráfico (a) de barras múltiplas dos dados de um ensaio clínico e (b) de barras segmentadas de um estudo caso-controle.

Se, contudo, o delineamento amostral for o que considera apenas o total geral n fixo, outra alternativa usual é o gráfico de setores (também conhecido por gráfico pizza ou gráfico circular). Nele, as proporções amostrais são proporcionais às respectivas medidas dos ângulos (1% no gráfico de setores equivale a 3,6°). Assim, se for assumido que os dados dispostos na Tabela 2.2 provêm de um estudo transversal ($n = 197$ fixo), segue que as proporções amostrais $\frac{75}{197} = 0,381$, $\frac{45}{197} = 0,228$, $\frac{21}{197} = 0,107$ e $\frac{56}{197} = 0,284$ podem ser representadas, por exemplo, por meio dos gráficos (a) e (b) mostrados na Figura 2.3, facilitando assim a visualização das diferenças entre as proporções amostrais neles representadas.

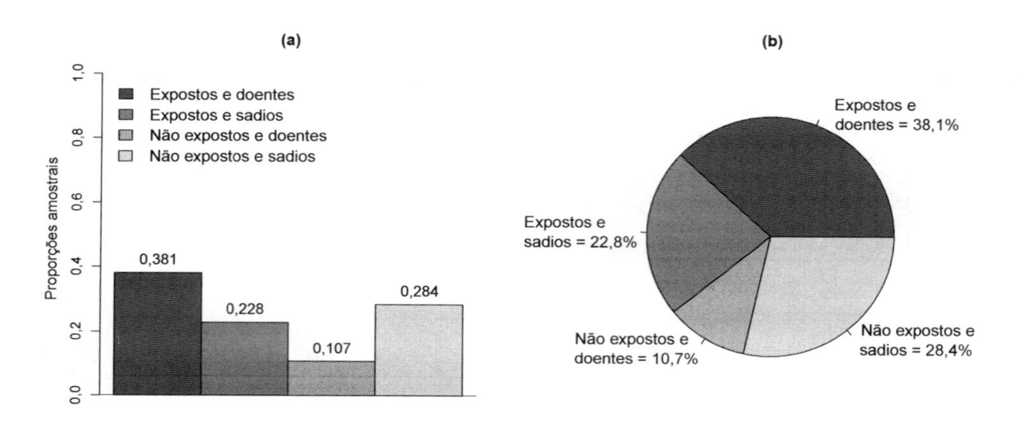

Figura 2.3 – (a) Gráfico de colunas e (b) gráfico de setores (ou pizza) associados aos dados de um estudo transversal.

2.4.2 Gráficos quádruplo e mosaico

Em um gráfico quádruplo (do inglês *fourfold plot*) cada frequência n_{ij}, $i, j = 1, 2$, de uma tabela de contingência 2×2 é representada por um quarto de círculo, cujo raio é proporcional à $\sqrt{n_{ij}}$. Nota-se que, em um gráfico de setores (ou pizza), os ângulos variam de acordo com as frequências n_{ij}, enquanto o raio permanece constante. Já em um gráfico quádruplo, os ângulos permanecem constantes e os raios variam de acordo com n_{ij}.

Quanto ao gráfico mosaico, as frequências de uma tabela de contingência são representadas por uma coleção de retângulos cujo tamanho (área) é proporcional à frequência das caselas. É semelhante ao gráfico de barras ou ao de colunas segmentadas (ou empilhadas), sendo mais facilmente compreendido para tabelas de contingência de duas entradas (bidimensional).

Para os dados do estudo de coorte mostrados na Tabela 2.1, o gráfico (a) da Figura 2.4 exibe o correspondente gráfico quádruplo. Já para os dados de um enasio clínico sobre tratamento para artrite reumatoide dispostos na Tabela 2.3, o gráfico (b) da Figura 2.4 exibe o respectivo gráfico mosaico.

Tabela 2.3 – Ensaio clínico aleatorizado referente à artrite reumatoide

Tratamento	Melhora do paciente			Totais
	Nenhuma	Alguma	Acentuada	
Ativo	13	7	21	41
Placebo	29	7	7	43
Totais	42	14	28	84

Fonte: Stokes et al. (2000).

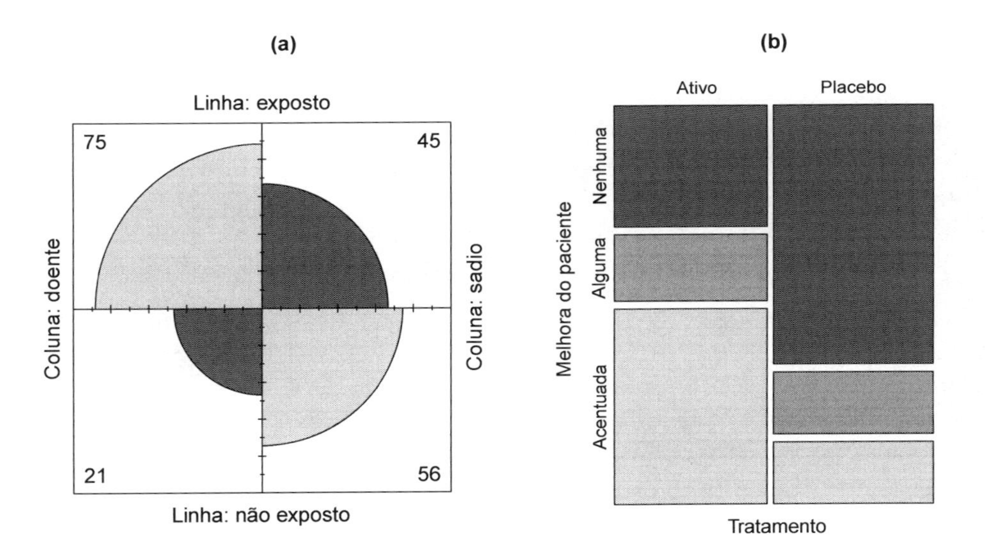

Figura 2.4 – (a) Gráfico quádruplo dos dados de um estudo de coorte e (b) gráfico mosaico dos dados de um ensaio clínico sobre artrite reumatoide.

Do que foi apresentado, pode-se notar que os recursos visuais oferecidos pelos gráficos facilitam, em geral, a apresentação, a leitura e a compreensão das informações registradas em um estudo, o que justifica sua ampla utilização pelos meios de comunicação (jornais, livros, telejornais etc.).

Ressalta-se, contudo, que esses recursos devem ser utilizados com critério e cautela, pois alterações indevidas (por exemplo, na escala dos eixos dos gráficos) podem criar visualizações e interpretações enganosas.

Opções quanto à visualização gráfica de dados categóricos podem ser encontradas, por exemplo, em Friendly (2000) e Friendly e Meyer (2015).

2.5 Exercícios

1. Identifique o modelo probabilístico associado ao estudo de linfoma de Hodgkin apresentado no exercício 3 do Capítulo 1.

2. Faça o mesmo para os estudos dos exercícios 4 a 8 do Capítulo 1.

3. Represente graficamente os dados do estudo descrito no exercício 3 do Capítulo 1 e, com base no gráfico obtido, responda se há indícios de associação entre sexo e anormalidades na função pulmonar.

4. Faça o mesmo para os estudos dos exercícios 4 a 8 do Capítulo 1.

5. Em um estudo descrito em Hueb et al. (2010), 611 pacientes com diagnóstico de doença coronária multiarterial foram aleatoriamente alocados a uma de três terapias: (I) medicamentosa ($n_1 = 203$), (II) cirurgia ($n_2 = 203$) e (III) angioplastia ($n_3 = 205$). Ao final de um período de acompanhamento de 10 anos, foram registrados 42, 22 e 29 óbitos associados, respectivamente, às terapias I, II e III.

(a) Apresente os dados desse estudo em uma tabela de contingência.

(b) Apresente o modelo probabilístico associado ao estudo.

(c) Construa um gráfico em que seja possível visualizar as proporções amostrais de óbitos e não óbitos ocorridos por terapia.

6. Os dados mostrados na Tabela 2.4 são de um estudo realizado com 868 pacientes diagnosticados com artrite reumatoide e 1.194 que não possuem artrite reumatoide. O objetivo do estudo foi avaliar a associação entre o sexo e a doença.

(a) Apresente o modelo probabilístico associado ao estudo.

(b) Construa um gráfico em que seja possível visualizar as proporções amostrais dos casos e dos controles por sexo.

Tabela 2.4 – Dados sobre artrite reumatoide por sexo

Sexo	Artrite reumatoide		Totais
	Sim	Não	
Feminino	641	852	1.493
Masculino	227	342	569
Totais	868	1.194	2.062

Fonte: *Genetic Analysis Workshop* 16 (2009).

7. Pesquise sobre o *Framingham Heart Study.* Descreva como o estudo foi planejado e conduzido, bem como alguns de seus principais objetivos e achados (www.framinghamheartstudy.org).

8. Faça o mesmo para outros dois estudos dentre os citados a seguir: a) *Life Span Study;* b)*Nurses' Health Study;* c) *Sardinian Study;* d) *Pelotas Birth Cohort Study;* e e) *Baependi Heart Study.*

9. Mostre que a distribuição de probabilidades de $(N_{11}, N_{12}, N_{21}, N_{22})'$ condicional à soma $N = \sum_{i,j=1}^{2} N_{ij}$, com N_{ij} Poisson(μ_{ij}) independentes, é a multinomial de parâmetros N e $\mathbf{p} = (p_{11}, \ldots, p_{22})$, em que $p_{ij} = \frac{\mu_{ij}}{\sum_{i,j=1}^{2} \mu_{ij}}$, para $i, j = 1,\ 2$.

10. Considerando o modelo multinomial expresso em (2.4), mostre que a distribuição marginal associada a cada variável N_{ij} que compõe o vetor aleatório $\mathbf{N}$ é a binomial com parâmetros n e p_{ij}.

11. Para o modelo produto de distribuições de Poisson independentes expresso em (2.5), mostre que os estimadores de máxima verossimilhança de μ_{ij}, $i, j = 1,\ 2$, são dados por $\widehat{\mu}_{ij} = N_{ij}$.

Capítulo 3

Tabelas de contingência 2×2

3.1 Introdução

Estratégias de análise associadas aos estudos em que os dados são dispostos em tabelas de contingência 2×2 são tratadas neste capítulo. Será visto que diversas questões de interesse podem ser respondidas testando-se hipóteses de associação.

3.2 Testes em tabelas de contingência 2×2

Para estudos conduzidos sob um dos delineamentos amostrais descritos no Capítulo 2 são estabelecidas, a seguir, as hipóteses de interesse e as correspondentes estatísticas para testá-las.

3.2.1 Delineamentos com totais marginais-linha fixos

Como visto nos capítulos anteriores, existem estudos que são planejados de modo que os totais marginais n_{1+} e n_{2+} associados às categorias da variável X são fixos. Como exemplo, considere os dados dispostos na Tabela 3.1 e no gráfico de colunas múltiplas ao seu lado, referentes a um ensaio clínico aleatorizado em que o interesse está em estudar a associação entre as variáveis medicamento (X) e melhora dos pacientes (Y).

Tabela 3.1 – Resposta ao medicamento

Medicamento	Melhora		Totais
	Sim	Não	
Novo	40	20	60
Placebo	16	48	64
Totais	56	68	124

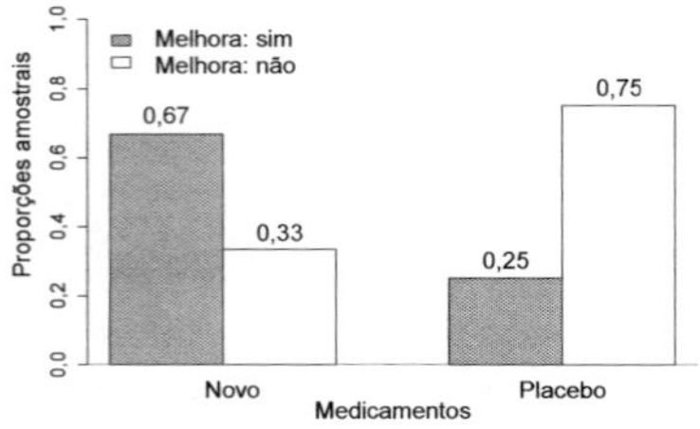

Neste ensaio, a ausência da associação mencionada significa admitir que a probabilidade de melhora não difere entre os pacientes que receberam o novo medicamento e os que receberam o placebo. Desse modo, levando-se em consideração o delineamento amostral (n_{i+} fixos, $i = 1, 2$) e o modelo probabilístico associado (produto de binomiais), as seguintes hipóteses podem ser estabelecidas para testar a associação de interesse

$$\begin{cases} H_0\colon p_{(1)1} = p_{(2)1} \ (= p_{+1}) & \Rightarrow \text{ausência de associação} \\ H_A\colon p_{(1)1} \neq p_{(2)1} & \Rightarrow \text{presença de associação.} \end{cases}$$

Devido à hipótese nula H_0 traduzir a igualdade de parâmetros distribucionais, ela é usualmente denominada hipótese de homogeneidade. Formas equivalentes de expressá-la são: $H_0\colon p_{(1)1} - p_{(2)1} = 0$, $H_0\colon \dfrac{p_{(1)1}}{p_{(2)1}} = 1$ ou, ainda, $H_0\colon \dfrac{p_{(1)1}/(1 - p_{(1)1})}{p_{(2)1}/(1 - p_{(2)1})} = 1$.

Como sob H_0 tem-se $N_{i1} \sim \text{Bin}(n_{i+}, p_{+1})$, segue que $E(N_{i1}) = n_{i+}(p_{+1})$ e $E(N_{i2}) = n_{i+}(1 - p_{+1}) = n_{i+}(p_{+2})$, $i = 1, 2$. Ainda, $\widehat{p}_{+j} = \dfrac{N_{+j}}{n}$, $j = 1, 2$, o que implica $n_{i+}(\widehat{p}_{+j}) = \dfrac{(n_{i+})(N_{+j})}{n}$, $i, j = 1, 2$. Desse modo, aos valores numéricos associados às esperanças $E(N_{ij})$, denotados por

$$e_{ij} = \frac{(n_{i+})(n_{+j})}{n}, \qquad i, j = 1, 2,$$

tem-se os correspondentes valores das frequências esperadas sob H_0.

Usar as diferenças entre os valores observados n_{ij} e os valores esperados sob H_0, e_{ij}, $i, j = 1, 2$, parece ser, portanto, intuitivo para a construção de uma estatística de teste. Foi o que fez Karl Pearson ao propor a estatística qui-quadrado de Pearson, denotada aqui por Q_P e expressa por

$$Q_P = \sum_{i=1}^{2}\sum_{j=1}^{2} \frac{(n_{ij} - e_{ij})^2}{e_{ij}}. \quad (3.1)$$

Sob H_0, e sendo as frequências n_{ij} suficientemente grandes, a distribuição associada à estatística Q_P pode ser aproximada para a distribuição qui-quadrado com 1 grau de liberdade. Para que essa aproximação seja considerada adequada, todas as frequências esperadas devem ser ao menos iguais a 5. Valores de Q_P com probabilidades pequenas conduzem à rejeição de H_0. Probabilidades tais como 0,05 ou 0,01 são usualmente consideradas pequenas e são denominadas nível de significância do teste.

Além da estatística qui-quadrado de Pearson, duas outras frequentemente utilizadas para testar a hipótese de homogeneidade são: a estatística da razão de verossimilhanças e a estatística de Neyman (ou do qui-quadrado modificada) expressas, respectivamente, por

$$Q_L = 2\sum_{i=1}^{2}\sum_{j=1}^{2} n_{ij} \ \ln\left(\frac{n_{ij}}{e_{ij}}\right)$$

e

$$Q_N = \sum_{i=1}^{2}\sum_{j=1}^{2} \frac{(n_{ij} - e_{ij})^2}{n_{ij}}.$$

Sob H_0, e sendo as frequências n_{ij} suficientemente grandes e $e_{ij} \geq 5$, tem-se que a distribuição aproximada associada às estatísticas Q_L e Q_N também é a qui-quadrado com 1 grau de liberdade, denotada por $\chi^2_{(1)}$.

3.2.2 Delineamentos com totais marginais-coluna fixos

Certos delineamentos amostrais, como os utilizados nos estudos caso-controle, são planejados de modo a se ter os totais marginais-coluna fixos (n_{+1} e n_{+2}). Nesses estudos, a ausência de associação entre X e a resposta Y corresponde a admitir que a probabilidade de exposição não difere entre os grupos caso e controle, ou seja,

$$\begin{cases} H_0\colon p_{1(1)} = p_{1(2)}\ (= p_{1+}) & \Rightarrow \text{ausência de associação} \\ H_A\colon p_{1(1)} \neq p_{1(2)} & \Rightarrow \text{presença de associação.} \end{cases}$$

Uma forma equivalente de expressar a hipótese nula de homogeneidade nesses estudos é dada por $H_0\colon \dfrac{p_{1(1)}/(1-p_{1(1)})}{p_{1(2)}/(1-p_{1(2)})} = 1$.

Como sob H_0 tem-se $N_{1j} \sim \text{Bin}(n_{+j}, p_{1+})$, segue que $E(N_{1j}) = n_{+j}(p_{1+})$ e $E(N_{2j}) = n_{+j}(1-p_{1+}) = n_{+j}(p_{2+})$, $j = 1, 2$. Assim, como $\widehat{p}_{i+} = \dfrac{N_{i+}}{n}$, $i = 1, 2$, tem-se que $n_{+j}(\widehat{p}_{i+}) = \dfrac{(n_{+j})(N_{i+})}{n}$. Aos valores numéricos associados às esperanças $E(N_{ij})$, denotados por

$$e_{ij} = \frac{(n_{i+})(n_{+j})}{n}, \qquad i, j = 1, 2,$$

tem-se as correspondentes frequências esperadas sob H_0.

Nota-se que os valores e_{ij} são obtidos de forma idêntica à dos estudos com totais marginais-linha fixos e que a estatística qui-quadrado de Pearson em (3.1), bem como as estatísticas Q_L e Q_N, também são válidas para testar H_0 *versus* H_A nesses estudos.

3.2.3 Delineamentos com total amostral n fixo

Considere, agora, estudos em que o delineamento amostral corresponde àquele em que somente o total amostral n é fixo. Por exemplo, o estudo sobre doenças respiratórias em crianças apresentado na Tabela 1.5, em que o interesse era investigar a associação entre sexo e doenças respiratórias.

Nesses casos, as hipóteses de interesse são estabelecidas como

$$\begin{cases} H_0\colon p_{ij} = (p_{i+})(p_{+j}), & \text{para } i, j = 1, 2 \\ H_A\colon p_{ij} \neq (p_{i+})(p_{+j}), & \text{para pelo menos um par } (i, j), \end{cases}$$

com H_0 denominada hipótese de independência, uma vez que a ausência de associação, em termos probabilísticos, significa independência mútua.

Como o modelo probabilístico associado a esses estudos é o multinomial, segue que $E(N_{ij}) = n(p_{ij})$, para $i, j = 1, 2$. Assim, tem-se sob H_0 que

$$E(N_{ij}) = n(p_{i+})(p_{+j}), \qquad i, j = 1, 2.$$

Ainda, $\widehat{p}_{i+} = \dfrac{N_{i+}}{n}$ e $\widehat{p}_{+j} = \dfrac{N_{+j}}{n}$. Logo,

$$n(\widehat{p}_{i+})(\widehat{p}_{+j}) = n\left(\frac{N_{i+}}{n}\right)\left(\frac{N_{+j}}{n}\right) = \frac{(N_{i+})(N_{+j})}{n}, \quad i, j = 1, 2,$$

o que implica que os valores esperados sob H_0 são obtidos por

$$e_{ij} = \frac{(n_{i+})(n_{+j})}{n}, \quad i, j = 1, 2.$$

Similar ao caso anterior, as estatísticas qui-quadrado de Pearson, da razão de verossimilhanças e de Neyman, podem ser utilizadas para testar as hipóteses H_0 *versus* H_A. Nota-se, também, que os valores esperados e_{ij} são obtidos de maneira idêntica à dos estudos cujos delineamentos amostrais apresentam os totais marginais-linha ou coluna fixos.

3.2.4 Delineamentos com totais aleatórios

Delineamentos amostrais em que se tem fixo o tempo de duração do estudo produzem totais marginais e amostral aleatórios. Sendo assim, um modelo possível para esses estudos é o produto de Poisson, em que $N_{ij} \sim \text{Poisson}(\mu_{ij})$, $i, j = 1, 2$. Sob esse modelo, a ausência de associação entre as variáveis X e Y significa testar, para as categorias $j = 1$ e $j = 2$ de Y (em termos das médias μ_{ij}), se as proporções de resposta dos indivíduos nas categorias $i = 1$ e $i = 2$ de X não diferem, ou seja,

$$\begin{cases} H_0\colon \dfrac{\mu_{1j}}{\mu_{1+}} = \dfrac{\mu_{2j}}{\mu_{2+}} \left(= \dfrac{\mu_{+j}}{\mu}\right), & j = 1, 2 \\[2ex] H_A\colon \dfrac{\mu_{1j}}{\mu_{1+}} \neq \dfrac{\mu_{2j}}{\mu_{2+}}, & j = 1, 2, \end{cases}$$

em que $\mu_{i+} = \sum_{j=1}^{2} \mu_{ij}$, $\mu_{+j} = \sum_{i=1}^{2} \mu_{ij}$ e $\mu = \mu_{++} = \sum_{i=1}^{2} \sum_{j=1}^{2} \mu_{ij}$.

Como a hipótese H_0 pode, equivalentemente, ser expressa por

$$H_0\colon \mu_{ij} = \frac{(\mu_{i+})\,(\mu_{+j})}{\mu}, \quad i,j = 1,2,$$

o que evidencia uma forma multiplicativa nas médias, ela é denominada hipótese de multiplicatividade. Sob H_0 tem-se, então, que $E(N_{ij}) = \mu_{ij} = \frac{(\mu_{i+})(\mu_{+j})}{\mu}$. Assim, os valores esperados sob H_0 são obtidos por

$$e_{ij} = \frac{(n_{i+})(n_{+j})}{n}, \qquad i,j = 1,2,$$

visto que $\widehat{\mu}_{i+} = N_{i+}$, $\widehat{\mu}_{+j} = N_{+j}$ e $\widehat{\mu} = N$.

Do que foi apresentado, nota-se que os valores esperados e_{ij} são obtidos da mesma maneira sob qualquer um dos delineamentos amostrais mencionados. Como consequência, segue que os valores das estatísticas Q_P, Q_L e Q_N serão os mesmos sob as hipóteses de homogeneidade, independência e multiplicatividade. Ressalta-se, contudo, que as conclusões devem estar de acordo com as hipóteses estabelecidas em cada estudo.

3.2.5 Comentários sobre os testes qui-quadrado

Os testes qui-quadrado discutidos apresentam limitações. Por exemplo, eles necessitam de amostras grandes para que se tenha uma aproximação apropriada para a distribuição qui-quadrado. Além disso, eles indicam somente o grau de evidência para uma associação, não descrevendo, contudo, a força (ou a intensidade) dessa associação.

Quanto à aproximação para a distribuição qui-quadrado, Agresti (2007) observa que esta ocorre de forma mais rápida para a estatística Q_P do que para a estatística Q_L, bem como que a referida aproximação é razoável para a estatística Q_P mesmo quando, em uma tabela com um número grande de caselas, houver algumas delas com frequências esperadas próximas de 1. Já para Q_L, Agresti observa que a referida aproximação se apresenta frequentemente pobre quando há frequências esperadas menores do que 5.

Desse modo, para evitar problemas quanto à aproximação mencionada, a literatura sugere o uso de métodos para amostras pequenas sempre que pelo menos uma frequência esperada for menor do que 5. A seção a seguir discute um desses métodos. Quanto à intensidade da associação, medidas que auxiliam a descrevê-la são abordadas na Seção 3.3.

3.2.6 Amostras pequenas: teste exato de Fisher

Muitas vezes as frequências esperadas em uma tabela de contingência 2×2 são muito pequenas, implicando em uma aproximação não muito boa para a distribuição qui-quadrado das estatísticas Q_P, Q_L e Q_N. Nessas situações, métodos exatos são utilizados para testar a hipótese nula de ausência de associação entre duas variáveis em tabelas 2×2. Um desses métodos é o teste exato de Fisher.

Este teste se baseia na distribuição hipergeométrica de modo que, sob a hipótese nula de independência entre duas variáveis, a probabilidade de se obter qualquer particular arranjo de frequências $n_{11}, n_{12}, n_{21}, n_{22}$, quando os totais marginais-linha e coluna são fixos, é dada por

$$p = \frac{\begin{pmatrix} n_{1+} \\ n_{11} \end{pmatrix}\begin{pmatrix} n_{2+} \\ n_{21} \end{pmatrix}}{\begin{pmatrix} n \\ n_{+1} \end{pmatrix}} = \frac{(n_{1+})!(n_{2+})!(n_{+1})!(n_{+2})!}{(n)!(n_{11})!(n_{12})!(n_{21})!(n_{22})!}. \tag{3.2}$$

O teste exato de Fisher utiliza (3.2) para obtenção da probabilidade associada ao arranjo observado das frequências, bem como das probabilidades dos arranjos que forneçam tanta ou mais evidência de associação do que o arranjo observado (mantidos ambos os totais marginais fixos). A soma dessas probabilidades é, então, comparada com um nível de significância α (por exemplo, $\alpha = 0{,}05$). Valores dessa soma menores do que α conduzem à rejeição da hipótese nula (H_0: ausência de associação).

Como ilustração, são considerados os dados exibidos na Tabela 3.2, em que se deseja testar a associação entre X e Y.

Tabela 3.2 – Tabela de contingência 2 × 2

Covariável X	Resposta Y		Totais
	$j = 1$	$j = 2$	
$i = 1$	2	6	8
$i = 2$	18	14	32
Totais	20	20	40

Mantendo-se fixos os totais marginais-linha e coluna da Tabela 3.2, existem dois arranjos que mostrariam discrepâncias mais extremas entre as variáveis X e Y do que o arranjo observado. São eles:

$$n_{11} = 1, n_{12} = 7, n_{21} = 19, n_{22} = 13,$$

$$n_{11} = 0, n_{12} = 8, n_{21} = 20, n_{22} = 12.$$

A soma das probabilidades associadas ao arranjo observado e aos dois arranjos mais extremos resultou em p = 0,09576 + 0,02016 + 0,001638 = 0,117558 (unilateral) e 2 × 0,117558 = 0,2351 (bilateral). Logo, se for considerado $\alpha = 0{,}05$, tem-se $p > \alpha$, o que implica em evidências para a não rejeição da hipótese nula (H_0: ausência de associação entre as variáveis).

3.3 Medidas de associação em tabelas 2 × 2

Estabelecida a existência de associação em uma tabela de contingência 2 × 2, pode haver o interesse em descrever a intensidade dessa associação. Algumas medidas úteis para essa finalidade são apresentadas a seguir.

3.3.1 Risco relativo

Para estudos como os de coorte e os clínicos aleatorizados, em que se tem duas amostras independentes de tamanhos fixos n_{1+} e n_{2+} (associadas às categorias da variável X), a intensidade da associação é usualmente descrita por meio de uma medida denominada risco relativo (RR).

O RR é definido como a razão entre a probabilidade de resposta positiva entre os indivíduos expostos a um fator de interesse e esta mesma probabilidade entre os não expostos a esse fator, ou seja,

$$RR = \frac{\mathrm{P(D|E)}}{\mathrm{P(D|\bar{E})}} = \frac{p_{(1)1}}{p_{(2)1}},$$

em que P(D|E) denota a probabilidade de resposta positiva entre os indivíduos expostos e $\mathrm{P(D|\bar{E})}$ a probabilidade de resposta positiva entre os indivíduos não expostos.

O RR é sempre ≥ 0. Se $RR = 1$, tem-se que o risco de resposta positiva não difere entre os indivíduos expostos e os não expostos. Se $RR > 1$, os indivíduos expostos têm risco maior de apresentar resposta positiva do que os não expostos. Consequentemente, se $RR < 1$, tem-se os indivíduos não expostos com risco maior de apresentar resposta positiva.

Um estimador proposto para esta medida é dado por

$$\widehat{RR} = \frac{\widehat{p}_{(1)1}}{\widehat{p}_{(2)1}},$$

em que $\widehat{p}_{(i)1} = \dfrac{N_{i1}}{n_{i+}}$, $i = 1, 2$. Desse modo, uma estimativa para o RR corresponde ao valor numérico assumido por este estimador.

Para a obtenção de um intervalo de confiança para o RR considera-se o logaritmo natural de RR, isto é, $f = \ln(RR) = \ln(p_{(1)1}) - \ln(p_{(2)1})$. Isso porque a distribuição amostral de $\widehat{RR}$ não é normal, mas para amostras grandes a de $\widehat{f} = \ln(\widehat{RR}) = \ln(\widehat{p}_{(1)1}) - \ln(\widehat{p}_{(2)1})$ se aproxima da normal com média $f = \ln(RR)$ e variância $V(\widehat{f})$ tal que

$$V(\widehat{f}) = \frac{(1 - p_{(1)1})}{(n_{1+})\,(p_{(1)1})} + \frac{(1 - p_{(2)1})}{(n_{2+})\,(p_{(2)1})}.$$

Assim, um intervalo de confiança (IC) para o RR, ao nível $100(1-\alpha)\%$ de confiança, com $z_{\alpha/2}$ denotando o $100(1 - \alpha/2)$ percentil da distribuição normal padrão, pode ser obtido por

$$IC(RR) = \exp\left(\widehat{f} \pm z_{\alpha/2}\sqrt{V(\widehat{f})}\,\right).$$

Estimativas para $\widehat{f}$ e $V(\widehat{f})$ podem ser obtidas substituindo-se $p_{(1)1}$ e $p_{(2)1}$ pelos respectivos valores numéricos assumidos por $\widehat{p}_{(1)1}$ e $\widehat{p}_{(2)1}$. Caso o valor 1 pertença ao $IC(RR)$, haverá evidências ao nível $100(1-\alpha)\%$ de confiança de que o risco de resposta positiva não difere entre os indivíduos expostos e os não expostos ao fator de interesse.

3.3.2 Diferença entre proporções ou risco atribuível

Outra medida útil para a comparação entre os indivíduos expostos e os não expostos ao fator de interesse é a diferença entre as proporções $p_{(1)1}$ e $p_{(2)1}$, também conhecida entre os epidemiologistas por risco atribuível.

Um estimador proposto para esta diferença é dado por

$$\widehat{d} = \widehat{p}_{(1)1} - \widehat{p}_{(2)1}.$$

Ainda, um intervalo de confiança para d, a um nível $100(1-\alpha)\%$ de confiança, pode ser obtido como segue (AGRESTI, 2007)

$$IC(d) = \left(\widehat{d} - z_{\alpha/2}\sqrt{V(\widehat{d})};\ \ \widehat{d} + z_{\alpha/2}\sqrt{V(\widehat{d})}\ \right),$$

em que $z_{\alpha/2}$ denota o $100(1-\alpha/2)$ percentil da distribuição normal padrão e $V(\widehat{d})$ a variância não viesada de $\widehat{d}$, isto é,

$$V(\widehat{d}) = \frac{p_{(1)1}(1-p_{(1)1})}{(n_{1+}-1)} + \frac{p_{(2)1}(1-p_{(2)1})}{(n_{2+}-1)}.$$

Para obtenção de uma estimativa para $V(\widehat{d})$ é usual que $p_{(1)1}$ e $p_{(2)1}$ sejam substituídos, respectivamente, pelos valores numéricos assumidos por $\widehat{p}_{(1)1}$ e $\widehat{p}_{(2)1}$. Caso o valor 0 (zero) pertença ao $IC(d)$, haverá evidências ao nível $100(1-\alpha)\%$ de confiança de que $p_{(1)1}$ não difere de $p_{(2)1}$.

3.3.3 Razão de chances

3.3.3.1 Razão de chances nos estudos de coorte

Embora nos estudos de coorte seja possível calcular o risco relativo, outra medida denominada razão de chances (do inglês *odds ratio*) ou razão de produtos cruzados (*cross product ratio*) também pode ser obtida.

Para entender essa medida, é importante compreender a diferença entre chance (*odds*) e probabilidade. A chance de ocorrência de um evento de interesse (ou chance de sucesso) é definida por

$$\text{chance} = \frac{\text{probabilidade do evento ocorrer}}{\text{probabilidade do evento não ocorrer}}.$$

Assim, se 100 pessoas são acompanhadas por 1 ano e 80 delas desenvolvem uma determinada doença, segue que a probabilidade de ocorrência da doença é $80/100 = 0{,}80$ (80%). Por outro lado, a chance de ocorrência da doença é $0{,}80/(1-0{,}80) = 4$, o que significa que a ocorrência da doença é 4 vezes mais provável do que a sua não ocorrência. Em outras palavras, espera-se observar 4 pessoas com a doença para cada 1 sem a doença.

Para enfatizar a diferença entre probabilidade e chance, Agresti (2007) observa que a probabilidade de ocorrência de um evento (sucesso) pode ser expressa em função de sua chance de ocorrência, ou seja,

$$\text{probabilidade de sucesso} = \frac{\text{chance}}{(\text{chance} + 1)}.$$

Nos estudos de coorte, indivíduos expostos e não expostos a um fator de interesse são acompanhados ao longo do tempo a fim de se observar quantos deles desenvolvem a doença. No contexto desses estudos, a razão de chances (denotada por OR) fica definida como a razão entre a chance de ocorrência da doença entre os expostos e a chance de ocorrência da doença entre os não expostos, ou seja,

$$\begin{aligned} OR_{\text{coorte}} &= \frac{\text{chance de doença entre os expostos}}{\text{chance de doença entre os não-expostos}} \\ &= \frac{p_{(1)1}/(1-p_{(1)1})}{p_{(2)1}/(1-p_{(2)1})} = \frac{p_{(1)1}}{p_{(1)2}}\frac{p_{(2)2}}{p_{(2)1}}. \end{aligned}$$

Similar ao RR, a OR também não assume valores negativos. Quando $OR = 1$, não existe associação entre as variáveis (fator e doença). Já se $OR > 1$, a chance de doença entre os indivíduos expostos é maior do que entre os não-expostos. O contrário ocorre se $OR < 1$.

Um estimador proposto para a OR é dado por

$$\widehat{OR} = \frac{\widehat{p}_{(1)1}\,\widehat{p}_{(2)2}}{\widehat{p}_{(1)2}\,\widehat{p}_{(2)1}} = \frac{N_{11}\,N_{22}}{N_{12}\,N_{21}}. \quad (3.3)$$

Desse modo, uma estimativa para essa medida corresponde ao valor numérico assumido por $\widehat{OR}$, o que resulta da substituição dos N_{ij} em (3.3) por seus respectivos valores observados n_{ij}, $i, j = 1, 2$.

Para a obtenção de um intervalo de confiança para a OR, considera-se também o logaritmo natural de OR, isto é, $f = \ln(OR)$, tendo em vista a distribuição amostral de $\widehat{f} = \ln(\widehat{OR})$ ser aproximadamente normal com média f e variância assintótica estimada por

$$\widehat{V}(\widehat{f}) = \left(\frac{1}{n_{11}} + \frac{1}{n_{12}} + \frac{1}{n_{21}} + \frac{1}{n_{22}}\right).$$

Assim, um intervalo de confiança (IC) para a OR, ao nível $100(1-\alpha)\%$ de confiança, pode ser obtido por

$$IC(OR) = \exp\left(\widehat{f} \pm z_{\alpha/2}\sqrt{\widehat{V}(\widehat{f})}\,\right),$$

em que $z_{\alpha/2}$ denota o $100(1-\alpha/2)$ percentil da distribuição normal padrão. Caso o valor 1 pertença ao intervalo, haverá evidências de chances não diferentes de ocorrência da doença entre os indivíduos expostos e não expostos.

3.3.3.2 Razão de chances nos estudos caso-controle

Nos estudos caso-controle, indivíduos doentes e não doentes são inicialmente selecionados para então se investigar quantos deles estiveram expostos ao fator de interesse. No contexto desses estudos, a razão de chances fica definida como a razão entre a chance de exposição entre os casos e a chance de exposição entre os controles, ou seja,

$$\begin{aligned} OR_{\text{caso-controle}} &= \frac{\text{chance de exposição entre os casos}}{\text{chance de exposição entre os controles}} \\ &= \frac{p_{1(1)}/(1 - p_{1(1)})}{p_{1(2)}/(1 - p_{1(2)})} = \frac{p_{1(1)}\,p_{2(2)}}{p_{2(1)}\,p_{1(2)}}. \end{aligned}$$

Se $OR = 1$, não existe associação entre as variáveis. Já se $OR > 1$, a chance de exposição ao fator de interesse entre os indivíduos doentes é maior do que entre os não doentes. O contrário ocorre se $OR < 1$.

Um estimador proposto para essa medida é dado por

$$\widehat{OR} = \frac{\widehat{p}_{1(1)}\,\widehat{p}_{2(2)}}{\widehat{p}_{2(1)}\,\widehat{p}_{1(2)}} = \frac{N_{11}\;N_{22}}{N_{21}\;N_{12}}.$$

Desse modo, uma estimativa para a OR corresponde ao valor numérico assumido por este estimador, o qual resulta da substituição dos N_{ij} por seus respectivos valores observados n_{ij}, $i, j = 1, 2$.

Um intervalo de confiança (IC) para a OR pode ser obtido de forma análoga ao apresentado na seção anterior. Caso o valor 1 pertença ao respectivo intervalo, então haverá evidências de que a chance de exposição ao fator de interesse não difere entre os casos e controles.

3.3.3.3 Razão de chances nos estudos transversais

A partir das definições de chance e de razão de chances apresentadas, nota-se não ser apropriado defini-las nos estudos transversais, pois não se tem nenhum dos totais marginais fixos no delineamento amostral. Contudo, condicional aos totais marginais-linha, considera-se que uma estimativa para essa medida nesses estudos consiste do valor numérico obtido por

$$\widehat{OR} = \frac{n_{11}\;n_{22}}{n_{21}\;n_{12}}.$$

Embora alguns autores, dentre eles Castro-Costa e Ferri (2008), mencionem que utilizar a OR nos estudos transversais não seja necessariamente errado, é necessário ter cautela quanto à sua interpretação. Nesses estudos, a OR deveria ser vista apenas como uma medida que auxilia a investigar possíveis associações entre variáveis, a fim de embasar novas pesquisas.

Outra medida usual nesses estudos é denominada razão de prevalências, que também está condicionada aos totais marginais-linha. Estimativa para essa medida consiste do valor numérico obtido por

$$\widehat{RP} = \frac{n_{11}/n_{1+}}{n_{21}/n_{2+}}.$$

Mais detalhes sobre essas e outras medidas podem ser encontrados na literatura (LEE, 1994; HUGHES, 1995; THOMPSON et al., 1998).

3.3.4 Relação entre risco relativo e razão de chances

Da definição de risco relativo discutida anteriormente tem-se que

$$RR = \frac{p_{(1)1}}{p_{(2)1}} = \frac{P(D|E)}{P(D|\bar{E})} = \frac{P(D)P(E|D)/[P(D)P(E|D) + P(\bar{D})P(E|\bar{D})]}{P(D)P(\bar{E}|D)/[P(D)P(\bar{E}|D) + P(\bar{D})P(\bar{E}|\bar{D})]},$$

sendo D e $\bar{D}$ doença e não doença e, E e $\bar{E}$ exposição e não exposição ao fator de interesse, respectivamente. Relembrando que $P(\bar{D}) = 1 - P(D)$, segue que

$$RR = \frac{P(E|D)\{P(\bar{E}|\bar{D}) + P(D)[P(\bar{E}|D) - P(\bar{E}|\bar{D})]\}}{P(\bar{E}|D)\{P(E|\bar{D}) + P(D)[P(E|D) - P(E|\bar{D})]\}}.$$

Sob a suposição de doença rara, $P(D) \to 0$. Logo,

$$RR \approx \frac{P(E|D)P(\bar{E}|\bar{D})}{P(\bar{E}|D)P(E|\bar{D})} = \frac{p_{1(1)}p_{2(2)}}{p_{2(1)}p_{1(2)}} = OR.$$

Como consequência desse resultado, tem-se que a razão de chances obtida em um estudo caso-controle conduzido com o objetivo de avaliar a associação entre um fator de interesse e uma doença rara, pode, nesses casos, ser interpretada como uma aproximação do risco relativo.

A Tabela 3.3, a seguir, apresenta uma síntese dos delineamentos amostrais discutidos neste capítulo, com seus respectivos modelos associados, estatísticas de teste e medidas de associação usuais. Na sequência, são apresentados alguns exemplos a título de ilustração.

Tabela 3.3 – Síntese dos delineamentos amostrais, modelos associados, estatísticas de teste e medidas de associação usuais em tabelas de contingência 2 × 2 considerando as categorias da variável X nas linhas e as de Y nas colunas

Delineamentos	Exemplos de estudos	Modelo associado	Hipótese nula	Estatísticas de teste	Medidas usuais
1. Marginais-linha fixos (n_{i+} fixos)	Coorte e ensaios clínicos	Produto de binomiais	Homogeneidade H_0: $p_{(1)1} = p_{(2)1}$ H_0: $p_{(1)1} - p_{(2)1} = 0$ H_0: $\frac{p_{(1)1}}{p_{(2)1}} = 1$ H_0: $\frac{p_{(1)1}/p_{(1)2}}{p_{(2)1}/p_{(2)2}} = 1$	Q_P, Q_L e Q_N	Incidência d e $IC(d)$ RR e $IC(RR)$ OR e $IC(OR)$
2. Marginais-coluna fixos (n_{+j} fixos)	Caso-controle	Produto de binomiais	Homogeneidade H_0: $p_{1(1)} = p_{1(2)}$ H_0: $\frac{p_{1(1)}/p_{2(1)}}{p_{1(2)}/p_{2(2)}} = 1$	Q_P, Q_L e Q_N	OR e $IC(OR)$
3. Total n fixo e demais aleatórios	Transversais	Multinomial	Independência H_0: $p_{ij} = (p_{i+})(p_{+j})$	Q_P, Q_L e Q_N	Prevalência* OR e $IC(OR)$* RP e $IC(RP)$*
4. Totais aleatórios	Tempo de duração preestabelecido	Produto de Poisson	Multiplicatividade H_0: $\mu_{ij} = \frac{(\mu_{i+})(\mu_{+j})}{\mu}$	Q_P, Q_L e Q_N	OR e $IC(OR)$*

*Condicional aos totais marginais-linha; d = diferença entre proporções; RR = risco relativo; OR = razão de chances; e RP = razão de prevalências.

Nota: caso as frequências observadas e esperadas não satisfaçam as condições de uso das estatísticas Q_P, Q_L e Q_N, usar o teste exato de Fisher.

3.4 Exemplos

3.4.1 Avaliação de um medicamento

Os dados dispostos na Tabela 3.4 e no gráfico ao seu lado são de um ensaio clínico aleatorizado realizado para avaliar um novo medicamento.

Tabela 3.4 – Resposta ao medicamento

Medicamento	Melhora		Totais
	Sim	Não	
Novo	40	20	60
Placebo	16	48	64
Totais	56	68	124

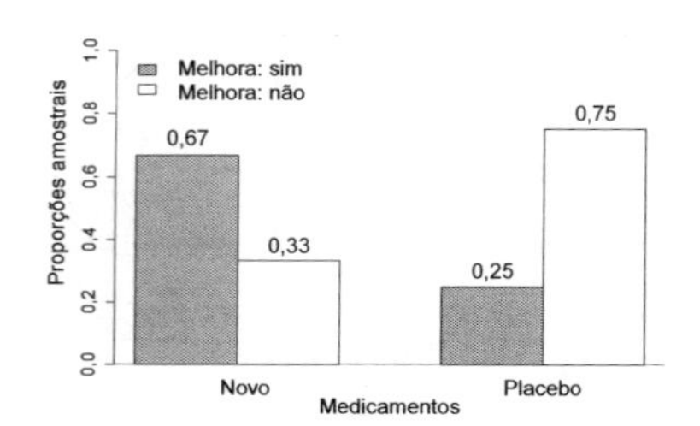

Para esse estudo, os totais marginais-linha ($n_{1+} = 60$ e $n_{2+} = 64$) são fixos e o modelo associado é o produto de binomiais independentes.

Desse modo, para testar a associação entre as variáveis medicamento e melhora do paciente foram estabelecidas as hipóteses a seguir

$$\begin{cases} H_0\colon p_{(1)1} = p_{(2)1} & \Rightarrow \quad \text{hipótese de homogeneidade} \\ H_A\colon p_{(1)1} \neq p_{(2)1} & \end{cases}$$

Utilizando a estatística qui-quadrado de Pearson para testar tais hipóteses, foram obtidos os resultados: $Q_P = 21,7$ e valor $p < 0,0001$ ($g.l. = 1$), o que nos permite rejeitar a hipótese nula e concluir pela existência de evidências de associação entre o medicamento e a melhora do paciente.

Ainda, a partir das estimativas obtidas para a diferença entre as proporções de melhora dos dois grupos e para o risco relativo a seguir,

$$\begin{aligned} \widehat{d}_{\text{novo-placebo}} &= (0,67 - 0,25) = 0,42 \text{ e } IC(d)_{95\%} = (0,255; 0,577); \\ \widehat{RR}_{\text{novo} \mid \text{placebo}} &= 2,67 \text{ e } IC(RR)_{95\%} = (1,68; 4,22), \end{aligned}$$

observa-se uma proporção de melhora maior entre os pacientes que receberam o novo medicamento (em torno de 42% maior, podendo variar entre

25,5% e 57,7% ao nível de 95% de confiança). Quanto à probabilidade de melhora dos pacientes submetidos ao novo medicamento, esta foi estimada em 2,67 vezes a dos pacientes que receberam o placebo, com respectivo intervalo de 95% de confiança igual a (1,68; 4,22). Foram, assim, encontradas evidências estatísticas a favor do novo medicamento.

Quanto à razão de chances (OR), esta foi estimada ser igual a 6 com $IC(OR)_{95\%} = (2{,}75;\ 13{,}08)$. Logo, a chance de melhora dos pacientes que receberam o medicamento foi 6 vezes a dos pacientes que receberam o placebo. Ou seja, espera-se observar 6 pacientes apresentando melhora no grupo medicamento (podendo variar entre 3 e 13 pacientes com 95% de confiança) para cada 1 paciente apresentando melhora no grupo placebo.

3.4.2 Armadilhas na atração de insetos

Nesse exemplo, os dados da Tabela 1.7 mostrados na Figura 3.1 são analisados para verificar se a cor da armadilha teria influência sobre a atração de insetos machos e fêmeas de uma determinada espécie.

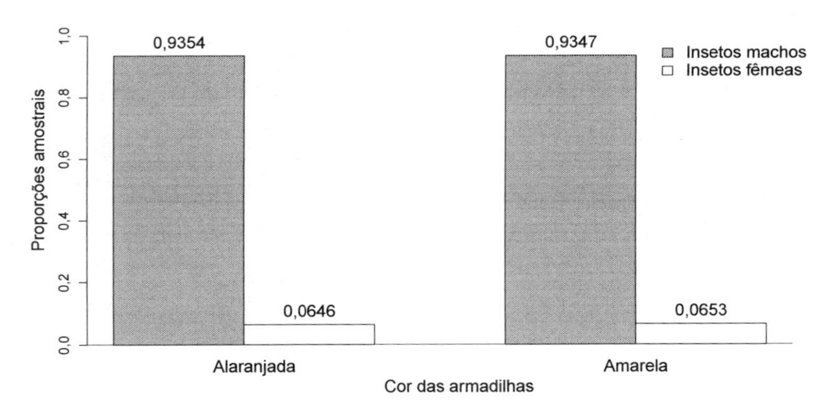

Figura 3.1 – Gráfico de colunas associado ao estudo de insetos.

Como o modelo produto de Poisson foi assumido para esse estudo (Seção 2.2.4), foram estabelecidas as hipóteses a seguir para testar a associação entre as variáveis cor da armadilha e sexo dos insetos.

$$\begin{cases} H_0\colon \mu_{ij} = \dfrac{(\mu_{i+})(\mu_{+j})}{\mu} & \text{para } i,j = 1,2 \Rightarrow \text{hipótese de multiplicatividade} \\ H_A\colon \mu_{ij} \neq \dfrac{(\mu_{i+})(\mu_{+j})}{\mu} & \text{para pelo menos um par } (i,j). \end{cases}$$

Fazendo uso da estatística qui-quadrado de Pearson, que resultou em $Q_P = 0,0013$ (valor $p = 0,9718$), bem como da razão de chances que, condicional aos totais marginais-linha observados, resultou em

$$\widehat{OR} = 1,011 \quad \text{e} \quad IC(OR)_{95\%} = (0,55; 1,86),$$

pode-se concluir pela não rejeição da hipótese nula, pois p = 0,9718, além do valor 1 pertencer ao $IC(OR)$. Logo, não há evidências de que a atração de machos e fêmeas da espécie coletada tenha sido influenciada pela cor da armadilha (alaranjada ou amarela). Nota-se, contudo, a partir do gráfico mostrado na Figura 3.1, que os machos apresentaram atração maior às armadilhas do que as fêmeas.

3.4.3 Tabagismo e câncer de pulmão

Os dados dispostos na Tabela 3.5 e representados no gráfico ao seu lado são de um estudo de coorte realizado para pesquisar a associação entre tabagismo e câncer de pulmão.

Tabela 3.5 – Dados de um estudo de coorte

Fumante	Câncer de pulmão		Totais
	Sim	Não	
Sim	75	45	120
Não	21	56	77
Totais	96	101	197

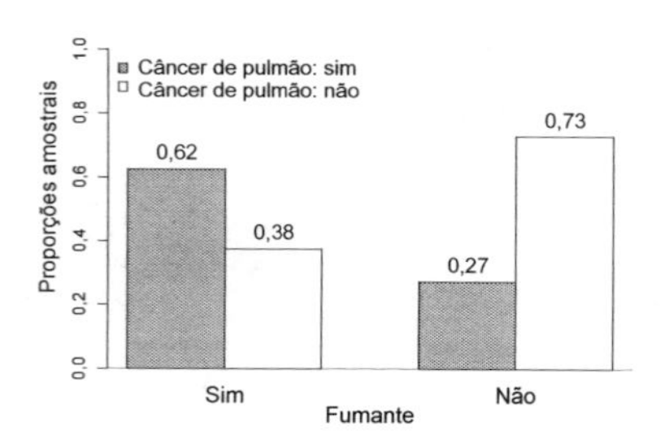

Como os totais marginais-linha foram fixados no delineamento amostral do estudo, tem-se, associado ao mesmo, um modelo produto de binomiais independentes, sendo de interesse testar as hipóteses a seguir

$$\begin{cases} H_0\colon p_{(1)1} = p_{(2)1} & \Rightarrow \text{hipótese de homogeneidade} \\ H_A\colon p_{(1)1} \neq p_{(2)1} \end{cases}$$

De acordo com o resultado obtido para a estatística qui-quadrado de Pearson, $Q_P = 23,29$ (valor $p < 0,0001, g.l. = 1$), bem como dos resultados das medidas a seguir,

$$\begin{aligned} \widehat{d} &= (0,625 - 0,2727) = 0,3523 \text{ e } IC(d)_{95\%} = (0,219; 0,485), \\ \widehat{RR} &= 2,29 \text{ e } IC(RR)_{95\%} = (1,55; 3,38), \\ \widehat{OR} &= 4,44 \text{ e } IC(OR)_{95\%} = (2,38; 8,28), \end{aligned}$$

pode-se concluir pela rejeição de H_0, o que implica em evidências de associação entre tabagismo e câncer de pulmão. Nota-se que a proporção de fumantes com câncer de pulmão foi maior do que a dos não fumantes, sendo a diferença entre elas estimada em 35,23%, podendo variar entre 21,9% e 48,5% com 95% de confiança. A probabilidade de câncer de pulmão entre os fumantes foi também estimada em 2,29 vezes a dos não fumantes, com intervalo de 95% de confiança igual a (1,55; 3,38). Ainda, a chance de câncer de pulmão foi maior entre os fumantes, sendo esperado observar de 4 a 5 indivíduos com câncer de pulmão entre os fumantes para cada 1 entre os não fumantes. Portanto, há evidências, com base nesse estudo, de que o tabagismo se constitui em um fator de risco para o câncer de pulmão.

Observa-se que, se esse estudo tivesse sido conduzido como um caso-controle, a hipótese nula de não existência de associação entre tabagismo e câncer de pulmão seria $H_0\colon p_{1(1)} = p_{1(2)}$, de modo que

$$\begin{aligned} Q_P &= 23,29 \text{ (valor } p < 0,0001,\ g.l. = 1), \\ \widehat{OR} &= 4,44 \text{ e } IC(OR)_{95\%} = (2,38; 8,28). \end{aligned}$$

Assim, a conclusão também seria a de que o tabagismo e o câncer de pulmão estão associados. Contudo, a interpretação da OR seria de chance de exposição ao tabaco entre os casos igual a 4,44 vezes esta mesma chance entre os controles. Ou seja, seria esperado observar de 4 a 5 indivíduos expostos ao tabaco entre os casos para cada 1 entre os controles.

3.4.4 Doenças respiratórias em crianças

Para os dados do estudo transversal exibidos na Tabela 1.5 e representados na Figura 3.2, em que o objetivo consistiu em verificar a existência de associação entre as variáveis sexo e sintomas de doenças respiratórias em crianças, tem-se associado o modelo multinomial e interesse nas hipóteses

$$\begin{cases} H_0\colon p_{ij} = (p_{i+})(p_{+j}), & \text{para } i,j = 1,2 \\ H_A\colon p_{ij} \neq (p_{i+})(p_{+j}), & \text{para pelo menos um par } (i,j). \end{cases}$$

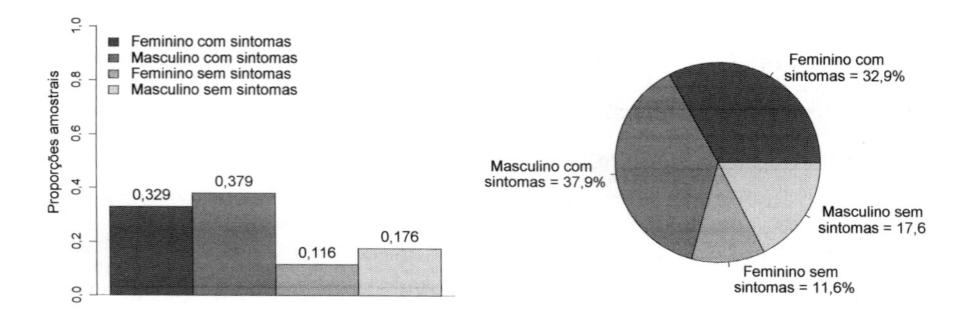

Figura 3.2 – Gráficos de colunas e pizza dos dados de um estudo sobre associação entre sexo e sintomas de doenças respiratórias em crianças.

A fim de testar tais hipóteses, foram obtidos os resultados

$$\begin{aligned} Q_P &= 4,084 \text{ (valor } p = 0,0433,\ g.l. = 1), \\ \widehat{OR}_{\text{fem} \mid \text{masc}} &= 1,3161 \text{ e } IC(OR)_{95\%} = (1,008; 1,718), \end{aligned}$$

os quais sugerem, ao nível de significância de 5%, que meninas e meninos não são igualmente propensos às doenças respiratórias. Nota-se, contudo, que, se fosse considerado nível de significância de 1%, não seria possível concluir pela rejeição de H_0. Quanto à intensidade da associação entre sexo e doenças respiratórias, há evidências de que não seja muito acentuada, tendo em vista a estimativa pontual de OR estar próxima de 1, bem como o limite inferior de sua estimativa intervalar ser praticamente 1 também.

3.4.5 Medicamentos para infecções graves

Neste exemplo, os dados mostrados na Tabela 1.6 e representados na Figura 3.3 são analisados a fim de comparar dois medicamentos utilizados para o tratamento de infecções respiratórias graves.

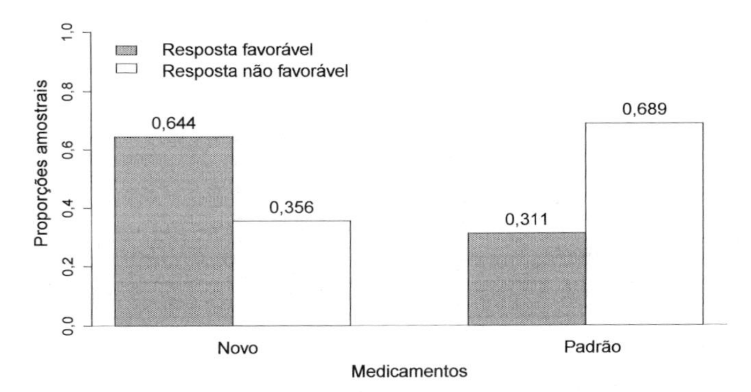

Figura 3.3 – Gráfico de colunas associado a um ensaio clínico realizado para comparar dois medicamentos para infecções respiratórias graves.

Para testar a existência de associação entre as variáveis tratamento e resposta do paciente foram estabelecidas as hipóteses

$$\begin{cases} H_0\text{: } p_{(1)1} = p_{(2)1} & \Rightarrow \text{hipótese de homogeneidade} \\ H_A\text{: } p_{(1)1} \neq p_{(2)1} & \end{cases}$$

e obtidos os resultados a seguir

$$\begin{aligned} Q_P &= 10,02 \text{ (valor } p = 0,0015,\ g.l. = 1), \\ \widehat{d} &= (0,64 - 0,31) = 0,33 \text{ e } IC(d)_{95\%} = (0,136; 0,53), \\ \widehat{RR} &= 2,07 \text{ e } IC(RR)_{95\%} = (1,27; 3,36), \\ \widehat{OR} &= 4,01 \text{ e } IC(OR)_{95\%} = (1,67; 9,65). \end{aligned}$$

A partir dos resultados, pode-se observar evidências de associação entre o tratamento e a resposta do paciente ($p = 0,0015$), bem como concluir que os pacientes que receberam o novo medicamento apresentaram proporção maior de resposta favorável (em torno de 33%, podendo variar entre 13,6% e 53% com 95% de confiança). A probabilidade de resposta favorável entre os pacientes que receberam o novo medicamento foi 2,07 vezes a dos pacientes que receberam o tratamento padrão. Quanto à razão de chances, a chance de resposta favorável dos pacientes que receberam o novo medicamento foi 4 vezes a dos que receberam o tratamento padrão. Ou seja, espera-se observar 4 pacientes com resposta favorável entre os que receberam o novo medicamento para cada 1 entre os que receberam o medicamento padrão.

3.5 Comentários

Os testes e medidas de associação abordados neste capítulo foram discutidos por diversos autores. Desse modo, mais detalhes podem ser encontrados em Kendall e Stuart (1961), Agresti (1996, 2007), Bishop et al. (2007), Stokes et al. (2000), Lawal (2003), Paulino e Singer (2006), Plackett (1983) e Bilder e Loughin (2015), dentre outros.

3.6 Exercícios

1. Para os dados apresentados nos exercícios 3 a 8 do Capítulo 1:

   (a) Forneça as proporções amostrais e as frequências esperadas.

   (b) Estabeleça as hipóteses de interesse e teste-as.

   (c) Obtenha uma medida de associação apropriada, bem como seu respectivo intervalo de 95% de confiança.

2. Em um programa de reabilitação de drogas, indivíduos do sexo masculino e com idade entre 25 e 34 anos, ao entrarem no programa, foram

classificados segundo duas categorias étnicas (A ou B). Um ano após a entrada no programa, foi observado quantos haviam retornado ao uso das drogas. Os dados estão na Tabela 3.6.

(a) Identifique o tipo de estudo realizado.

(b) Represente os dados graficamente.

(c) Obtenha o risco relativo e seu respectivo $IC_{95\%}$. Interprete.

Tabela 3.6 – Estudo referente à reabilitação de drogas

Grupo étnico	*Status* após um ano		Totais
	Reincidentes	Não reincidentes	
A	47	43	90
B	26	21	47
Totais	73	64	137

3. Para avaliar se um novo programa de acompanhamento de aleitamento materno seria mais eficiente do que o tradicional, foi realizado um estudo em duas maternidades. Na maternidade H, adotou-se o novo programa e, na maternidade A, manteve-se o tradicional. Por eficiência do programa, foi considerado se a mães, ao final dos 120 dias de acompanhamento, continuavam amamentando as crianças com leite materno. Os dados estão na Tabela 3.7.

(a) Represente os dados graficamente.

(b) Analise os dados e apresente conclusões (considere $\alpha = 5\%$ e 10%).

Tabela 3.7 – Estudo referente ao aleitamento materno

Maternidade	Amamentação após 120 dias		Totais
	Sim	Não	
H	83	34	117
A	19	16	35
Totais	102	50	152

Fonte: Gavriloff (1994).

4. Para $\widehat{f} = \ln(\widehat{RR})$, mostre que $V(\widehat{f}) = \dfrac{(1 - p_{(1)1})}{(n_{1+})\,(p_{(1)1})} + \dfrac{(1 - p_{(2)1})}{(n_{2+})\,(p_{(2)1})}$.

Sugestão: utilize o método delta (Apêndice D).

5. Mostre que a variância assintótica de $\widehat{f} = \ln(\widehat{OR})$ pode ser estimada por $\widehat{V}(\widehat{f}) = \left(\dfrac{1}{n_{11}} + \dfrac{1}{n_{12}} + \dfrac{1}{n_{21}} + \dfrac{1}{n_{22}}\right)$.

6. Analise os dados do exercício 5 do Capítulo 2 e responda se as terapias apresentaram proporções de óbito estatisticamente diferentes.

7. Analise os dados do exercício 6 do Capítulo 2 e responda se há evidências de associação entre sexo e artrite reumatoide. Apresente uma medida de associação e seu respectivo $IC_{95\%}$.

8. Indivíduos hipertensos com idade entre 21 e 65 anos foram alocados aleatoriamente a uma de três dietas alimentares a fim de avaliar o efeito da dieta (após 6 meses) na redução da pressão arterial diastólica (PAD). Os dados estão na Tabela 3.8.

(a) Represente os dados graficamente.

(b) Analise os dados e apresente conclusões.

Tabela 3.8 – Dados sobre o efeito da dieta na redução da PAD

Dieta	Redução PAD $\geq$ 10 mmHg		Totais
	Sim	Não	
Usual	108	152	260
Com restrição de sal	223	41	264
Com restrição de gordura	181	82	263
Totais	512	275	787

Capítulo 4

Tabelas de contingência s × r

4.1 Introdução

No capítulo anterior, foi abordada a análise de tabelas de contingência bidimensionais 2×2. Neste capítulo, será discutida a análise de tabelas bidimensionais $2 \times r$, $s \times 2$ e $s \times r$, para r e $s > 2$.

4.2 Análise de tabelas de contingência 2 × r

Considere os dados dispostos na Tabela 4.1 e Figura 4.1, resultados de um ensaio clínico aleatorizado realizado com o objetivo de pesquisar um tratamento para a artrite reumatoide. Como a variável resposta apresenta três categorias e os totais marginais-linha n_{1+} e n_{2+} são fixos, tem-se associado a esse estudo o modelo produto de multinomiais, em que as hipóteses de interesse são

$$\begin{cases} H_0\text{: } \mathbf{p}_1 = \mathbf{p}_2 & \Rightarrow \text{hipótese de homogeneidade} \\ H_A\text{: } \mathbf{p}_1 \neq \mathbf{p}_2 & \end{cases}$$

com $\mathbf{p}_1 = (p_{(1)1}, p_{(1)2}, p_{(1)3})$ e $\mathbf{p}_2 = (p_{(2)1}, p_{(2)2}, p_{(2)3})$.

Tabela 4.1 – Ensaio clínico aleatorizado referente à artrite reumatoide

Tratamento	Melhora do paciente			Totais
	Nenhuma	Alguma	Acentuada	
Ativo	13	7	21	41
Placebo	29	7	7	43
Totais	42	14	28	84

Fonte: Stokes et al. (2000).

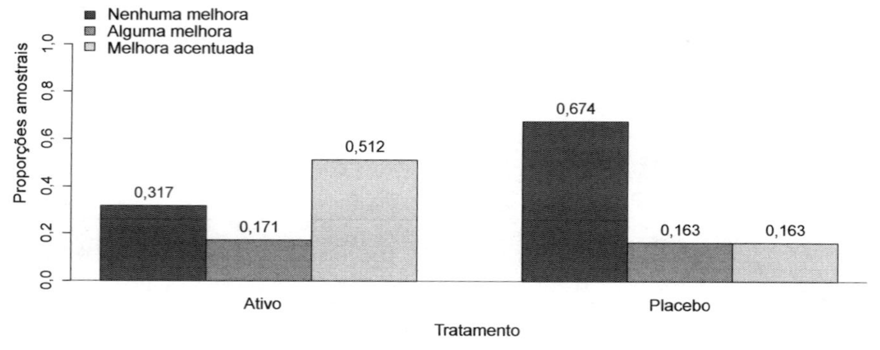

Figura 4.1 – Gráfico de colunas justapostas referente a ensaio clínico realizado para pesquisar um tratamento para a artrite reumatoide.

Do que foi apresentado no Capítulo 3, as hipóteses mencionadas poderiam ser testadas por meio da estatística qui-quadrado de Pearson,

$$Q_P = \sum_{i=1}^{2} \sum_{j=1}^{3} \frac{(n_{ij} - e_{ij})^2}{e_{ij}}, \tag{4.1}$$

em que $e_{ij} = \frac{(n_{i+})(n_{+j})}{n}$, $i = 1, 2$ e $j = 1, 2, 3$. Contudo, a natureza ordinal da variável resposta não estaria sendo levada em consideração. Assim, uma alternativa sugerida na literatura é a de se atribuir escores $\mathbf{a} = (a_1, a_2, a_3)$ para as categorias da variável resposta e, então, definir um escore médio para cada subpopulação (linha) da tabela de contingência, tal que

$$\bar{F}_i = \sum_{j=1}^{3} a_j \, p_{(i)j} \qquad i = 1, 2,$$

os quais podem ser estimados a partir dos estimadores

$$\bar{f}_i = \sum_{j=1}^{3} a_j\, \widehat{p}_{(i)j} = \sum_{j=1}^{3} a_j \left(\frac{N_{ij}}{n_{i+}}\right), \qquad i = 1, 2.$$

Estimativas dos escores médios correspondem, desse modo, aos valores numéricos assumidos por tais estimadores, isto é, $\sum_{j=1}^{3} a_j \left(\frac{n_{ij}}{n_{i+}}\right)$, $i = 1, 2$. Nota-se que os valores de tais estimativas estarão sempre no intervalo que tem como limites o menor e o maior valor assumidos para os escores.

Sob a hipótese nula de não associação entre o tratamento e o grau de melhora, formulada em termos dos escores médios por H_0: $\bar{F}_1 = \bar{F}_2$, segue que a esperança e a variância de $\bar{f}_1$ são dadas, respectivamente, por

$$E(\bar{f}_1) = \sum_{j=1}^{3} a_j \left[\frac{E(N_{1j})}{n_{1+}}\right] = \sum_{j=1}^{3} \frac{a_j}{n_{1+}} \left(\frac{n_{1+}\, n_{+j}}{n}\right) = \sum_{j=1}^{3} a_j \left(\frac{n_{+j}}{n}\right) = \mu_a$$

$$\text{e} \quad V(\bar{f}_1) = \frac{(n - n_{1+})}{(n_{1+})(n-1)} \sum_{j=1}^{3} (a_j - \mu_a)^2 \left(\frac{n_{+j}}{n}\right).$$

Em decorrência do teorema do limite central (DANTAS, 2000), tem-se que $\bar{f}_1$ converge para a distribuição normal. Logo, a estatística Q_S, denominada estatística escore médio e expressa por

$$\begin{aligned} Q_S &= \frac{[\bar{f}_1 - E(\bar{f}_1)]^2}{V(\bar{f}_1)} = \frac{(\bar{f}_1 - \mu_a)^2}{V(\bar{f}_1)} = \frac{(n-1)}{(n - n_{1+})} \frac{(n_{1+})(\bar{f}_1 - \mu_a)^2}{v_a} \\ &= \frac{(n-1)}{(n_{2+})} \frac{(n_{1+})(\bar{f}_1 - \mu_a)^2}{v_a}, \end{aligned}$$

com $v_a = \sum_{j=1}^{3} (a_j - \mu_a)^2 \left(\frac{n_{+j}}{n}\right)$, segue distribuição aproximada qui-quadrado com 1 grau de liberdade. Valores de Q_S aos quais se associam probabilidades pequenas (usualmente $\leq$ 0,05) conduzem à rejeição de H_0.

Assim, se para os dados de artrite reumatoide (Tabela 4.1) forem considerados os escores $\mathbf{a}$ = (0, 1, 2) para as categorias nenhuma melhora, alguma melhora e melhora acentuada, respectivamente, tem-se: $\bar{f}_1 = 1,195$, $\bar{f}_2 = 0,488$ e Q_S = 12,859 (valor p = 0,0003, $g.l.$ = 1). Sendo assim, é possível concluir que os tratamentos ativo e placebo diferem, bem como que o tratamento ativo apresenta um grau de melhora mais acentuado do que o placebo, pois $\bar{f}_1 > \bar{f}_2$. Devido aos escores assumidos, vale observar que os valores de $\bar{f}_1$ e $\bar{f}_2$ estão restritos ao intervalo [0, 2], bem como que valores mais próximos de zero indicam um contingente maior de indivíduos com nenhum grau de melhora e, valores mais próximos de dois, um contingente maior de indivíduos com grau de melhora acentuado.

Portanto, sendo possível assumir escores para as categorias de uma variável resposta ordinal, em particular nos delineamentos que consideram os totais marginais-linha fixos, a estatística Q_S se constitui em uma ferramenta adicional às estatísticas Q_P, Q_L e Q_N, a qual possibilita investigar a associação de interesse levando-se em conta a natureza ordinal da resposta.

4.2.1 Sobre a escolha dos escores

As estratégias utilizadas para a análise de dados ordinais comumente requerem a escolha de escores para as categorias da variável resposta. Duas maneiras usuais de escolha são:

i) Escores inteiros: são definidos por $a_j = j$ ou $a_j = j - 1$, para $j = 1, \ldots, r$, sendo úteis quando as $r > 2$ categorias ordenadas da variável resposta são assumidas como sendo igualmente espaçadas, bem como quando as categorias correspondem a contagens inteiras.

ii) Escores padronizados (*standardized midranks*): esses escores são restritos a valores entre 0 e 1 sendo definidos por

$$a_j = \frac{2\left[\sum_{k=1}^{j} n_{+k}\right] - (n_{+j}) + 1}{2(n+1)}.$$

A diferença entre os escores padronizados e os escores inteiros é que os dados são utilizados para a obtenção dos escores padronizados. Assim, o analista não se responsabiliza diretamente pela escolha dos escores, o que não representa necessariamente uma vantagem, como observado a seguir.

Para muitos conjuntos de dados, a escolha dos escores apresenta pequeno efeito nos resultados. Escolhas diferentes de escores inteiros usualmente fornecem resultados similares. Contudo, isso pode não acontecer quando os dados são desbalanceados, como quando algumas categorias apresentam muito mais observações do que outras. Com os escores padronizados, isso também ocorre, visto que aquelas categorias com poucas observações em relação às demais apresentarão escores muito próximos. A consequência é que as distâncias entre as categorias da variável resposta podem ser consideradas muito mais próximas do que elas realmente são.

A escolha de escores não se constitui, portanto, em uma tarefa simples. Agresti (2002, 2007) recomenda que os dados sejam analisados considerando diversos conjuntos de escores a fim de se observar se conclusões importantes dependem das escolhas feitas. Vale ressaltar, ainda, que a interação com o pesquisador é extremamente importante para o entendimento das distâncias entre as categorias e a consequente escolha adequada dos escores.

4.3 Análise de tabelas de contingência s × 2

Os dados dispostos na Tabela 4.2 e na Figura 4.2 são de um estudo transversal realizado com adolescentes (BAUMAN et al., 1989), com o objetivo de investigar a existência de associação entre o uso de tabaco e a consciência do risco em usá-lo. De ambos, tabela e figura, observa-se uma tendência crescente de não uso de tabaco à medida que a consciência do risco em usá-lo aumenta. Como nos estudos transversais apenas o total amostral n é fixo, segue que o modelo associado ao estudo descrito é o multinomial. Desse modo, as hipóteses de interesse são estabelecidas como

$$\begin{cases} H_0\colon p_{ij} = (p_{i+})\ (p_{+j}), & \text{para } i = 1, 2, 3 \text{ e } j = 1, 2 \\ H_A\colon p_{ij} \neq (p_{i+})\ (p_{+j}), & \text{para pelo menos um par } (i, j). \end{cases}$$

Tabela 4.2 – Estudo sobre uso de tabaco por adolescentes

Consciência do risco	Uso de tabaco		Totais
	Não	Sim	
Mínima	70	33	103
Moderada	202	40	242
Substancial	218	11	229
Totais	490	84	574

Fonte: Bauman et al. (1989).

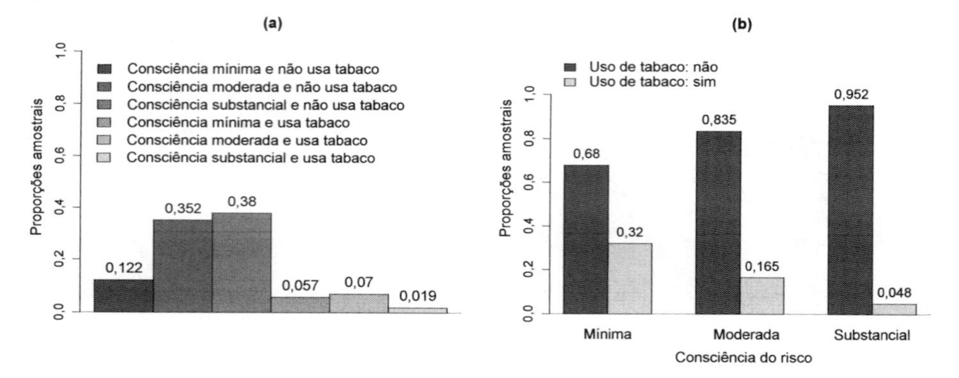

Figura 4.2 – (a) Gráfico de colunas e (b) gráfico de colunas justapostas condicional aos totais marginais-linha dos dados sobre uso de tabaco.

Similar ao que foi discutido na Seção 4.2, as estatísticas Q_P, Q_L e Q_N podem ser utilizadas para testar tais hipóteses. Contudo, como a variável uso de tabaco é dicotômica e a variável consciência do risco de uso do tabaco é ordinal, é possível considerar escores para ambas, já que é usual assumir os valores 0 e 1 para as categorias de uma variável dicotômica. Assim, se forem assumidos os escores $\mathbf{c} = (c_1, c_2, c_3) = (1, 2, 3)$ para as categorias mínima, moderada e substancial da variável consciência do risco de uso do tabaco, e os escores $\mathbf{a} = (a_1, a_2) = (0, 1)$ para as categorias *não usa* e *usa* tabaco, respectivamente, é possível definir o escore médio

$$\bar{F} = \sum_{i=1}^{3} \sum_{j=1}^{2} c_i \, a_j \, p_{ij},$$

bem como estimá-lo por meio do estimador

$$\bar{f} = \sum_{i=1}^{3}\sum_{j=1}^{2} c_i\, a_j\, \widehat{p}_{ij} = \sum_{i=1}^{3}\sum_{j=1}^{2} \frac{c_i\, a_j\, N_{ij}}{n}.$$

Sob H_0, esperança e variância de $\bar{f}$ são dadas, respectivamente, por

$$\begin{aligned} E(\bar{f}) &= \sum_{i=1}^{3}\sum_{j=1}^{2} \frac{c_i\, a_j}{n} E(N_{ij}) = \sum_{i=1}^{3}\sum_{j=1}^{2} \frac{c_i\, a_j}{n}\frac{(n_{i+})(n_{+j})}{n} \\ &= \sum_{i=1}^{3} c_i \left(\frac{n_{i+}}{n}\right) \sum_{j=1}^{2} a_j \left(\frac{n_{+j}}{n}\right) = \mu_c\, \mu_a \end{aligned}$$

e

$$V(\bar{f}) = \sum_{i=1}^{3}(c_i - \mu_c)^2\left(\frac{n_{i+}}{n}\right)\sum_{j=1}^{2}\frac{(a_j - \mu_a)^2(n_{+j}/n)}{n-1}.$$

Para amostras grandes, tem-se, em decorrência do teorema do limite central, que $\bar{f}$ segue distribuição aproximada normal. Logo,

$$\begin{aligned} Q_{CS} &= \frac{[\bar{f} - E(\bar{f})]^2}{V(\bar{f})} = \frac{(n-1)\left[\displaystyle\sum_{i=1}^{3}\sum_{j=1}^{2}(c_i - \mu_c)(a_j - \mu_a)\, n_{ij}\right]^2}{\left[\displaystyle\sum_{i=1}^{3}(c_i - \mu_c)^2\, n_{i+}\right]\left[\displaystyle\sum_{j=1}^{2}(a_j - \mu_a)^2\, n_{+j}\right]} \\ &= (n-1)\,(r_{ac})^2, \end{aligned}$$

sendo r_{ac} o coeficiente de correlação de Pearson, segue distribuição aproximada qui-quadrado com 1 grau de liberdade (STOKES et al., 2000). Por envolver o coeficiente de correlação de Pearson, Q_{CS} é denominada estatística da correlação. Ainda, como tal coeficiente mede a intensidade de associação linear entre duas variáveis, é possível, nesses casos, expressar a hipótese nula como ausência de tendência linear (H_0: $r_{ac} = 0$).

Considerando os dados dispostos na Tabela 4.2, tem-se $Q_{CS} = 42,94$ ($p <$ 0,0001), o que evidencia associação entre o uso de tabaco e a consciência do risco em usá-lo. Ainda, como $r_{ac} = -0,274$, é possível concluir que o uso de tabaco diminui à medida que a consciência do risco aumenta.

4.4 Análise de tabelas de contingência s × r

Os conceitos de associação e medidas de associação em tabelas bidimensionais 2×2, bem como associação em tabelas bidimensionais $2 \times r$ e $s \times 2$ foram apresentados e discutidos até o momento. Nesta seção, tais conceitos são estendidos para tabelas bidimensionais $s \times r$ $(s, r > 2)$, cuja notação é exibida na Tabela 4.3.

Tabela 4.3 – Tabela de contingência bidimensional $s \times r$

Subpopulações	Categorias da variável resposta				Totais
	1	2	$\cdots$	r	
1	n_{11}	n_{12}	$\cdots$	n_{1r}	n_{1+}
2	n_{21}	n_{22}	$\cdots$	n_{2r}	n_{2+}
$\vdots$	$\vdots$	$\vdots$	$\vdots$	$\vdots$	$\vdots$
s	n_{s1}	n_{s2}	$\cdots$	n_{sr}	n_{s+}
Totais	n_{+1}	n_{+2}	$\cdots$	n_{+r}	n

4.4.1 Associação em tabelas bidimensionais s × r

Para testar a hipótese nula de ausência de associação entre duas variáveis categóricas (ou categorizadas), cujos dados estejam dispostos em uma tabela de contingência bidimensional $s \times r$, pode-se proceder como segue.

4.4.1.1 Variáveis Y e X nominais e totais fixos ou aleatórios

Nesses casos, pode-se fazer uso da estatística qui-quadrado de Pearson

$$Q_P = \sum_{i=1}^{s}\sum_{j=1}^{r} \frac{(n_{ij} - e_{ij})^2}{e_{ij}},$$

em que $e_{ij} = \frac{(n_{i+})(n_{+j})}{n}$, $i = 1, \ldots, s$ e $j = 1, \ldots, r$. Quando todas as caselas apresentarem valores esperados maiores do que 5, Q_P segue distribuição aproximada qui-quadrado com $(s-1)(r-1)$ graus de liberdade.

Alternativamente, pode-se utilizar as estatísticas da razão de verossimilhanças e de Neyman (Q_L e Q_N), fazendo-se $i = 1, \ldots, s$ e $j = 1, \ldots, r$.

4.4.1.2 Variável Y ordinal, X nominal e totais marginais n_{i+} fixos

A estatística Q_P também é adequada para avaliar a associação global nesses casos. Contudo, se for de interesse levar em conta a natureza ordinal da variável resposta, pode-se fazer uso da estatística escore médio, Q_S, que, para tabelas de contingência $s \times r$, fica expressa por

$$Q_S = \frac{(n-1)}{n}\frac{\sum_{i=1}^{s}(n_{i+})(\bar{f}_i - \mu_a)^2}{v_a},$$

com $\bar{f}_i = \sum_{j=1}^{r} a_j(\frac{n_{ij}}{n_{i+}})$, $\mu_a = \sum_{j=1}^{r} a_j(\frac{n_{+j}}{n})$ e $v_a = \sum_{j=1}^{r}(a_j - \mu_a)^2\left(\frac{n_{+j}}{n}\right)$.

Nesses casos, Q_S tem distribuição aproximada qui-quadrado com $(s-1)$ graus de liberdade, uma vez que os escores médios de s subpopulações estão sendo comparados sob H_0: $\bar{F}_1 = \ldots = \bar{F}_s$. Se H_0 for rejeitada, comparações entre pares de subpopulações podem ser realizadas por meio da estatística Q_S para duas subpopulações $(s = 2)$ apresentada na Seção 4.2.

4.4.1.3 Variáveis Y e X ordinais e total n ou totais n_{i+} fixos

Em tais situações, escores podem ser assumidos para as categorias de ambas as variáveis. A estatística de teste apropriada nesses casos, como visto para tabelas de contingência $s \times 2$, é a estatística da correlação

$$Q_{CS} = (n-1)(r_{ac})^2,$$

com r_{ac} denotando o coeficiente de correlação de Pearson. Independente da dimensão da tabela, a estatística Q_{CS} segue distribuição aproximada qui-quadrado com 1 grau de liberdade.

Se houver dificuldades em assumir escores para as categorias das variáveis Y e X, as estatísticas Q_P, Q_L e Q_N podem ser utilizadas para avaliar a associação global entre as variáveis Y e X. Ainda, nos delineamentos amostrais em que os totais marginais-linha n_{i+} são fixos, pode-se, alternativamente, considerar a variável X como nominal e, então, utilizar a estatística Q_S apresentada anteriormente.

4.4.2 Teste exato de Fisher em tabelas s × r

Em algumas situações, o tamanho amostral não é suficientemente grande, podendo ocorrer diversos valores esperados menores do que 5 associados às caselas da tabela de contingência $s \times r$. Nesses casos, as estatísticas discutidas anteriormente não são recomendáveis, uma vez que a aproximação para a distribuição qui-quadrado não é razoável. Uma alternativa é fazer uso do teste exato de Fisher, discutido para tabelas 2×2 no Capítulo 3, sendo que, nesses casos, as probabilidades de interesse são calculadas a partir da distribuição hipergeométrica multivariada, isto é,

$$p = \frac{\prod_{i=1}^{s}(n_{i+})! \prod_{j=1}^{r}(n_{+j})!}{n! \prod_{i=1}^{s}\prod_{j=1}^{r}(n_{ij})!}.$$

4.4.3 Medidas de associação em tabelas s × r

Algumas medidas de associação encontram-se disponíveis quando há interesse em se obter a intensidade da associação entre duas variáveis categóricas, cujos dados estejam dispostos em uma tabela $s \times r$. A escolha por uma dessas medidas dependerá da escala de mensuração das variáveis.

4.4.3.1 Variáveis Y e X ordinais

Nos casos em que as categorias exibidas nas linhas e nas colunas de uma tabela de contingência $s \times r$ estiverem em uma escala intervalar ou apresentarem escores que são igualmente espaçados, recomenda-se o coeficiente de correlação de Pearson como medida de associação (STOKES et al., 2000).

Contudo, nos casos em que as categorias forem de natureza ordinal, mas não apresentarem uma escala de distância óbvia, sugere-se o coeficiente de correlação de Spearman, que se baseia nos postos das categorias (SIEGEL; CATELLAN Jr., 2006).

4.4.3.2 Uma ou ambas as variáveis Y e X nominais

Medidas de associação, nos casos em que uma ou ambas as variáveis de uma tabela de contingência $s \times r$ estiverem em uma escala de mensuração nominal, são mais difíceis. Dois coeficientes propostos na literatura para essas situações são: o coeficiente de incerteza (do inglês *uncertainty coefficient*) e o coeficiente lambda. Agresti (1990) discute essas medidas.

4.5 Exemplos

4.5.1 Local de moradia e afiliações político-partidárias

Os dados mostrados na Tabela 4.4 são de um estudo transversal sobre afiliações político-partidárias realizado com o interesse de avaliar a associação entre as variáveis partido político e local de moradia.

Tabela 4.4 – Distribuição político-partidária por localidade

Partido político	Local de moradia				Totais
	A	B	C	D	
Democrata	221	160	360	140	881
Independente	200	291	160	311	962
Republicano	208	106	316	97	727
Totais	629	557	836	548	2.570

Fonte: Stokes et al. (2000).

Como para esses dados ambas as variáveis são nominais, pode-se testar a hipótese nula de ausência de associação (hipótese de independência) por meio da estatística qui-quadrado de Pearson (Q_P) ou, ainda, das estatísticas Q_L e Q_N. Nesse caso, o resultado $Q_P = 273{,}92$ (valor $p < 0{,}0001$, $g.l. = 6$) mostrou evidências de associação entre partido político e local de moradia.

4.5.2 Medicamentos para tratamento da cefaleia

Os dados dispostos na Tabela 4.5 são de um ensaio clínico realizado para avaliar um novo medicamento utilizado para aliviar dor de cabeça. Os pesquisadores compararam tal medicamento com o medicamento padrão e um placebo. A resposta registrada, para cada paciente, foi o tempo (em horas) de substancial alívio da dor.

Tabela 4.5 – Medicamentos para tratamento da cefaleia

Medicamento	Horas de alívio					Totais
	0	1	2	3	4	
Placebo	6	9	6	3	1	25
Padrão	1	4	6	6	8	25
Novo	2	5	6	8	6	27
Totais	9	18	18	17	15	77

Fonte: Stokes et al. (2000).

Como a variável resposta é ordinal (contagem discreta), a variável medicamento é nominal e os totais marginais-linha são fixos, é possível utilizar a estatística escore médio para testar a hipótese nula de ausência de associação entre as variáveis medicamento e horas de alívio da cefaleia, o que corresponde a testar H_0: $\bar{F}_1 = \bar{F}_2 = \bar{F}_3$.

Assim, considerando o vetor de escores $\mathbf{a} = (0,\ 1,\ 2,\ 3,\ 4)$, tem-se $Q_S = 13,7346$ (valor p = 0,001, $g.l. = 2$), o que indica evidências estatísticas de associação entre as variáveis medicamento e horas de alívio da dor de cabeça. Pode-se, desse modo, concluir que pelo menos dois medicamentos diferem entre si. Mas quais deles diferem? Para responder a essa questão, é necessário realizar as comparações dos medicamentos, dois a dois, controlando o erro do tipo I pelo método de Bonferroni. Esse método utiliza um nível de significância α/k (k = número de comparações) para cada uma das comparações, de forma a garantir uma conclusão geral ao nível de significância de no máximo α.

Para os dados do estudo, foram obtidas as seguintes estimativas para os escores médios: $\bar{f}_1 = 1,36$, $\bar{f}_2 = 2,64$ e $\bar{f}_3 = 2,41$, o que sugere que o placebo difere dos medicamentos novo e padrão, mas não parece haver diferenças entre os medicamentos novo e padrão. Ainda, existem três comparações de interesse de modo que para $\alpha = 0,05$ tem-se 0,05/3 = 0,017. Então, considerando a tabela com somente as linhas correspondentes aos medicamentos padrão e novo, tem-se, associado à hipótese H_0: $\bar{F}_2 = \bar{F}_3$, o resultado Q_S = 0,465 (p = 0,495, $g.l.$ = 1). Desse modo, não há evidências para concluir que esses medicamentos diferem entre si. De modo análogo, os resultados obtidos para as demais comparações foram: *i*) placebo *versus* novo (H_0: $\bar{F}_1 = \bar{F}_3$), $Q_S = 8,6$ (p = 0,0034, $g.l.$ = 1); e *ii*) placebo *versus* padrão (H_0: $\bar{F}_1 = \bar{F}_2$), $Q_S = 11,66$ (p = 0,0006, $g.l.$ = 1), o que evidencia que o placebo difere dos medicamentos novo e padrão.

Observa-se, para os dados desse exemplo, a existência de várias caselas com frequências esperadas menores do que 5, o que inviabiliza a utilização da estatística Q_P, mas não o da estatística Q_S. Este é, portanto, um exemplo que mostra uma possível vantagem em se considerar, na análise, a escala ordinal da variável resposta.

4.5.3 Produtos de limpeza e intensidade da limpeza

Uma companhia de tratamento de água realizou um estudo para pesquisar como aditivos adicionados à água afetam a limpeza das roupas. O estudo considerou: água sem nenhum aditivo, água com dose única do tratamento padrão e água com dose dupla do tratamento padrão. Os resultados estão na Tabela 4.6.

Tabela 4.6 – Influência de aditivos na água sobre a limpeza das roupas

Tratamento	Limpeza			Totais
	Baixa	Média	Alta	
Água	27	14	5	46
Água com dose única do aditivo	10	17	26	53
Água com dose dupla do aditivo	5	12	50	67
Totais	42	43	81	166

Fonte: Stokes et al. (2000).

No estudo descrito, ambas as variáveis são ordinais, sendo os totais marginais-linha n_{i+} fixos. Assim, a hipótese nula de ausência de associação entre as variáveis tratamento e limpeza das roupas pode ser testada por meio da estatística da correlação Q_{CS}. Se forem assumidos os vetores de escores $\mathbf{a} = (1, 2, 3)$ e $\mathbf{c} = (1, 2, 3)$ para as categorias das variáveis limpeza das roupas e tratamento, respectivamente, obtém-se $Q_{CS} = 50{,}6$ ($p < 0{,}0001$, $g.l. = 1$), com $r_{ac} = 0{,}554$. Esse resultado mostra que há associação entre os tratamentos e a limpeza das roupas e, também, que a limpeza das roupas aumenta à medida que cresce a dosagem de aditivo adicionado à água, visto que $r_{ac} = 0{,}554 > 0$.

Em contrapartida, como os totais marginais n_{i+} são fixos, pode-se considerar a variável tratamento como nominal e, alternativamente, utilizar a estatística Q_S para testar a hipótese nula H_0: $\bar{F}_1 = \bar{F}_2 = \bar{F}_3$ que, nesse exemplo, resultou em $Q_S = 52{,}77$ ($p < 0,00001$, $g.l. = 2$), evidenciando diferenças entre pelo menos dois dos três tratamentos. Para saber quais tratamentos diferem entre si, foram realizadas as seguintes comparações (dois a dois) dos tratamentos: *a*) água pura *versus* água com dose única do aditivo; *b*) água pura *versus* água com dose dupla do aditivo; e *c*) água com dose única do aditivo *versus* água com dose dupla do aditivo, obtendo-se

$$\begin{cases} a)\ H_0\text{: } \bar{F}_1 = \bar{F}_2 & \Rightarrow Q_S = 21,71\ (p < 0,0001,\ g.l. = 1) \\ b)\ H_0\text{: } \bar{F}_1 = \bar{F}_3 & \Rightarrow Q_S = 49,06\ (p < 0,0001,\ g.l. = 1) \\ c)\ H_0\text{: } \bar{F}_2 = \bar{F}_3 & \Rightarrow Q_S = \ \ 8,02\ (p = 0,0046,\ g.l. = 1). \end{cases}$$

Levando-se em conta o método de Bonferroni para controlar o erro do tipo I, segue, para $\alpha = 0,05$, que $0{,}05/3 = 0{,}017$, o que permite rejeitar as três hipóteses nulas testadas e confirmar as conclusões obtidas anteriormente de que o tratamento e a limpeza das roupas estão associados. Tendo em vista as estimativas dos escores médios terem resultado em $\bar{f}_1 = 1{,}52$, $\bar{f}_2 = 2{,}30$ e $\bar{f}_3 = 2{,}67$, é possível ainda concluir que a limpeza das roupas aumenta à medida que cresce a dosagem do aditivo, visto que $\bar{f}_1 < \bar{f}_2 < \bar{f}_3$.

4.5.4 Veículo adquirido e fonte de propaganda

Os dados mostrados na Tabela 4.7 referem-se a um estudo transversal realizado para saber se o tipo de veículo que as pessoas haviam comprado nos últimos meses em uma determinada concessionária estava associado aos seus tipos de anúncio publicitário.

Ambas as variáveis, nesse estudo, são nominais, sendo possível notar que os dados não satisfazem às condições de utilização das estatísticas de testes usuais Q_P, Q_L e Q_N, pois existem caselas com frequências zero, bem como algumas com frequências esperadas menores do que 5. Sendo assim, o teste exato de Fisher é indicado para testar a hipótese nula de ausência de associação entre o tipo de veículo adquirido e o anúncio publicitário. Como resultado desse teste, obteve-se $p = 0{,}0473$ (bilateral), o que fornece evidências, ao nível de significância de 5%, da presença de associação entre o tipo de veículo comprado e o tipo de anúncio publicitário.

Tabela 4.7 – Escolha do tipo de veículo e anúncio publicitário

Tipo de veículo	Anúncio publicitário				Totais
	TV	Revista	Jornal	Rádio	
Sedan	4	0	0	2	6
Esportivo	0	3	3	4	10
Utilitário	5	5	2	2	14
Totais	9	8	5	8	30

Fonte: Stokes et al. (2000).

4.6 Comentários

A Tabela 4.8, a seguir, exibe uma síntese dos delineamentos amostrais, modelos associados e estatísticas de teste usuais em tabelas de contingência $s \times r$, com $r > 2$ ou $s > 2$ ou r e $s > 2$, discutidos neste capítulo. Ademais, as referências citadas no final do Capítulo 3 se encontram disponíveis para informações adicionais sobre o tema.

Tabela 4.8 – Síntese dos delineamentos amostrais, modelos e estatísticas de teste em tabelas de contingência $s \times r$, com $r > 2$ ou $s > 2$ ou r e $s > 2$, considerando as s categorias de X nas linhas e as r categorias de Y nas colunas

Delineamentos	Modelo associado	Variáveis		Hipótese nula	Estatísticas de teste
		X	Y		
	a) se $s > 2$ e $r = 2$				
1. Marginais-linha fixos	Produto de binomiais	Nominal	Nominal	H_0: homogeneidade	Q_P, Q_L ou $Q_N \sim \chi^2_{(s-1)(r-1)}$
(n_{i+} fixos)	b) se $s = 2$ e $r > 2$				
	Produto de multinomiais	Nominal	Ordinal	H_0: escores médios não diferem	$Q_S \sim \chi^2_{(1)}$
	c) se $s > 2$ e $r > 2$	Nominal	Ordinal	H_0: escores médios não diferem	$Q_S \sim \chi^2_{(s-1)}$
	Produto de multinomiais	Ordinal	Ordinal	H_0: ausência de tendência linear	$Q_{CS} \sim \chi^2_{(1)}$ ou $Q_S \sim \chi^2_{(s-1)}$
	a) se $s = 2$ e $r > 2$				
2. Marginais-coluna fixos	Produto de binomiais	Nominal	Nominal	H_0: homogeneidade	Q_P, Q_L ou $Q_N \sim \chi^2_{(s-1)(r-1)}$
(n_{+j} fixos)	b) se $s > 2$ e $r \geq 2$	Ordinal	Nominal	H_0: escores médios não diferem	$Q_S \sim \chi^2_{(r-1)}$
	Produto de multinomiais	Ordinal	Ordinal	H_0: ausência de tendência linear	$Q_{CS} \sim \chi^2_{(1)}$
3. Total n fixo e demais aleatórios	Multinomial	Nominal	Nominal	H_0: independência	Q_P, Q_L ou $Q_N \sim \chi^2_{(s-1)(r-1)}$
		Nominal	Ordinal	H_0: independência	Q_P, Q_L ou $Q_N \sim \chi^2_{(s-1)(r-1)}$
		Ordinal	Ordinal	H_0: ausência de tendência linear	$Q_{CS} \sim \chi^2_{(1)}$
4. Totais aleatórios	Produto de Poisson	Nominal	Nominal	H_0: multiplicatividade	Q_P, Q_L ou $Q_N \sim \chi^2_{(s-1)(r-1)}$
		Nominal	Ordinal		Obs: condicional a n fixo,
		Ordinal	Ordinal		proceder como no Item 3

Nota: caso as frequências observadas e esperadas não satisfaçam as condições de uso das estatísticas Q_P, Q_L e Q_N, utilize o teste exato de Fisher.

4.7 Exercícios

1. Em um estudo realizado para avaliar o grau de intensidade de náuseas (0 = ausente, 1 = mínima a 5 = alta) devido ao medicamento *cisplatinum*, foram obtidos os dados mostrados na Tabela 4.9.

(a) Estabeleça as hipóteses de interesse, teste-as e tire conclusões.

(b) Reanalise considerando escores com espaçamento 0,5.

Tabela 4.9 – Estudo sobre grau de intensidade de náuseas

Uso do *cisplatinum*	Grau de intensidade						Totais
	0	1	2	3	4	5	
Sim	7	7	3	12	15	14	58
Não	43	39	13	22	15	29	161

Fonte: Stokes et al. (2000).

2. A Tabela 4.10 apresenta os dados de um estudo que teve por objetivo avaliar os efeitos adversos de um medicamento administrado em dosagens crescentes para aliviar a dor (incluído um grupo placebo).

(a) Represente os dados graficamente.

(b) Estabeleça as hipóteses de interesse, teste-as e tire conclusões.

Tabela 4.10 – Efeitos adversos do medicamento

Dosagens	Efeitos adversos		Totais
	Não	Sim	
Placebo	26	6	32
$Dose_1$	26	7	33
$Dose_2$	23	9	32
$Dose_3$	18	14	32
$Dose_4$	9	25	34

Fonte: Stokes et al. (2000).

3. Um estudo foi realizado com pacientes que receberam transplante de medula óssea a fim de investigar a associação de um tipo de incompatibilidade entre o doador e o receptor do transplante, denominada histocompatibilidade (HC), com a doença enxerto contra hospedeiro (DECH). Para tanto, a gravidade da DECH foi registrada em uma de quatro categorias. Os dados estão na Tabela 4.11.

(a) Analise os dados a fim de responder ao objetivo do estudo.

Tabela 4.11 – Estudo sobre transplante de medula óssea

Status HC	Gravidade da DECH				Totais
	Nenhuma	Fraca	Moderada	Grave	
Incompatível	4	4	4	6	18
Compatível	6	8	2	4	20

Fonte: Adaptado de Agresti (2010).

4. Os dados na Tabela 4.12 são de um estudo sobre o grau de sofrimento de garotos devido aos seus pesadelos (1 = mínimo a 4 = intenso).

(a) Para esse estudo, investigue a existência de associação entre a idade e o grau de sofrimento dos garotos. Utilize a média de cada faixa etária para obter o vetor escores associado à variável idade.

Tabela 4.12 – Estudo sobre pesadelos em garotos

Idade (anos)	Grau de sofrimento				Totais
	1	2	3	4	
5-7	7	4	3	7	21
8-9	10	15	11	13	49
10-11	23	9	11	7	50
12-13	28	9	12	10	59
14-15	32	5	4	3	44

Fonte: Maxwell (1961).

5. Os dados na Tabela 4.13 são de um estudo sobre a associação entre o *status* de fumo e o grau de gravidade da doença arterial coronariana (0 = ausência da doença a 4 = doença grave).

(a) Represente os dados graficamente.

(b) Analise os dados e conclua sobre a associação de interesse.

Tabela 4.13 – Estudo sobre doença arterial coronariana

Fumante	Grau de gravidade da doença					Totais
	0	1	2	3	4	
Sim	350	307	345	481	67	1.550
Não	334	99	117	159	30	739

Fonte: Peterson e Harrell (1990).

6. Degustadores classificaram o sabor de queijos nas categorias de 1 a 9 em que: 1 = péssimo a 9 = excelente. Os dados estão na Tabela 4.14.

(a) Analise os dados utilizando a estatística escore médio.

Tabela 4.14 – Dados sobre degustação de queijos

Queijos	Classificação do sabor									Totais
	1	2	3	4	5	6	7	8	9	
A	0	0	1	7	8	8	19	8	1	52
B	6	9	12	11	7	6	1	0	0	52
C	1	1	6	8	23	7	5	1	0	52
D	0	0	0	1	3	7	14	16	11	52

Fonte: McCullagh e Nelder (1989).

Capítulo 5

Análise estratificada

5.1 Introdução

Nos estudos em que há interesse em avaliar a existência de associação entre uma variável de exposição X e uma variável resposta Y, atenção deve ser dada às variáveis adicionais (secundárias) que podem interferir na associação. Tais variáveis são denominadas interferentes e usualmente classificadas em dois tipos: as de confundimento e as modificadoras de efeito. As de confundimento distorcem ficticiamente a associação entre as variáveis X e Y, alterando-lhe a força ou mesmo o sentido. Já as modificadoras de efeito, mostram o efeito de X sobre Y variando de acordo com as categorias de uma variável adicional Z.

Sendo assim, ao investigar a associação entre X e Y é importante ajustar ou controlar para o efeito de variáveis interferentes a fim de que não sejam obtidas conclusões errôneas. Análises que consideram o efeito dessas variáveis são usualmente denominadas análises estratificadas, pois são realizadas com os dados estratificados pelas categorias dessas variáveis. Em alguns casos, a estratificação é resultado do próprio delineamento amostral considerado no estudo, tal como nos ensaios clínicos multicentros. Em outros, aparece somente após a coleta dos dados, quando fica evidenciada a necessidade de se ajustar para o efeito de certas variáveis que de algum modo podem interferir na relação causal entre as variáveis X e Y.

Como um exemplo de variável de confundimento, pode ser citado um estudo realizado para investigar a associação entre fumo voluntário e câncer de pulmão, em que o efeito de fumo passivo foi considerado no planejamento amostral e na análise dos dados. A estratificação pela variável fumo passivo foi feita, nesse caso, para evitar que o aparente efeito de fumo voluntário fosse distorcido devido ao fato desses dois fatores estarem confundidos (ou mesclados). Caso a influência do confundimento entre fumo voluntário e fumo passivo não fosse considerada na análise, a associação entre tabaco e câncer de pulmão poderia até mesmo não ser detectada. Desse modo, não é a mera presença do confundimento que é importante controlar nesses casos, mas sim a magnitude desse confundimento. Se essa magnitude não for muito acentuada, a associação entre o fator de interesse e a resposta, caso exista, pode até ser observada mesmo sem a estratificação. Porém, a intensidade dessa associação não será bem avaliada.

Quanto às variáveis modificadoras de efeito, pode ser mencionado um estudo realizado com crianças, que teve por objetivo pesquisar a associação entre o consumo de ferro na dieta (X) e a anemia (Y) controlando pela variável idade (Z), que foi categorizada em: idade inferior a 2 anos e idade entre 2 e 6 anos. As conclusões foram que o consumo de ferro na dieta estava de fato associado à anemia, mas que tal efeito variava de acordo com a idade (efeito maior entre as crianças com idade inferior a 2 anos e efeito menor entre as com 2 e 6 anos). Ou seja, a idade se apresentou, nesse estudo, como uma variável modificadora de efeito.

5.1.1 Confundimento e efeito modificador

A fim de identificar se uma variável Z é de confundimento ou modificadora de efeito quando a associação entre as variáveis X e Y está sendo pesquisada, o comparativo entre as medidas de associação (razão de chances ou outras) obtidas sem e com estratificação pelas categorias de Z pode ser uma estratégia útil. Nesse contexto, cenários que ilustram alterações da associação entre X e Y após estratificação pelas categorias de Z, quando X, Y e Z são dicotômicas, são mostrados na Tabela 5.1.

Tabela 5.1 – Cenários da associação entre X e Y obtidas sem e com estratificação pelas categorias de Z quando X, Y e Z são variáveis dicotômicas

Estratificação por Z			Comparação das razões de chances	Classificação de Z
Não	Sim			
OR	OR_1	OR_2		
3,0	1,9	2,0	$OR \neq OR_1$, $OR \neq OR_2$ e $OR_1 \approx OR_2$	Confundimento
3,0	4,2	4,3	$OR \neq OR_1$, $OR \neq OR_2$ e $OR_1 \approx OR_2$	Confundimento
3,0	1,0	6,2	$OR \neq OR_1$, $OR \neq OR_2$ e $OR_1 < OR_2$	Modificadora de efeito
3,0	3,8	0,5	$OR \neq OR_1$, $OR \neq OR_2$ e $OR_1 > OR_2$	Modificadora de efeito
3,0	2,9	3,0	$OR \approx OR_1 \approx OR_2$	Ausência de ambos

Nota: OR denota razão de chances sem estratificação e OR_1 e OR_2 com estratificação.

A partir dos cenários apresentados, nota-se a ausência de confundimento e de efeito modificador quando as razões de chances obtidas sem e com a estratificação pelas categorias de Z forem iguais ou bem próximas (isto é, $OR \approx OR_1 \approx OR_2$). Se, contudo, as razões de chances obtidas após a estratificação forem iguais ou próximas ($OR_1 \approx OR_2$), porém diferentes da razão de chances obtida sem a estratificação ($OR_1 \neq OR$ e $OR_2 \neq OR$), existe confundimento, pois Z está alterando a intensidade da associação entre X e Y. Já na presença de efeito modificador, o efeito que X exerce sobre Y varia de acordo com as categorias de Z, o que justifica todas as razões de chances diferentes ($OR \neq OR_1 \neq OR_2$).

Na presença de confundimento ou de efeito modificador, a associação entre X e Y deve ser sempre relatada com base nas medidas de associação obtidas a partir de análises estratificadas, isto é, após a estratificação pelas categorias de Z. Quando tais medidas apresentarem valores próximos (medidas homogêneas), pode-se pensar em uma medida de associação comum (por exemplo, a razão de chances comum).

5.2 Exemplos de análise estratificada

A seguir, são apresentados alguns métodos estatísticos propostos para a análise de situações que envolvem variáveis interferentes.

5.2.1 Ensaio clínico multicentros

Considere os dados dispostos na Tabela 5.2, referentes a um ensaio clínico aleatorizado realizado para comparar dois medicamentos utilizados no tratamento de infecções respiratórias graves, os quais foram testados em dois centros médicos.

Nota-se que a Tabela 5.2 pode ser vista como um conjunto de q tabelas de contingência 2×2, em que cada uma corresponde a um estrato determinado pelas categorias da variável centro médico, a qual se deseja controlar o seu efeito na análise devido a um possível confundimento. Fazendo uma analogia com a análise de delineamentos experimentais, os centros médicos têm aqui o sentido de blocos, pois não há interesse em compará-los, mas sim em analisar a associação entre as variáveis de interesse, controlando (ou ajustando) para seus efeitos.

Tabela 5.2 – Dados de ensaio clínico realizado para comparar dois medicamentos

Centros	Medicamentos	Resposta		Totais
		Favorável	Não favorável	
1	Novo	29	16	45
	Padrão	14	31	45
Totais		43	47	90
2	Novo	37	8	45
	Padrão	24	21	45
Totais		61	29	90

Fonte: Stokes et al. (2000).

Para situações como a descrita, em que o interesse está em estudar a associação entre um fator de interesse e a resposta, controlando para o efeito de uma variável interferente, Mantel e Haenszel (1959) propuseram a estatística de teste apresentada a seguir. Como tal estatística foi construída com base naquela proposta por Cochran (1954), é também referenciada na literatura por estatística de Cochran-Mantel-Haenszel.

5.2.1.1 Estatística de Mantel-Haenszel

Para cada uma das q tabelas de contingência 2×2 que compõem a Tabela 5.2, considera-se a notação apresentada na Tabela 5.3.

Tabela 5.3 – Notação para a h-ésima tabela 2×2

Tratamentos	Resposta		Totais
	$j = 1$	$j = 2$	
$i = 1$	n_{h11}	n_{h12}	n_{h1+}
$i = 2$	n_{h21}	n_{h22}	n_{h2+}
Totais	n_{h+1}	n_{h+2}	n_h

Dado que os totais marginais-linha das q tabelas estão fixos, Mantel e Haenszel observaram que a estatística proposta por Cochran (1954), que se baseia no modelo binomial, poderia ser construída sob o modelo hipergeométrico, uma vez que a distribuição de N_{h11}, condicional à homogeneidade dos tratamentos, isto é, H_0: $p_{h(1)1} = p_{h(2)1}$ para $h = 1, \ldots, q$, é a hipergeométrica, tal que

$$P(N_{h11} = n_{h11}) = \frac{\binom{n_{h1+}}{n_{h11}}\binom{n_{h2+}}{n_{h21}}}{\binom{n_h}{n_{h+1}}}, \tag{5.1}$$

cuja esperança e variância são dadas, respectivamente, por

$$e_{h11} = E(N_{h11} \mid n_h, n_{h1+}, n_{h+1}) = \frac{(n_{h1+})(n_{h+1})}{n_h}$$

e

$$v_{h11} = V(N_{h11} \mid n_h, n_{h1+}, n_{h+1}) = \frac{(n_{h1+})(n_{h2+})(n_{h+1})(n_{h+2})}{(n_h)^2(n_h - 1)}.$$

Sendo assim, para testar a associação fator-resposta, ajustando por uma variável interferente, Mantel e Haenszel (1959) propuseram a estatística

$$Q_{MH} = \frac{\left(\sum_{h=1}^{q} n_{h11} - \sum_{h=1}^{q} e_{h11}\right)^2}{\sum_{h=1}^{q} v_{h11}},$$

que, sob H_0 e para $\sum_{h=1}^{q} n_h$ suficientemente grande, segue distribuição aproximada qui-quadrado com 1 grau de liberdade.

Nota-se que a estatística Q_{MH} é eficaz para determinar padrões de associação quando as diferenças $p_{h(1)1} - p_{h(2)1}$ apresentarem predominantemente o mesmo sinal. Assim, a estatística Q_{MH} pode falhar em detectar associação quando as diferenças estiverem em direções opostas e apresentarem magnitudes similares.

Para os dados dispostos na Tabela 5.2, foi obtido $Q_{MH} = 18,41$ (valor $p <$ 0,0001, $g.l. = 1$), o que evidencia associação entre o tratamento e a resposta do paciente, controlando por centro médico. Ainda, o medicamento novo apresentou proporção de resposta favorável maior que a do placebo, uma vez que $p_{h(1)1} > p_{h(2)1}$, para $h = 1, 2$.

5.2.1.2 Medidas de associação

Havendo evidências de homogeneidade das razões de chances associadas ao conjunto de q tabelas de contingência 2×2, isto é, se OR_h forem homogêneas ($h = 1, \ldots, q$), Mantel e Haenszel propuseram estimar a razão de chances comum por

$$\widehat{OR}_{MH} = \frac{\sum_{h=1}^{q} \frac{n_{h11}\, n_{h22}}{n_h}}{\sum_{h=1}^{q} \frac{n_{h12}\, n_{h21}}{n_h}},$$

bem como seu respectivo intervalo de $100(1-\alpha)\%$ de confiança por

$$IC(OR_{MH})_{95\%} = \left[\widehat{OR}_{MH} \exp(z_{\alpha/2}\,\widehat{\sigma}), \widehat{OR}_{MH} \exp(-z_{\alpha/2}\,\widehat{\sigma})\right],$$

$$\text{com } \widehat{\sigma}^2 = \frac{\displaystyle\sum_{h=1}^{q} \frac{(n_{h11}+n_{h22})(n_{h11}n_{h22})}{(n_h)^2}}{2\left[\displaystyle\sum_{h=1}^{q} \frac{(n_{h11}n_{h22})}{n_h}\right]^2} + \frac{\displaystyle\sum_{h=1}^{q} \frac{(n_{h12}+n_{h21})(n_{h12}\,n_{h21})}{(n_h)^2}}{2\left[\displaystyle\sum_{h=1}^{q} \frac{(n_{h12}\,n_{h21})}{n_h}\right]^2}$$

$$+ \frac{\displaystyle\sum_{h=1}^{q} \frac{(n_{h11}+n_{h22})(n_{h12}n_{h21}) + (n_{h12}+n_{h21})(n_{h11}n_{h22})}{(n_h)^2}}{2\left[\displaystyle\sum_{h=1}^{q} \frac{(n_{h11}\,n_{h22})}{n_h}\right]\left[\displaystyle\sum_{h=1}^{q} \frac{(n_{h12}\,n_{h21})}{n_h}\right]}.$$

Uma maneira de avaliar a homogeneidade das razões de chances é observar se suas estimativas pontuais são próximas. Outro modo é utilizar a estatística proposta por Breslow-Day (BRESLOW; DAY, 1980; AGRESTI, 1996), disponível para q tabelas 2×2, $q \geq 2$, e que assintoticamente converge para uma distribuição qui-quadrado com $q-1$ graus de liberdade. Se as razões de chances não forem homogêneas, a razão de chances comum, OR_{MH}, deve ser evitada enfatizando-se, nesses casos, as razões de chances obtidas para cada estrato.

Para os dados na Tabela 5.2, há evidências de homogeneidade das razões de chances, uma vez que $\widehat{OR}_1 = 4,01$ e $\widehat{OR}_2 = 4,04$, com a estatística de Breslow-Day resultando em χ^2 = 0,00015 (valor p = 0,99, $g.l.$ = 1). Sendo assim, a razão de chances comum foi estimada em $\widehat{OR}_{MH} = 4,028$, com $IC(OR_{MH})_{95\%} = (2,1; 7,7)$. Ajustado pelos centros médicos, tem-se, portanto, que a chance de melhora dos pacientes que receberam o novo tratamento foi de aproximadamente 4 vezes a dos que receberam placebo, podendo variar, com 95% de confiança, entre 2,1 e 7,7. Logo, espera-se observar 4 pacientes apresentando melhora entre os que receberam o novo tratamento para cada 1 entre os que receberam o placebo.

5.2.2 Ensaio clínico duplo cego

Considere os dados do ensaio clínico duplo cego apresentado na Seção 4.2, em que há agora o interesse em estudar a existência de associação entre tratamento e grau de melhora, controlando pela variável sexo. Nesse caso, o ajuste pela variável sexo se deve à possibilidade de o efeito do tratamento sobre o grau de melhora ser diferente entre homens e mulheres (possível efeito modificador). Os dados estão na Tabela 5.4.

Tabela 5.4 – Dados de um estudo clínico realizado com pacientes de ambos os sexos para avaliação de tratamentos para a artrite reumatoide

Sexo	Tratamento	Grau de melhora			Totais
		Nenhuma	Alguma	Acentuada	
Feminino	Ativo	6	5	16	27
	Placebo	19	7	6	32
Totais		25	12	22	59
Masculino	Ativo	7	2	5	14
	Placebo	9	1	1	11
Totais		16	3	6	25

Fonte: Stokes et al. (2000).

Para estudos como o descrito, em que a variável resposta é ordinal e os dados estão estratificados em q tabelas de contingência $2 \times r$, Mantel (1963) propôs uma extensão da estatística de Mantel-Haenszel para testar a associação de interesse. Para apresentá-la é considerado, similar ao Exemplo 1, que a distribuição de $\{N_{hij}\}$, condicional à homogeneidade dos tratamentos, é a hipergeométrica multivariada de modo que

$$P(\{N_{hij}\} = \{n_{hij}\}) = \prod_{h=1}^{2} \frac{\prod_{i=1}^{2}(n_{hi+})! \prod_{j=1}^{3}(n_{h+j})!}{n_h! \prod_{i=1}^{2} \prod_{j=1}^{3}(n_{hij})!},$$

sendo n_{hij} o número de pacientes no h-ésimo estrato ($h = 1, 2$) que recebeu o i-ésimo tratamento ($i = 1, 2$) e apresentou a j-ésima resposta ($j = 1, 2, 3$).

Supondo $\mathbf{a}_h = (a_{h1}, a_{h2}, \ldots, a_{hr})$ o vetor de escores associado às r categorias da variável resposta na h-ésima tabela $2 \times r$, $h = 1, \ldots, q$, e considerando os dados na Tabela 5.4, em que $q = 2$ e $r = 3$, é possível definir, para o tratamento Ativo, a seguinte soma de escores-estratos

$$f_{+1+} = \sum_{h=1}^{2} \sum_{j=1}^{3} (a_{hj})(N_{h1j}) = \sum_{h=1}^{2} (n_{h1+})(\bar{f}_{h1}),$$

em que $\bar{f}_{h1} = \sum_{j=1}^{3} a_{hj} (\frac{N_{h1j}}{n_{h1+}})$ é o escore médio do primeiro tratamento na h-ésima tabela. Sob a hipótese nula de que o grau de melhora não difere entre os tratamentos, isto é, H_0: $\bar{F}_{h1} = \bar{F}_{h2}$ $(= \bar{F})$, $h = 1, 2$, tem-se

$$\mu = E(f_{+1+}) = \sum_{h=1}^{2} (n_{h1+})(\mu_h)$$

e

$$v = Var(f_{+1+}) = \sum_{h=1}^{2} \frac{(n_{h1+})(n_h - n_{h1+})}{(n_h - 1)} v_h,$$

sendo $\mu_h = \sum_{j=1}^{3} a_{hj} \left(\frac{n_{h+j}}{n_h} \right)$ e $v_h = \sum_{j=1}^{3} (a_{hj} - \mu_h)^2 \left(\frac{n_{h+j}}{n_h} \right)$.

Quando os tamanhos amostrais $n_{+i+} = \sum_{h=1}^{2} \sum_{j=1}^{3} n_{hij}$ forem suficientemente grandes, f_{+1+} terá distribuição aproximada normal, de modo que

$$Q_{SMH} = \frac{(f_{+1+} - \mu)^2}{v}$$

segue distribuição aproximada qui-quadrado com 1 grau de liberdade. A estatística Q_{SMH} é denominada estatística escore médio estendida de Mantel-Haenszel, sendo eficiente para detectar padrões de diferenças quando $(\bar{f}_{h1} - \bar{f}_{h2})$ apresentarem predominantemente o mesmo sinal.

Assim, se forem assumidos, para os dados mostrados na Tabela 5.4, os escores $\mathbf{a}_h = (0, 1, 2)$, $h = 1, 2$, para as categorias da variável grau de melhora, segue que $Q_{SMH} = 13{,}63$ (valor $p < 0{,}001$, $g.l. = 1$). Os tamanhos amostrais $n_{+1+} = 27 + 14 = 41$ e $n_{+2+} = 32 + 11 = 43$ sendo considerados suficientemente grandes, asseguram que a estatística Q_{SMH} apresenta boa aproximação para a distribuição qui-quadrado. Logo, é possível concluir pela existência de associação entre tratamento e grau de melhora controlando pela variável sexo, sendo o medicamento ativo superior ao placebo tanto para os homens quanto para as mulheres, uma vez que $\bar{f}_{11} = 1,37 > \bar{f}_{12} = 0,59$ e $\bar{f}_{21} = 0,85 > \bar{f}_{22} = 0,27$. Observa-se, contudo, que $\bar{f}_{11} > \bar{f}_{21}$, sugerindo grau de melhora superior entre as mulheres.

5.2.3 Estudo transversal

Considere os dados do estudo discutido anteriormente sobre a existência de associação entre as variáveis uso de tabaco e consciência do risco desse uso pelo adolescente, em que agora se deseja controlar pelo fator uso de tabaco pelo pai. Os dados estão na Tabela 5.5.

Tabela 5.5 – Estudo referente ao uso de tabaco por adolescentes

Uso de tabaco pelo pai	Consciência do risco pelo adolescente	Uso de tabaco		Totais
		Não	Sim	
Não	Mínima	59	25	84
	Moderada	169	29	198
	Substancial	196	9	205
Totais		424	63	487
Sim	Mínima	11	8	19
	Moderada	33	11	44
	Substancial	22	2	24
Totais		66	21	87

Fonte: Stokes et al. (2000).

Para situações como a descrita, em que é possível associar escores para as variáveis Y e X, Mantel (1963) propôs uma estatística de teste para estudar a associação entre duas variáveis ordinais que estão estratificadas em um conjunto de q tabelas $s \times 2$. Assim, sob a hipótese nula de ausência de tendência linear entre as variáveis (isto é, H_0: $r_{ac.h} = 0$, para $h = 1, 2$), e assumindo os vetores de escores $\mathbf{a}_h$ e $\mathbf{c}_h$ associados, respectivamente, às categorias das colunas e das linhas das q tabelas, tal estatística, denominada estatística da correlação estendida de Mantel-Haenszel, é dada por

$$Q_{CSMH} = \frac{\left[\sum_{h=1}^{q} n_h \left(\bar{f}_h - E(\bar{f}_h)\right)\right]^2}{\sum_{h=1}^{q} n_h^2\, V(\bar{f}_h)} = \frac{\left[\sum_{h=1}^{q} n_h \left(v_{hc}\, v_{ha}\right)^{1/2} r_{ac.h}\right]^2}{\sum_{h=1}^{q} n_h^2 \, \frac{v_{hc}\, v_{ha}}{(n_h - 1)}},$$

sendo $\bar{f}_h = \sum_{i=1}^{3}\sum_{j=1}^{2} c_i\, a_j\, \widehat{p}_{hij} = \sum_{i=1}^{3}\sum_{j=1}^{2} \frac{c_i\, a_j\, N_{hij}}{n_h}$,

$$\begin{aligned} E(\bar{f}_h) &= \sum_{i=1}^{3}\sum_{j=1}^{2} \frac{c_i\, a_j}{n_h} E(N_{hij}) = \sum_{i=1}^{3}\sum_{j=1}^{2} \frac{c_i\, a_j}{n_h} \frac{(n_{hi+})(n_{h+j})}{n_h} \\ &= \sum_{i=1}^{3} c_i \left(\frac{n_{hi+}}{n_h}\right) \sum_{j=1}^{2} a_j \left(\frac{n_{h+j}}{n_h}\right) = \mu_{hc}\, \mu_{ha} \end{aligned}$$

e $\quad V(\bar{f}_h) = \sum_{i=1}^{3} (c_i - \mu_{hc})^2 \left(\frac{n_{hi+}}{n_h}\right) \sum_{j=1}^{2} \frac{(a_j - \mu_{ha})^2 (n_{h+j}/n_h)}{(n_h - 1)} = \frac{v_{hc} v_{ha}}{(n_h - 1)}.$

A estatística Q_{CSMH} segue distribuição qui-quadrado com 1 grau de liberdade quando o tamanho amostral combinado das q tabelas $s \times 2$ for suficientemente grande (usualmente para $\sum_{h=1}^{q} n_h \geq 40$).

Assumindo para os dados na Tabela 5.5 os escores inteiros $\mathbf{a}_h = (0{,}1)$ e $\mathbf{c}_h = (1,\ 2,\ 3)$, foi obtido $Q_{CSMH} = 40{,}6639$ (valor $p < 0{,}0001$), o que evidencia a existência de associação entre consciência do risco de fumar e uso de tabaco pelo adolescente, controlando pelo fator uso de tabaco pelo pai. Ainda, $r_{ac.1} = -0,265$ e $r_{ac.2} = -0,276$ indicam correlação negativa entre consciência do risco e uso de tabaco. Sendo assim, o uso de tabaco entre os adolescentes diminui à medida que a consciência do risco de tal uso aumenta. Nota-se que isso ocorre de modo similar entre os adolescentes cujos pais fazem ou não uso de tabaco, já que $r_{ac.1} \approx r_{ac.2}$.

5.3 Análise estratificada em tabelas s × r

Para um conjunto de tabelas $s \times r$, com s, $r > 2$, é possível testar as associações de interesse por meio de extensões das estatísticas discutidas. Para informações adicionais sobre tais extensões pode-se consultar, dentre outros, Kuritz et al. (1988).

5.4 Exercícios

1. Os dados mostrados na Tabela 5.6 são de um estudo sobre a presença de resfriado em crianças de duas regiões (urbana e rural). Os pesquisadores visitaram as crianças diversas vezes, observando a presença de sintomas de resfriado. A resposta registrada foi o número de períodos em que cada criança exibiu esses sintomas.

(a) Represente os dados graficamente.

(b) Teste a existência de associação entre região e períodos com resfriado, controlando pela variável sexo.

Tabela 5.6 – Estudo referente ao resfriado em crianças

Sexo	Região	Períodos com resfriado			Totais
		0	1	2	
Feminino	Urbana	45	64	71	180
	Rural	80	104	116	300
Masculino	Urbana	84	124	82	290
	Rural	106	117	87	310

Fonte: Stokes (1986).

2. Testes sobre alergia a um medicamento foram realizados em 1.247 pessoas no ano de 1993 e em 3.319 pessoas em 1994. Os resultados estão na Tabela 5.7.

(a) Represente os dados graficamente.

(b) Analise os dados e responda se as mulheres têm chance maior de apresentar alergia ao medicamento do que os homens.

Tabela 5.7 – Testes sobre alergia ao medicamento

Ano	Sexo	Resultado do teste		Totais
		+	−	
1993	Feminino	21	538	559
	Masculino	52	636	688
1994	Feminino	47	1.578	1.625
	Masculino	123	1.571	1.694

3. Os dados na Tabela 5.8 são de um estudo que teve por objetivo avaliar os efeitos adversos de um medicamento administrado para aliviar a dor em pacientes com um de dois diagnósticos. Foram avaliadas quatro dosagens do medicamento mais um placebo.

(a) Considerando somente os pacientes com diagnóstico I, teste a existência de associação entre dosagens e efeitos adversos.

(b) Faça o mesmo considerando os pacientes com diagnóstico II.

(c) Avalie a associação de interesse controlando pelo diagnóstico.

Tabela 5.8 – Efeitos adversos de um medicamento

Diagnóstico	Dosagens	Efeitos adversos		Totais
		Não	Sim	
I	Placebo	26	6	32
	$Dose_1$	26	7	33
	$Dose_2$	23	9	32
	$Dose_3$	18	14	32
	$Dose_4$	9	25	34
II	Placebo	26	6	32
	$Dose_1$	12	20	32
	$Dose_2$	13	20	33
	$Dose_3$	1	31	32
	$Dose_4$	1	31	32

Fonte: Stokes et al. (2000).

4. Um estudo de coorte foi realizado com o objetivo de verificar o efeito de fumo voluntário sobre o risco de câncer de pulmão. O fato de os próprios indivíduos estarem expostos ao fumo passivo foi considerado no delineamento. Os dados estão na Tabela 5.9.

(a) Avalie a existência de associação entre fumo voluntário e câncer de pulmão, controlando por fumo passivo.

Tabela 5.9 – Fumo voluntário sobre o risco de câncer de pulmão

Fumo passivo	Fumo voluntário	Câncer de pulmão		Totais
		Sim	Não	
Sim	Sim	120	80	200
	Não	111	155	266
Não	Sim	161	130	291
	Não	117	124	241

Fonte: Stokes et al. (2000).

5. Um estudo foi realizado em 4 centros médicos com o objetivo de avaliar a efetividade de um medicamento para o tratamento de artrite. Em cada centro, o medicamento foi administrado a 50 pacientes. Outros 50 receberam um placebo. Os dados estão na Tabela 5.10.

(a) Analise os dados e responda sobre a efetividade do medicamento.

Tabela 5.10 – Dados de efetividade de medicamento para artrite

Centro	Medicamento	Quadro geral				Totais
		Piora	Inalterado	Melhora	Excelente	
1	Placebo	10	15	17	8	50
	A	12	14	10	14	50
2	Placebo	6	20	22	2	50
	A	4	15	10	21	50
3	Placebo	7	25	12	6	50
	A	5	22	12	11	50
4	Placebo	2	14	20	14	50
	A	1	12	15	22	50

Fonte: Ott (1984).

Capítulo 6

Tabelas com dados relacionados

6.1 Introdução

Neste capítulo, são discutidos alguns métodos e medidas utilizados na análise de dados dispostos em tabelas de contingência que apresentam informações pareadas. Alguns exemplos são: os estudos caso-controle com pareamento entre casos e controles, os estudos em que são avaliados órgãos duplos de pacientes (olhos, rins etc.), bem como os estudos em que os indivíduos são observados em dois momentos distintos, tal como antes e após um procedimento. Exemplos são discutidos a seguir.

6.2 Exemplos

6.2.1 Taxa de aprovação de um político

Situações em que há o interesse em avaliar uma resposta antes e após um fato ou acontecimento não são incomuns. Um exemplo seria o estudo hipotético realizado para investigar a taxa de aprovação de um político antes e após o anúncio de certas medidas, como mostrado na Tabela 6.1.

Como o interesse está em testar se a proporção de indivíduos que aprovam o referido político antes e após o anúncio das medidas diferem ou não, pode-se estabelecer as seguintes hipóteses:

$$\begin{cases} H_0\colon p_{1+} = p_{+1} & \Rightarrow \text{hipótese de homogeneidade marginal} \\ H_A\colon p_{1+} \neq p_{+1}. \end{cases}$$

Visto que $p_{1+} = p_{11} + p_{12}$ e $p_{+1} = p_{11} + p_{21}$, as hipóteses mencionadas podem ser equivalentemente expressas por

$$\begin{cases} H_0\colon p_{12} = p_{21} & \Rightarrow \text{hipótese de simetria} \\ H_A\colon p_{12} \neq p_{21}. \end{cases}$$

Esta equivalência entre as hipóteses de homogeneidade marginal e de simetria sempre ocorre em tabelas 2×2, mas não em tabelas $s \times s$ $(s > 2)$.

Para testar tais hipóteses, tendo em vista que sob H_0 valores similares são esperados para n_{12} e n_{21}, McNemar (1947) propôs um teste baseado na distribuição binomial. Este teste faz uso somente dos elementos da tabela fora da diagonal (n_{12} e n_{21}) para determinar a existência de diferenças entre p_{12} e p_{21}, sendo sua estatística dada por

$$Q_{Mc} = \frac{(n_{12} - n_{21})^2}{(n_{12} + n_{21})},$$

que, sob H_0 e $n_{12} + n_{21} > 10$, tem distribuição aproximada qui-quadrado com 1 grau de liberdade (AGRESTI, 2007).

Tabela 6.1 – Taxa de aprovação de um político

Antes	Após		Totais
	Aprova	Reprova	
Aprova	20	5	25
Reprova	10	10	20
Totais	30	15	45

Para os dados na Tabela 6.1, tem-se $Q_{Mc} = 1{,}67$ $(p = 0{,}1967)$, o que indica evidências de não rejeição de H_0. Logo, não é possível afirmar que a taxa de aprovação do político tenha se alterado após o anúncio das medidas.

6.2.2 Acurácia de exames laboratoriais

Quando médicos solicitam exames laboratoriais a fim de auxiliá-los no diagnóstico de uma doença ou de outro evento, é importante conhecer a capacidade dos exames em acertar o diagnóstico (ou seja, a sua acurácia). Por exemplo, qual a capacidade de acerto do teste de paternidade por DNA? E a do exame de HIV baseado no método ELISA?

Para pesquisar esta acurácia, nos casos em que o diagnóstico é dicotômico (por exemplo, presença ou ausência de certa doença), dois grupos de indivíduos são submetidos ao exame de interesse, sendo um deles com *status* positivo (por exemplo, de doença ou de paternidade) e o outro com *status* negativo, como esquematizado na Figura 6.1.

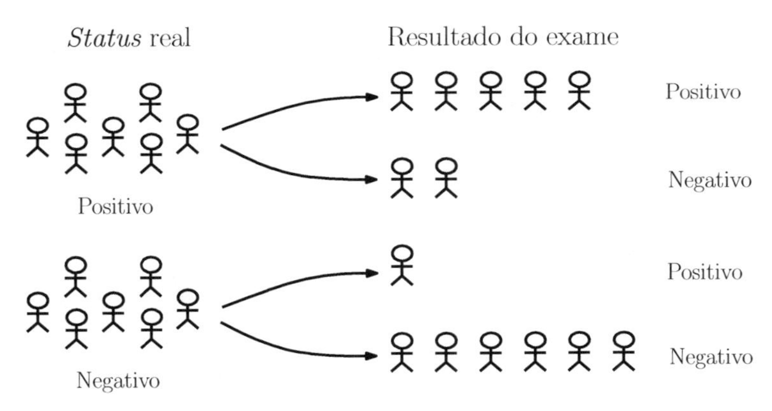

Figura 6.1 – Esquema de estudo sobre a acurácia de um exame.

As duas informações registradas para cada indivíduo i ($i = 1, \ldots, n$) sob estudo (isto é, seu real *status* e o resultado do exame) são usualmente apresentadas em tabelas 2×2, como mostrado na Tabela 6.2.

Com base nas informações exibidas na Tabela 6.2, podem ser obtidas duas medidas que auxiliam a mensurar a acurácia de um exame. São elas: a sensibilidade e a especificidade. A sensibilidade é definida como a proporção de resultados positivos que um teste apresenta quando realizado em indivíduos com a doença, ou seja, é a proporção de verdadeiros positivos

(p_{VP}). Por outro lado, a especificidade é definida como a proporção de resultados negativos que um teste apresenta quando realizado em indivíduos livres da doença, isto é, é a proporção de verdadeiros negativos (p_{VN}).

Tabela 6.2 – Informações de estudo para avaliar a acurácia de um exame

Resultado do exame	*Status* do paciente		Totais
	Doente (+)	Sadio (−)	
+	Verdadeiros positivos (VP = n_{11})	Falsos positivos (FP = n_{12})	Total de positivos (VP + FP = n_{1+})
−	Falsos negativos (FN = n_{21})	Verdadeiros negativos (VN = n_{22})	Total de negativos (FN + VN = n_{2+})
Totais	Total de doentes (VP + FN = n_{+1})	Total de sadios (FP + VN = n_{+2})	Total geral (n)

Assim, pode-se dizer que sensibilidade é a capacidade do exame em reconhecer os doentes, enquanto especificidade é a capacidade do exame em reconhecer os sadios. Um exame precisa ter um equilíbrio dessas duas medidas, pois, para discriminar os doentes e sadios, é preciso pensar em ambas conjuntamente. Vale mencionar que essas medidas também são úteis para avaliar se exames alternativos àquele considerado o melhor disponível em termos de eficácia (denominado padrão ouro), mas com preços mais acessíveis à população ou que proporcionem menor incômodo aos pacientes, teriam a mesma acurácia do padrão ouro. Por exemplo, avaliar a acurácia do exame denominado Doppler em relação ao cateterismo (padrão ouro) por ser menos invasivo aos pacientes.

Estimadores de máxima verossimilhança (EMV) para as duas medidas mencionadas são dados, respectivamente, por

$$\widehat{p}_{\text{VP}} = \frac{\text{VP}}{\text{VP} + \text{FN}} = \frac{N_{11}}{n_{+1}} \quad \text{e} \quad \widehat{p}_{\text{VN}} = \frac{\text{VN}}{\text{FP} + \text{VN}} = \frac{N_{22}}{n_{+2}}.$$

Os valores numéricos assumidos por tais estimadores, quando da substituição das variáveis N_{11} e N_{22} pelos valores de suas realizações (n_{11} e n_{22}), correspondem às respectivas estimativas de p_{VP} e p_{VN}.

Ainda, intervalos de confiança para p_{VP} e p_{VN} podem ser obtidos por

$$\widehat{p}_{\text{VP}} \pm z_{\alpha/2}\sqrt{\frac{\widehat{p}_{\text{VP}}(1-\widehat{p}_{\text{VP}})}{n_{+1}-1}} \quad \text{e} \quad \widehat{p}_{\text{VN}} \pm z_{\alpha/2}\sqrt{\frac{\widehat{p}_{\text{VN}}(1-\widehat{p}_{\text{VN}})}{n_{+2}-1}},$$

com $z_{\alpha/2}$ o $100(1-\alpha/2)$ percentil da distribuição normal padrão.

Como mostra a Tabela 6.2, resultados incorretos também podem ser obtidos quando da realização de um exame clínico. São eles: os falsos negativos (presença da doença, mas resultado do exame negativo) e os falsos positivos (ausência da doença, mas resultado do exame positivo).

As proporções de falsos negativos e positivos são definidas, respectivamente, por $p_{\text{FN}} = 1 - p_{\text{VP}} = 1 - \text{sensibilidade}$

e $p_{\text{FP}} = 1 - p_{\text{VN}} = 1 - \text{especificidade}$,

sendo seus respectivos estimadores dados por

$$\widehat{p}_{\text{FN}} = \frac{\text{FN}}{\text{VP}+\text{FN}} = \frac{N_{21}}{n_{+1}} \quad \text{e} \quad \widehat{p}_{\text{FP}} = \frac{\text{FP}}{\text{FP}+\text{VN}} = \frac{N_{12}}{n_{+2}}$$

e seus respectivos intervalos de confiança por

$$\widehat{p}_{\text{FN}} \pm z_{\alpha/2}\sqrt{\frac{\widehat{p}_{\text{FN}}(1-\widehat{p}_{\text{FN}})}{n_{+1}-1}} \quad \text{e} \quad \widehat{p}_{\text{FP}} \pm z_{\alpha/2}\sqrt{\frac{\widehat{p}_{\text{FP}}(1-\widehat{p}_{\text{FP}})}{n_{+2}-1}},$$

com $z_{\alpha/2}$ o $100(1-\alpha/2)$ percentil da distribuição normal padrão.

A título de ilustração, os dados na Tabela 6.3 mostram os resultados de um exame realizado em 180 pacientes para auxiliar no diagnóstico de uma doença de pele. Para esses dados, tem-se

$$\widehat{p}_{\text{VP}} = \frac{52}{60} = 0,867 \quad \text{com} \quad IC(p_{\text{VP}})_{95\%} = (0,78; 0,95)$$

e

$$\widehat{p}_{\text{VN}} = \frac{100}{120} = 0,833 \quad \text{com} \quad IC(p_{\text{VN}})_{95\%} = (0,77; 0,90),$$

o que mostra que o exame clínico apresenta sensibilidade e especificidade relativamente altas, detectando em torno de 87% dos casos positivos e 83% dos casos negativos. Com 95% de confiança, espera-se que a sensibilidade esteja entre 78 e 95% e a especificidade entre 77 e 90%.

Em consequência, tem-se, para o exame considerado, em torno de 13% de falsos negativos ($\widehat{p}_{\text{FN}} = 8/60 \approx 0{,}13$) e de 17% de falsos positivos ($\widehat{p}_{\text{FP}} = 20/120 \approx 0{,}17$), sendo esperado, com 95% de confiança, entre 5 e 22% de resultados falsos negativos e entre 10 e 23% de falsos positivos.

Tabela 6.3 – Exame médico para diagnóstico de doença de pele

Resultado do exame	*Status* do paciente		Totais
	Doente +	Sadio –	
+	52	20	72
–	8	100	108
Totais	60	120	180

Fonte: Stokes et al. (2000).

As medidas discutidas certamente auxiliam a descrever o desempenho esperado de um exame. Contudo, exames são solicitados com a finalidade de que seus resultados auxiliem a afastar ou confirmar um diagnóstico médico, visto que, na prática, não se sabe quem de fato tem ou não a doença. Assim, é de interesse saber: *a*) a probabilidade de um paciente ser de fato saudável, dado que o resultado do exame foi negativo; e *b*) a probabilidade de um paciente ser de fato doente, dado que o resultado foi positivo. Nesse sentido, os valores preditivos (positivo e negativo) podem auxiliar nessas questões.

O valor preditivo positivo (VPP) corresponde à proporção de pacientes com resultado positivo e que de fato têm a doença, enquanto o valor preditivo negativo (VPN) corresponde à proporção de pacientes com resultado negativo e que de fato não têm a doença, isto é,

$$\text{VPP} = \frac{\text{VP}}{\text{VP} + \text{FP}} \quad \text{e} \quad \text{VPN} = \frac{\text{VN}}{\text{VN} + \text{FN}},$$

com VP denotando os verdadeiros positivos, FP os falsos positivos e VN e FN os verdadeiros e falsos negativos, respectivamente.

Estimadores para essas quantidades são dados, respectivamente, por

$$\widehat{\text{VPP}} = \frac{N_{11}}{n_{1+}} \quad \text{e} \quad \widehat{\text{VPN}} = \frac{N_{22}}{n_{2+}},$$

bem como seus respectivos intervalos de confiança por

$$\widehat{\text{VPP}} \pm z_{\alpha/2}\sqrt{\frac{\widehat{\text{VPP}}(1-\widehat{\text{VPP}})}{n_{1+}-1}} \quad \text{e} \quad \widehat{\text{VPN}} \pm z_{\alpha/2}\sqrt{\frac{\widehat{\text{VPN}}(1-\widehat{\text{VPN}})}{n_{2+}-1}},$$

com $z_{\alpha/2}$ o $100(1-\alpha/2)$ percentil da distribuição normal padrão.

Nota-se que exames com baixa especificidade (isto é, com muitos falsos positivos) apresentarão VPP baixos. De forma análoga, os com baixa sensibilidade (isto é, com muitos falsos negativos) apresentarão VPN baixos. Para os dados na Tabela 6.3, os valores preditivos positivo e negativo resultaram em $52/72 \approx 0{,}72$ (72%) e $100/108 \approx 0{,}93$ (93%), respectivamente.

Contudo, um fator que dificulta a interpretação dos valores preditivos é que estes variam de acordo com a prevalência da doença na população em que o exame é realizado. Para exemplificar, considere os dados a seguir referentes aos resultados de um exame realizado em pacientes de uma clínica especializada em certa doença (cenário de prevalência alta da doença: 37,1%), bem como em pacientes de um pronto atendimento de um hospital (cenário de prevalência baixa da doença: 5,5%).

Cenário 1 – Clínica especializada

Resultado	*Status*		Totais
	+	–	
+	55	10	65
–	10	100	110
Totais	65	110	175

Prevalência	65/175 = 0,371
Sensibilidade	55/65 = 0,846
Especificidade	100/110 = 0,909
VPP	55/65 = 0,846
VPN	100/110 = 0,909

Cenário 2 – Pronto atendimento

Resultado	*Status*		Totais
	+	–	
+	55	110	165
–	10	1000	1010
Totais	65	1110	1175

Prevalência	65/1175 = 0,055
Sensibilidade	55/65 = 0,846
Especificidade	1000/1110 = 0,901
VPP	55/165 = 0,333
VPN	1000/1010 = 0,990

Apesar de as medidas sensibilidade e especificidade terem apresentado valores similares nos cenários 1 e 2, tem-se, em decorrência da prevalência da doença, que os valores preditivos positivo (VPP) são bem diferentes

(84,6% no cenário 1 e 33,3% no cenário 2), o que mostra que a interpretação do resultado de um exame requer uma visão sobre a população na qual ele é realizado. Sendo assim, fica evidente a importância de se pensar em uma abordagem que sumarize sensibilidade e especificidade conjuntamente, levando-se em conta a prevalência da doença na população sob estudo.

Nesse contexto, foram propostas as razões de probabilidades positiva e negativa, que variam entre zero e infinito. A razão de probabilidades positiva (LR+) expressa o quanto um exame de resultado positivo aumenta a chance de um indivíduo ser doente. Já a razão de probabilidades negativa (LR−) expressa o quanto um exame de resultado negativo influencia a chance de um indivíduo ser saudável. Essas razões são definidas por

$$\text{LR+} = \frac{\text{sensibilidade}}{1 - \text{especificidade}} \quad \text{e} \quad \text{LR−} = \frac{1 - \text{sensibilidade}}{\text{especificidade}}.$$

Para auxiliar na interpretação dessas razões, Fagan (1975) prôpos uma ferramenta gráfica, o nomograma, que, com base no teorema de Bayes, fornece estimativas da probabilidade de doença, posterior ao conhecimento do resultado do exame e da prevalência da doença (Apêndice E).

A Figura 6.2 apresenta os nomogramas correspondentes aos cenários 1 e 2. A partir do nomograma associado ao cenário 1, são observadas duas linhas. A primeira tem início no valor da prevalência da doença (37,1%), passa pelo valor LR+ $= 0{,}846/(1 - 0{,}909) = 9{,}3$ e, então, atinge o valor 85%, que corresponde à probabilidade *a posteriori*. Assim, pacientes de uma população com prevalência da doença de 37,1% e com resultado positivo para o exame, apresentam probabilidade de 85% de ter de fato a doença, podendo variar entre 75% e 91% com 95% de confiança. A segunda linha, também tem início no valor da prevalência da doença (37,1%), passa pelo valor LR− $= (1 - 0{,}846)/0{,}909 = 0{,}17$ e segue até a probabilidade *a posteriori* de 9%. Desse modo, pacientes dessa mesma população, mas com resultado negativo para o exame, apresentam probabilidade de 9% de ter de fato a doença (podendo variar entre 6% e 15% com 95% de confiança).

Quanto ao cenário 2, as duas linhas têm início no valor 5,5% (prevalência da doença), sendo que uma passa por LR+ = 8,5 e atinge o valor de 33% e a outra por LR− = 0,17 e atinge 1%. Desse modo, pacientes de uma população com prevalência da doença de 5,5% e com resultado positivo para o exame, apresentam probabilidade de 33% de ter de fato a doença (variando entre 29% e 37% com 95% de confiança). Já para os com resultado negativo, tal estimativa é de 1%. Exames adicionais para os pacientes com resultado positivo são, portanto, recomendáveis neste cenário.

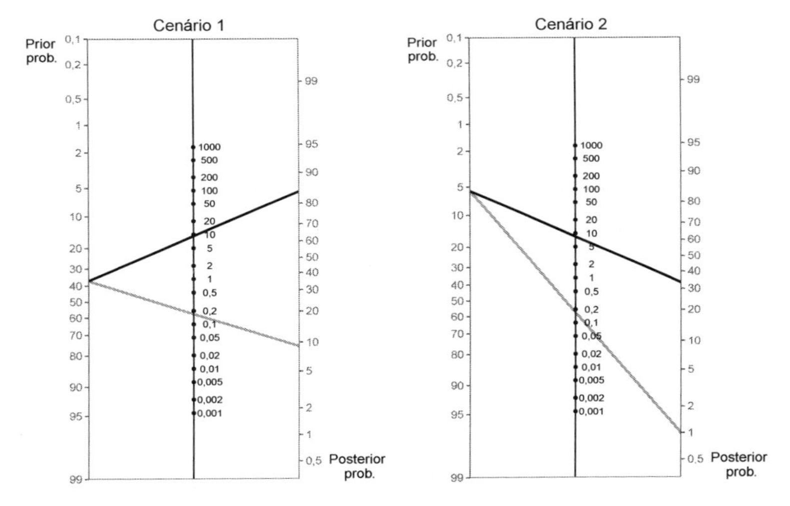

Figura 6.2 – Nomograma de Fagan referentes aos cenários 1 e 2.

Do que foi apresentado, observa-se que os exames de rotina usualmente solicitados para indivíduos assintomáticos (por exemplo: a mamografia para diagnóstico de câncer de mama; o papanicolaou para diagnóstico de câncer de colo do útero; e a pressão ocular para diagnóstico de glaucoma) apresentam, em geral, prevalência baixa, pois a população compreende todos os indivíduos sem restrição. Já os exames mais específicos, quando solicitados após o resultado positivo de um ou mais dos exames de rotina, apresentam prevalência maior, tendo em vista a população estar, agora, restrita ao grupo de indivíduos com sinais ou sintomas da doença.

6.3 Concordância entre avaliadores

Pesquisadores das áreas de saúde, epidemiologia, análise sensorial, dentre outras, usualmente têm consciência de que o avaliador pode ser uma possível fonte de erro. Desse modo, uma etapa importante de uma pesquisa é a de investigar se os avaliadores que a integram apresentam habilidades de avaliação similares.

Por exemplo, em uma pesquisa que envolve a avaliação de imagens de raio X, é importante investigar se os profissionais apresentam habilidades similares para fazer tal avaliação. Por outro lado, em pesquisas conduzidas pelas indústrias a fim de entender a preferência do consumidor sobre um determinado produto (alimento, bebida, cosmético etc.) ou alguma característica importante para o consumidor (sabor, textura, cheiro etc.), também é importante investigar se os avaliadores estão devidamente treinados. Caso isso não ocorra, conclusões muito distintas podem ser obtidas, o que pode comprometer a pesquisa e causar prejuízos ao paciente (no contexto de pesquisas na área da saúde) ou ao fabricante (no contexto de pesquisas industriais).

Assim, para investigar a concordância entre dois avaliadores é usual cruzar os resultados de suas avaliações em uma tabela de contingência $s \times s$, sendo s os resultados possíveis (s categorias de resposta) de cada avaliação realizada por estes avaliadores. As frequências nas caselas da diagonal dessa tabela corresponderão aos casos em que os avaliadores concordam entre si, enquanto as frequências nas caselas fora da diagonal da tabela, aos casos em que eles discordam.

Tendo como base a tabela quadrada $s \times s$, as estatísticas tratadas anteriormente para testar a associação entre as respostas dos avaliadores poderiam ser utilizadas. Contudo, não seria possível quantificar o grau de concordância entre os avaliadores. Para esse fim, medidas de concordância foram propostas. Uma delas é apresentada a seguir.

6.3.1 Estatística κ ou capa

O coeficiente capa (do inglês *kappa*) é uma medida estatística de concordância a qual foi proposta por Cohen (1960) e é definida por

$$\kappa = \frac{\Pi_o - \Pi_e}{1 - \Pi_e},$$

sendo $\Pi_o = \sum_{i=1}^{s} p_{ii}$ a probabilidade de concordância, com p_{ii} a probabilidade de um indivíduo ser classificado na categoria i por ambos os avaliadores, e $\Pi_e = \sum_{i=1}^{s} (p_{i+})(p_{+i})$ a probabilidade de concordância sob a hipótese nula expressa por H_0: $p_{ij} = (p_{i+})(p_{+j})$, que corresponde à independência das duas classificações (isto é, a ausência de concordância).

Como $\Pi_o = 1$ quando todos os elementos fora da diagonal forem iguais a zero, κ será igual a 1 quando existir concordância perfeita entre os avaliadores e igual a 0 quando a concordância for aquela esperada sob H_0. Assim, quanto mais próximo de 1 for o valor de κ, mais acentuada será a concordância entre os avaliadores. Embora não muito usual, é possível obter valores negativos para κ (situações em que se tem discordância acentuada entre os avaliadores).

Em termos da intensidade de concordância, Landis e Koch (1977a) sugeriram que os valores de κ sejam interpretados do seguinte modo: ≤ 0 sem concordância, 0,01–0,20 muito fraca, 0,21–0,40 fraca, 0,41–0,60 moderada, 0,61–0,80 substancial e 0,81–1,0 excelente.

Considerando que $\widehat{p}_{ii} = \frac{N_{ii}}{n}$, $\widehat{p}_{i+} = \frac{N_{i+}}{n}$ e $\widehat{p}_{+i} = \frac{N_{+i}}{n}$ são os respectivos estimadores de p_{ii}, p_{i+} e p_{+i}, segue que $\widehat{\Pi}_o = \sum_{i=1}^{s} \frac{N_{ii}}{n}$ e $\widehat{\Pi}_e = \sum_{i=1}^{s} \frac{N_{i+}}{n} \frac{N_{+i}}{n}$.

Assim, um estimador para o coeficiente κ fica expresso por

$$\widehat{\kappa} = \frac{\widehat{\Pi}_o - \widehat{\Pi}_e}{1 - \widehat{\Pi}_e},$$

de modo que o seu valor numérico corresponde à estimativa de κ.

Ainda, como a variância assintótica de $\widehat{\kappa}$ é dada por

$$var(\widehat{\kappa}) = \frac{A + B - C}{n(1 - \Pi_e)^2},$$

em que $A = \sum_i p_{ii}\{1 - [(p_{i+}) + (p_{+i})](1 - \kappa)\}^2$, $C = [\kappa - \Pi_e(1 - \kappa)]^2$ e $B = (1 - \kappa)^2 \sum_{i \neq j} p_{ij}[(p_{i+})(p_{+j})]^2$, um intervalo de confiança para κ pode ser obtido por

$$\widehat{\kappa} \pm z_{\alpha/2} \sqrt{var(\widehat{\kappa})},$$

em que $z_{\alpha/2}$ corresponde ao $100(1 - \alpha/2)$ percentil da distribuição normal padrão. Estimativas para $\widehat{\kappa}$ e $var(\widehat{\kappa})$ são obtidas substituindo-se p_{ii}, p_{i+} e p_{+i} pelos respectivos valores assumidos pelos estimadores $\widehat{p}_{ii}$, $\widehat{p}_{i+}$ e $\widehat{p}_{+i}$.

6.3.2 Estatística κ_w ou capa ponderada

Para os casos em que se tem resposta ordinal, Cohen (1968) propôs a estatística capa ponderada definida por

$$\kappa_w = \frac{\Pi_o(w) - \Pi_e(w)}{1 - \Pi_e(w)} = \frac{\sum_{i=1}^{s}\sum_{j=1}^{s} w_{ij}\, p_{ij} - \sum_{i=1}^{s}\sum_{j=1}^{s} w_{ij}(p_{i+})(p_{+j})}{1 - \sum_{i=1}^{s}\sum_{j=1}^{s} w_{ij}(p_{i+})(p_{+j})},$$

em que w_{ij} são pesos com valores entre 0 e 1, p_{ij} denota a probabilidade de um indivíduo ser classificado na categoria i por um dos avaliadores e na categoria j pelo outro $(i, j = 1, \ldots, s)$ e $\Pi_e(w)$ denota a probabilidade de concordância ponderada pelos pesos sob a hipótese nula de independência das duas classificações, isto é, sob H_0: $p_{ij} = (p_{i+})(p_{+j})$.

Um conjunto frequentemente assumido para $\{w_{ij}\}$ é dado por

$$w_{ij} = 1 - \frac{|\, \text{escore}_{(i)} - \text{escore}_{(j)} \,|}{\text{escore}_{(s)} - \text{escore}_{(1)}}, \qquad i, j = 1, \ldots, s,$$

sendo $\text{escore}_{(1)}$, $\text{escore}_{(i)}$, $\text{escore}_{(j)}$ e $\text{escore}_{(s)}$, os escores associados respectivamente à primeira, i-ésima, j-ésima e s-ésima linhas da tabela $s \times s$.

Análogo ao coeficiente κ, um estimador para κ_w fica expresso por

$$\widehat{\kappa}_w = \frac{\widehat{\Pi}_o(w) - \widehat{\Pi}_e(w)}{1 - \widehat{\Pi}_e(w)} = \frac{\sum_{i=1}^{s}\sum_{j=1}^{s} w_{ij}\,\widehat{p}_{ij} - \sum_{i=1}^{s}\sum_{j=1}^{s} w_{ij}(\widehat{p}_{i+})(\widehat{p}_{+j})}{1 - \sum_{i=1}^{s}\sum_{j=1}^{s} w_{ij}(\widehat{p}_{i+})(\widehat{p}_{+j})},$$

com $\widehat{p}_{ii} = \dfrac{N_{ii}}{n}$, $\widehat{p}_{i+} = \dfrac{N_{i+}}{n}$ e $\widehat{p}_{+i} = \dfrac{N_{+i}}{n}$.

Ainda, um intervalo de confiança para κ_w pode ser obtido por

$$\widehat{\kappa}_w \pm z_{\alpha/2}\sqrt{var(\widehat{\kappa}_w)},$$

com $z_{\alpha/2}$ o $100(1-\alpha/2)$ percentil da distribuição normal padrão e $var(\widehat{\kappa}_w)$, a variância assintótica de $\widehat{\kappa}_w$, dada por

$$var(\widehat{\kappa}_w) = \frac{\sum_{i=1}^{s}\sum_{j=1}^{s} p_{ij}\left[w_{ij} - (\bar{w}_{i+} + \bar{w}_{+j})(1-\kappa_w)\right]^2 - \left[\kappa_w - \Pi_e(w)(1-\kappa_w)\right]^2}{n[1-\Pi_e(w)]^2},$$

sendo $\bar{w}_{i+} = \sum_{j=1}^{s}(w_{ij})(p_{+j})$ e $\bar{w}_{+j} = \sum_{i=1}^{s}(w_{ij})(p_{i+})$.

Estimativas para $\widehat{\kappa}_w$ e $var(\widehat{\kappa}_w)$ são obtidas substituindo-se p_{ii}, p_{i+} e p_{+i} pelos respectivos valores assumidos pelos estimadores $\widehat{p}_{ii}$, $\widehat{p}_{i+}$ e $\widehat{p}_{+i}$.

6.3.3 Exemplo sobre concordância de diagnósticos

A Tabela 6.4 mostra os dados de 149 pacientes com esclerose múltipla, os quais foram classificados em 4 classes de diagnóstico por dois neurologistas (1 a 4, com 1 = estágio inicial e 4 = estágio mais avançado). Para esses dados, estimativa da estatística capa resultou em

$$\begin{aligned}
\widehat{\kappa} &= \frac{\frac{(38+11+5+10)}{149} - \frac{(44\times 84)+(47\times 37)+(35\times 11)+(23\times 17)}{149^2}}{1 - \left[\frac{(44\times 84)+(47\times 37)+(35\times 11)+(23\times 17)}{149^2}\right]} \\
\widehat{\kappa} &= 0,2079.
\end{aligned}$$

Ainda, $\widehat{var}(\widehat{\kappa}) = 0,00255$, de modo que $IC(\kappa)_{95\%} = (0{,}109; 0{,}3068)$. De forma análoga, $\widehat{\kappa}_w = 0,3797$, $\widehat{var}(\widehat{\kappa_w}) = 0,002673$ e $IC(\kappa_w)_{95\%} = (0{,}2785;$ $0{,}4810)$, os quais indicam concordância fraca entre os neurologistas.

Tabela 6.4 – Concordância entre neurologistas

Neurologista 1	Neurologista 2				Totais
	1	2	3	4	
1	38	5	0	1	44
2	33	11	3	0	47
3	10	14	5	6	35
4	3	7	3	10	23
Totais	84	37	11	17	149

Fonte: Landis e Koch (1977a).

Para visualização dos dados mostrados na Tabela 6.4, Bangdiwala (1988) propôs o gráfico de concordância (do inglês *agreement plot*), que é construído a partir da tabela $s \times s$. O gráfico (a) da Figura 6.3 mostra o comportamento esperado no caso de concordância perfeita entre os neurologistas. Já o gráfico (b) mostra a concordância observada entre eles, que é considerada fraca tendo em vista os quadrados em preto terem apresentado tamanhos menores ao esperado e com desvios acentuados da diagonal.

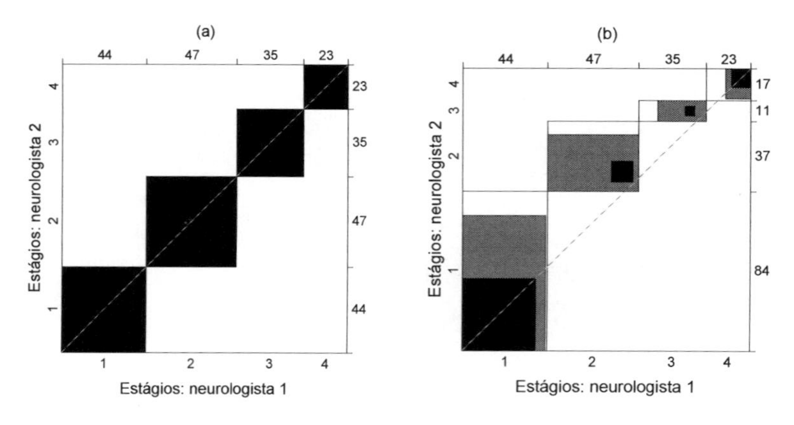

Figura 6.3 – Gráficos de concordância entre dois neurologistas.

No gráfico de concordância proposto por Bangdiwala, os quadrados em preto ao longo da diagonal, de tamanhos $n_{ii} \times n_{ii}$, $i = 1, \ldots, s$, mostram as concordâncias observadas. Esses quadrados são posicionados dentro de retângulos maiores de tamanho $n_{i+} \times n_{+i}$. Ainda, retângulos em cinza são construídos com o objetivo de mostrar as classificações entre os neurologistas diferindo por apenas uma categoria.

6.4 Exercícios

1. Os dados dispostos na Tabela 6.5 são de um estudo realizado para investigar se idosos com diagnóstico de catarata em um dos olhos apresentam, em geral, o mesmo diagnóstico no outro olho.

(a) Estabeleça as hipóteses de interesse.

(b) Teste as hipóteses em (a) e apresente conclusões.

Tabela 6.5 – Estudo referente ao diagnóstico de catarata senil

Catarata	Catarata olho esquerdo		
olho direito	Sim	Não	Totais
Sim	40	10	50
Não	8	70	78
Totais	48	80	128

2. Um estudo realizado para avaliar se pacientes com diagnóstico de um dos rins dilatados (direito ou esquerdo) apresentam tendência a ter o outro rim com o mesmo problema, resultou nos dados na Tabela 6.6.

(a) Estabeleça as hipóteses de interesse.

(b) Teste as hipóteses em (a) e apresente conclusões.

Tabela 6.6 – Estudo referente ao diagnóstico de rins dilatados

Rim direito dilatado	Rim esquerdo dilatado		Totais
	Sim	Não	
Sim	5	30	35
Não	50	4	54
Totais	55	34	89

3. Os dados mostrados na Tabela 6.7 são de um estudo caso-controle com pareamento 1:1 realizado para investigar se os casos (doentes) são mais prováveis do que os controles (sadios) de terem sido expostos a um fator o qual é suspeito estar associado com a doença.

(a) Estabeleça as hipóteses de interesse.

(b) Teste as hipóteses em (a) e apresente conclusões.

Tabela 6.7 – Estudo caso-controle com pareamento 1:1

	Controles		
Casos	Expostos	Não expostos	Totais
Expostos	10	98	108
Não expostos	5	7	12
Totais	15	105	120

4 A partir dos dados sobre doença de pele dispostos na Tabela 6.3:

(a) Obtenha o nomograma de Fagan considerando prevalência = 33% e 20%. Utilize o *R* ou a *webpage* mencionada em Schwartz (2006).

(b) Inteprete os nomogramas obtidos em (a).

5. Para avaliar a concordância dos diagnósticos emitidos por médicos residentes e médicos cursando especialização quanto ao grau de gravidade de crianças atendidas na Dermatopediatria de um hospital, foi realizada uma pesquisa com 100 crianças selecionadas aleatoriamente.

(a) Com base nos dados mostrados na Tabela 6.8, conclua sobre a concordância dos diagnósticos emitidos por esses médicos.

Tabela 6.8 – Classificação do grau de gravidade

Residente	Especializando		
	Pouca	Moderada	Muita
Pouca	89	1	0
Moderada	5	3	1
Muita	1	0	0

Fonte: Cajamarca (2005).

(b) Nesse mesmo estudo, a decisão dos médicos residentes foi comparada com a dos especializandos. Com base nos dados na Tabela 6.9, conclua sobre a concordância entre as decisões tomadas.

Tabela 6.9 – Decisão do residente *versus* do especializando

Residente	Especializando		
	Pediatria	Dermato urgente	Dermato não urgente
Pediatria	10	0	0
Dermato urgente	1	1	1
Dermato não urgente	36	1	50

Fonte: Cajamarca (2005).

(c) Com base nos dados dispostos na Tabela 6.10, analise a concordância entre o grau de preocupação das mães e o grau de gravidade da doença segundo os residentes.

Tabela 6.10 – Concordância entre mães e residentes

Preocupação das mães	Gravidade residentes		
	Pouca	Moderada	Muita
Pouca	1	0	5
Moderada	1	1	6
Muita	8	2	73

Fonte: Cajamarca (2005).

6. Dois adesivos (A e B) utilizados em restaurações dentárias foram pesquisados a fim de avaliar se o grau de infiltração entre eles difere. Para os 14 dentes utilizados no experimento (cada dente recebeu, em uma das metades, o adesivo A e, na outra, o B), três examinadores atribuíram notas de 0 a 4 para o grau de infiltração observado, com 0 correspondendo ao menor grau de infiltração e 4 ao maior grau. Os resultados das avaliações dos examinadores estão na Tabela 6.11.

(a) Para ambos os adesivos, conclua sobre o grau de concordância entre as avaliações realizadas pelos três examinadores.

(b) Avalie se o grau de infiltração difere entre os adesivos.

Tabela 6.11 – Comparação dos adesivos odontológicos A e B

Dente	Examinador 1		Examinador 2		Examinador 3	
	A	B	A	B	A	B
1	1	3	1	4	1	4
2	4	1	4	4	4	1
3	1	0	1	1	1	1
4	4	0	4	0	4	0
5	0	1	0	4	0	1
6	0	0	0	0	0	0
7	1	4	1	2	1	2
8	1	0	1	1	2	1
9	4	3	4	4	4	3
10	2	4	3	2	2	4
11	1	1	1	1	1	2
12	0	0	1	1	1	0
13	4	3	4	1	1	3
14	0	1	0	2	0	2

Fonte: Nasser Neto (2003).

7. Para avaliar um teste de triagem proposto para a doença de Alzheimer, foram selecionados 450 indivíduos com a doença e 500 sem a doença, todos com idade $\geq$ 65 anos. Os dados estão na Tabela 6.12.

(a) Obtenha a sensibilidade e a especificidade do teste de triagem com seus respectivos intervalos de 95% de confiança.

(b) Assumindo que as amostras foram extraídas de uma população com prevalência da doença de 11,3%, obtenha e interprete o nomograma de Fagan para os dados desse estudo.

Tabela 6.12 – Teste de triagem para a doença de Alzheimer

Resultado do teste	*Status* de Alzheimer		Totais
	Sim	Não	
+	436	5	441
–	14	495	509
Totais	450	500	950

Fonte: Lawal (2003).

8. Os dados na Tabela 6.13 são de um estudo que teve por objetivo avaliar o efeito adverso do uso de insulina por meio de bomba de infusão no controle do nível de glicose no sangue de pacientes diabéticos. Para tanto, foi registrado para cada paciente a ocorrência ou não de cetoacidose diabética (CD) antes e após o uso da terapia.

(a) Teste as hipóteses de interesse e apresente conclusões.

Tabela 6.13 – Efeito adverso do uso de insulina via bomba de infusão

Cetoacidose antes da terapia	Após a terapia		Totais
	Sim	Não	
Sim	7	7	14
Não	19	128	147
Totais	26	135	161

Fonte: Mecklenburg et al. (1984).

9. Dois patologistas analisaram 118 lâminas de pacientes com suspeita de câncer de colo do útero. A classificação se deu em uma das seguintes categorias: (1) negativo, (2) metaplasia escamosa, (3) carcinoma *in situ*, (4) carcinoma microinvasivo e (5) carcinoma invasivo.

(a) Construa o gráfico de concordância entre os patologistas.

(b) Avalie a concordância entre os dois patologistas.

Tabela 6.14 – Classificação do câncer de colo do útero

Patologista A	Patologista B					Totais
	1	2	3	4	5	
1	22	2	2	0	0	26
2	5	7	14	0	0	26
3	0	2	36	0	0	38
4	0	1	14	7	0	22
5	0	0	3	0	3	6
Totais	27	12	69	7	3	118

Fonte: Landis e Koch (1977).

10. A extensão escleral do melanoma de coroide (câncer de olho muito raro) foi avaliada em 885 pacientes por dois patologistas. A escala de classificação foi: (1) nenhuma ou mínima; (2) dentro da esclera, sem atingir a superfície da esclera; (3) extensão à superfície da esclera; (4) extensão extra-escleral sem transecção; e (5) extensão extra-escleral com tumor presumido em órbita. Os dados estão na Tabela 6.15.

(a) Construa o gráfico de concordância entre os patologistas.

(b) Avalie a concordância entre os dois patologistas.

Tabela 6.15 – Classificação da extensão escleral

Patologista A	Patologista B					Totais
	1	2	3	4	5	
1	291	74	1	1	1	368
2	186	256	7	7	3	459
3	2	4	0	2	0	8
4	3	10	1	14	2	30
5	1	7	1	8	3	20
Totais	483	351	10	32	9	885

Fonte: Melia e Diener-West (1994).

Capítulo 7

Regressão binomial

7.1 Introdução

Modelos de regressão binomial são frequentemente utilizados para modelar a associação entre um conjunto de variáveis explicativas e uma variável resposta binária ou dicotômica. As variáveis explicativas são, em geral, um misto de variáveis categóricas e contínuas, sendo as categóricas usualmente incorporadas aos modelos por meio de variáveis mudas ou fictícias (do inglês *dummy variables*). Nesse contexto, o modelo de regressão logística é um dos mais populares, sendo amplamente utilizado em diversas áreas de pesquisa, e será abordado em detalhes neste capítulo. Sua extensão para o caso em que a variável resposta apresenta mais do que duas categorias (politômica) será abordada no Capítulo 8.

7.2 Regressão logística dicotômica

Para introduzir o modelo de regressão logística, considere um estudo sobre doença arterial coronária em que, para cada intervalo da variável explicativa $X =$ idade (em anos), foram obtidas as frequências de indivíduos com e sem a doença, bem como uma estimativa da probabilidade de ocorrência da doença, isto é, $P(Y = 1 \mid x) = E(Y \mid x)$, visto que $E(Y \mid x) = 0 \times P(Y = 0 \mid x) + 1 \times P(Y = 1 \mid x)$, com Y a variável resposta (presença ou ausência da doença). Os dados estão na Tabela 7.1.

Tabela 7.1 – Dados sobre doença coronária por intervalo de idade

Idade ($X = x$)	Doença coronária		Totais	$E(Y \mid x)$
	Sim (Y = 1)	Não (Y = 0)		
20-29	1	9	10	0,10
30-34	2	13	15	0,13
35-39	3	9	12	0,25
40-44	5	10	15	0,33
45-49	6	7	13	0,46
50-54	5	3	8	0,63
55-59	13	4	17	0,76
60-69	8	2	10	0,80
Totais	43	57	100	0,43

Fonte: Hosmer e Lemeshow (2000).

A partir da Tabela 7.1, bem como da Figura 7.1, que mostra as médias de cada intervalo de idade *versus* os valores estimados de $E(Y \mid x)$, pode-se notar que, à medida que a idade cresce, cresce também a $E(Y \mid x)$. A mudança na $E(Y \mid x)$ por unidade de mudança em x torna-se também progressivamente menor quando $E(Y \mid x)$ torna-se próxima de zero ou de um. Para esses dados, a relação entre idade e $E(Y \mid x)$ não é, portanto, linear, mas sim sigmoidal (em forma de S). Assim como em regressão linear, o interesse aqui é o de modelar o valor médio da variável resposta condicional aos valores da variável X, isto é, $E(Y \mid x)$. Existem, contudo, algumas características importantes a serem consideradas. Por exemplo, $E(Y \mid x)$ pertence ao intervalo $[0, 1]$ e não ao intervalo $(-\infty, +\infty)$ como em regressão linear. Além disso, a relação entre X e $E(Y \mid x)$ tem a forma de S, lembrando a distribuição acumulada de uma variável aleatória. Esse fato motivou o uso da distribuição logística para modelar E(Y | x), que tem função de distribuição expressa por

$$F(\mathrm{x}) = \frac{1}{1+\exp(-\mathrm{x})} = \frac{\exp(\mathrm{x})}{1+\exp(\mathrm{x})}, \tag{7.1}$$

em que, para x tendendo a $-\infty$ ou $+\infty$, tem-se $F(-\infty) = 0$ e $F(+\infty) = 1$.

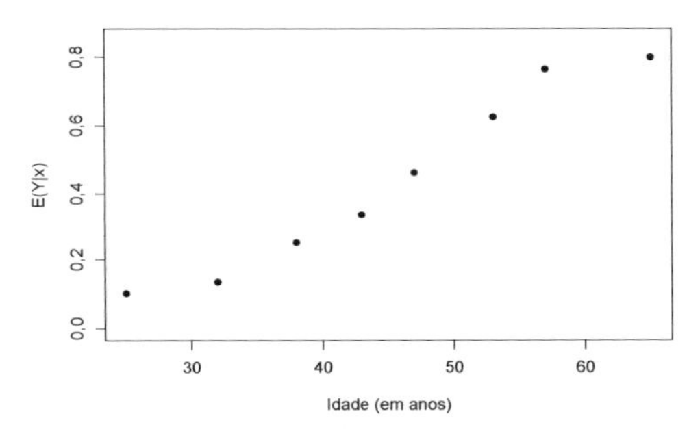

Figura 7.1 – E(Y | x) *versus* x = idade.

A representação gráfica da função (7.1) é mostrada na Figura 7.2, sendo possível observar que ela toma valores entre 0 e 1, assume valor 0 em uma parte do domínio de x, valor 1 em outra parte do domínio de x e cresce suavemente na parte intermediária, apresentando uma particular curva em forma de S. Se comparada com a Figura 7.1 pode-se notar as similaridades. A função de densidade $f(\mathrm{x})$ associada a (7.1) é simétrica e similar à da normal com caudas, contudo, mais pesadas.

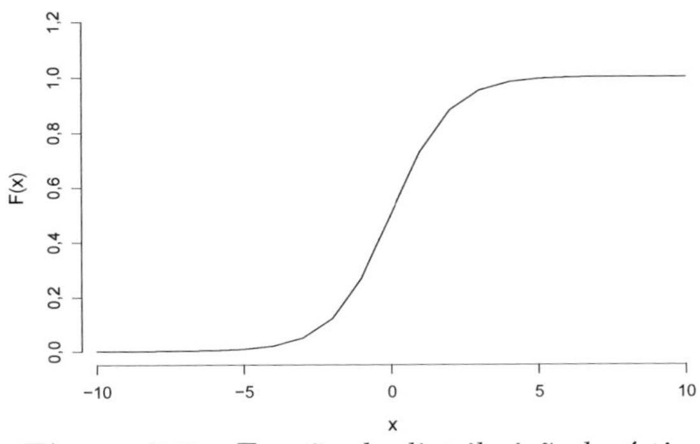

Figura 7.2 – Função de distribuição logística.

Apesar de outras funções de distribuição apresentarem as características mencionadas, a função logística se tornou popular por algumas razões, dentre elas: *i*) do ponto de vista matemático é extremamente flexível e fácil de ser utilizada; e *ii*) conduz à interpretações simples.

Assim, considerando um conjunto de variáveis $\mathbf{X} = (X_1, \ldots, X_p)$ e denotando $\mathrm{E}(\mathrm{Y} \mid \mathrm{x}) = \mathrm{P}(\mathrm{Y} = 1 \mid \mathbf{x})$ por $p(\mathbf{x})$, segue de (7.1) que o modelo de regressão logística fica expresso por

$$p(\mathbf{x}) = \frac{\exp(\boldsymbol{\beta}'\mathbf{x})}{1 + \exp(\boldsymbol{\beta}'\mathbf{x})} = \frac{\exp\left(\beta_0 + \sum_{k=1}^{p} \beta_k \mathrm{x}_k\right)}{1 + \exp\left(\beta_0 + \sum_{k=1}^{p} \beta_k \mathrm{x}_k\right)}, \tag{7.2}$$

em que $\mathbf{x} = (1, \mathrm{x}_1, \ldots, \mathrm{x}_p)$ denota o vetor com a constante 1 e os valores observados das variáveis explicativas $\mathbf{X}$, β_0 é uma constante e β_k $(k = 1, \ldots, p)$ são os p parâmetros de regressão. O modelo (7.2) fornece, portanto, a probabilidade de um indivíduo com valores observados $\mathbf{x}$ apresentar a resposta de interesse. Consequentemente,

$$1 - p(\mathbf{x}) = \frac{1}{1 + \exp\left(\beta_0 + \sum_{k=1}^{p} \beta_k \mathrm{x}_k\right)}$$

fornece a probabilidade deste indivíduo não apresentar a referida resposta.

Observa-se, ainda, que a transformação em $p(\mathbf{x})$ definida pelo logaritmo neperiano da razão entre $p(\mathbf{x})$ e $1 - p(\mathbf{x})$, fornece um modelo linear, isto é,

$$\ln\left[\frac{p(\mathbf{x})}{1 - p(\mathbf{x})}\right] = \beta_0 + \sum_{k=1}^{p} \beta_k \mathrm{x}_k = \boldsymbol{\beta}'\mathbf{x}. \tag{7.3}$$

Tal transformação é denominada logito e, como a razão entre $p(\mathbf{x})$ e $1 - p(\mathbf{x})$ define uma chance (Seção 3.3.3), segue que o logito é o logaritmo de uma chance e, sendo assim,

$$\text{chance} = \frac{p(\mathbf{x})}{1 - p(\mathbf{x})} = \exp\left(\boldsymbol{\beta}'\mathbf{x}\right).$$

No contexto de modelos lineares generalizados, uma função monótona e derivável que relaciona a média ao preditor linear é denominada função de ligação (McCULLAGH; NELDER, 1989). Sendo assim, $\eta = \ln\left[\frac{p(\mathbf{x})}{1 - p(\mathbf{x})}\right]$ é a função de ligação canônica associada ao modelo binomial.

Além de apresentar uma forma linear, o modelo (7.3) apresenta a propriedade de que todos os valores $\beta_0 + \sum_{k=1}^{p} \beta_k \mathrm{x}_k$, pertencentes ao intervalo $(-\infty, +\infty)$, têm um correspondente no intervalo $[0, 1]$ para $p(\mathbf{x})$. Desse modo, as probabilidades preditas por esse modelo, denotadas por $\widehat{p}(\mathbf{x})$, são restritas a assumirem valores entre 0 e 1.

Outra diferença importante entre o modelo de regressão linear e o modelo de regressão logística refere-se à distribuição condicional da variável resposta. No modelo de regressão linear, é assumido que uma observação da variável resposta pode ser expressa por $\mathrm{y} = \mathrm{E}(\mathrm{Y}\,|\,\mathbf{x}) + \varepsilon$, em que a quantidade ε, denominada erro, é usualmente assumida com tendo distribuição normal com média zero e variância constante. Este não é o caso quando a resposta é dicotômica ($\mathrm{Y} = 1$ ou 0). O valor da variável resposta condicional ao vetor $\mathbf{x}$ é expresso por $\mathrm{y} = p(\mathbf{x}) + \varepsilon$. Como a quantidade ε pode assumir somente um de dois possíveis valores, $\varepsilon = 1 - p(\mathbf{x})$ se $\mathrm{y} = 1$, ou $\varepsilon = -\,p(\mathbf{x})$ se $\mathrm{y} = 0$, segue que ε tem distribuição com média zero e variância $p(\mathbf{x})\big(1 - p(\mathbf{x})\big)$, isto é, a distribuição condicional da variável resposta é binomial com probabilidade dada pela média condicional $p(\mathbf{x})$.

7.2.1 Estimação dos parâmetros

Estimação do vetor de parâmetros $\boldsymbol{\beta}$ em regressão logística é realizada, em geral, pelo método de máxima verossimilhança. Sendo assim, é necessário obter a função de verossimilhança, que expressa a probabilidade dos dados observados como uma função dos parâmetros desconhecidos. Os estimadores de máxima verossimilhança dos parâmetros que compõem o vetor $\boldsymbol{\beta}$ serão os valores que maximizam esta função.

Por definição, a função de verossimilhança para um conjunto de n indivíduos independentes ($\ell = 1, \ldots, n$) é expressa pelo produto de suas contribuições individuais, isto é,

$$L(\boldsymbol{\beta}) = \prod_{\ell=1}^{n} P(Y = y_\ell \mid \mathbf{x}_\ell).$$

Como para o modelo de regressão logística tem-se de (7.2) que a contribuição dos indivíduos em que $y_\ell = 1$ é dada por $p(\mathbf{x}_\ell) = \mathrm{P}(Y = 1 \mid \mathbf{x}_\ell)$, bem como a dos indivíduos em que $y_\ell = 0$ por $1 - p(\mathbf{x}_\ell) = \mathrm{P}(Y = 0 \mid \mathbf{x}_\ell)$, segue que

$$L(\boldsymbol{\beta}) = \prod_{\ell=1}^{n} \left[p(\mathbf{x}_\ell)\right]^{y_\ell} \left[1 - p(\mathbf{x}_\ell)\right]^{1-y_\ell}, \tag{7.4}$$

sendo $y_\ell = 1$ se o l-ésimo indivíduo apresentou a resposta e 0, caso contrário.

Havendo indivíduos com os mesmos valores ou categorias das variáveis explicativas, de modo que os dados possam ser dispostos em uma tabela de contingência $s \times 2$, como os dados de doença coronária na Tabela 7.1, a função de verossimilhança (7.4) fica expressa, equivalentemente, por

$$L(\boldsymbol{\beta}) = \prod_{i=1}^{s} \left[p(\mathbf{x}_i)\right]^{n_{i1}} \left[1 - p(\mathbf{x}_i)\right]^{n_{i2}},$$

sendo n_{i1} o número de indivíduos na subpopulação i (linha i da tabela) que apresentou a resposta e n_{i2} o número de indivíduos dessa mesma subpopulação que não apresentou a resposta.

Os estimadores dos parâmetros que compõem o vetor $\boldsymbol{\beta}$ serão, desse modo, os valores que maximizam a função de verossimilhança (7.4) ou o logaritmo desta função, dada por

$$l(\boldsymbol{\beta}) = \ln\left[L(\boldsymbol{\beta})\right] = \sum_{\ell=1}^{n} y_\ell \ln\left[p(\mathbf{x}_\ell)\right] + (1 - y_\ell) \ln\left[1 - p(\mathbf{x}_\ell)\right]. \tag{7.5}$$

Para maximizar (7.5) deve-se diferenciá-la com respeito a cada parâmetro β_k ($k = 0, 1, \ldots, p$), obtendo-se o sistema de $p + 1$ equações de máxima verossimilhança a seguir

$$\begin{cases} \sum_{\ell=1}^{n} \left[y_\ell - p(\mathbf{x}_\ell) \right] = 0 \\ \sum_{\ell=1}^{n} \mathrm{x}_{\ell k} \left[y_\ell - p(\mathbf{x}_\ell) \right] = 0, \qquad k = 1, \ldots, p. \end{cases}$$

Como esse sistema de equações não é linear nos parâmetros β_k, $k = 0$, $1, \ldots, p$, métodos iterativos são necessários para a sua solução. O método de Newton-Raphson, implementado via um algoritmo de mínimos quadrados reponderados iterativamente (IRLS), é usualmente utilizado para essa finalidade (McCULLAGH; NELDER, 1989; PAWITAN, 2001).

A solução do sistema de equações mencionado produz o vetor $\widehat{\boldsymbol{\beta}}$ com os correspondentes estimadores de máxima verossimilhança de $\boldsymbol{\beta}$. A partir desses estimadores, obtêm-se as estimativas dos parâmetros β_k ($k = 0$, $1, \ldots, p$) que, ao serem substituídas no modelo de regressão logística (7.2), fornecem os valores preditos por esse modelo, isto é, $\widehat{p}(\mathbf{x}_\ell)$.

Estimação das variâncias-covariâncias do vetor $\widehat{\boldsymbol{\beta}}$ segue da teoria de estimação de máxima verossimilhança, que estabelece que os estimadores de tais variâncias e covariâncias podem ser obtidos a partir da matriz de derivadas parciais de segunda ordem de (7.5). Tais derivadas, para $k, k' = 0, 1, \ldots, p$, têm a seguinte forma geral

$$\frac{\partial^2 \ln L(\boldsymbol{\beta})}{\partial \beta_k^2} = -\sum_{\ell=1}^{n} \mathrm{x}_{\ell k}^2 \, p(\mathbf{x}_\ell) \left[1 - p(\mathbf{x}_\ell) \right] \tag{7.6}$$

$$\frac{\partial^2 \ln L(\boldsymbol{\beta})}{\partial \beta_k \partial \beta_{k'}} = -\sum_{\ell=1}^{n} \mathrm{x}_{\ell k} \, \mathrm{x}_{\ell k'} \, p(\mathbf{x}_\ell) \left[1 - p(\mathbf{x}_\ell) \right]. \tag{7.7}$$

A matriz de dimensão $(p+1) \times (p+1)$ contendo o negativo dos termos (7.6) e (7.7), denotada por $I(\boldsymbol{\beta})$, é denominada matriz de informação. As variâncias de $\widehat{\beta}_k$ e covariâncias entre $\widehat{\beta}_k$ e $\widehat{\beta}_{k'}$, k e $k' = 0, 1, \ldots, p$, são obtidas a partir da inversa de $I(\boldsymbol{\beta})$, denotada por $\Sigma(\boldsymbol{\beta}) = [I(\boldsymbol{\beta})]^{-1}$. Os estimadores das variâncias e covariâncias são obtidos por avaliar $\Sigma(\boldsymbol{\beta})$ em $\widehat{\boldsymbol{\beta}}$.

O k-ésimo elemento da diagonal da matriz, denotado por $\mathrm{Var}(\widehat{\beta}_k)$, corresponde à variância de $\widehat{\beta}_k$. Já o elemento na k-ésima linha e k'-ésima coluna, denotado por $\mathrm{Cov}(\widehat{\beta}_k, \widehat{\beta}_{k'})$, corresponde à covariância entre $\widehat{\beta}_k$ e $\widehat{\beta}_{k'}$.

Em notação matricial, a matriz de informação é expressa por $I(\boldsymbol{\beta}) = \mathbf{X}'\mathbf{V}\mathbf{X}$, em que $\mathbf{X}$ é uma matriz com n linhas e $(p + 1)$ colunas contendo valores iguais a 1 na primeira coluna e os valores das p variáveis explicativas nas demais colunas e $\mathbf{V}$ é uma matriz diagonal de n linhas e n colunas com elementos $p(\mathbf{x}_\ell)[1 - p(\mathbf{x}_\ell)]$ na diagonal. Isto é,

$$\mathbf{X} = \begin{bmatrix} 1 & \mathrm{x}_{11} & \cdots & \mathrm{x}_{1p} \\ 1 & \mathrm{x}_{21} & \cdots & \mathrm{x}_{2p} \\ \vdots & \vdots & \vdots & \vdots \\ 1 & \mathrm{x}_{n1} & \cdots & \mathrm{x}_{np} \end{bmatrix}$$

$$\mathbf{V} = \begin{bmatrix} p(\mathbf{x}_1)[1 - p(\mathbf{x}_1)] & 0 & \cdots & 0 \\ 0 & p(\mathbf{x}_2)[1 - p(\mathbf{x}_2)] & \cdots & 0 \\ \vdots & \vdots & \vdots & \vdots \\ 0 & 0 & \cdots & p(\mathbf{x}_n)[1 - p(\mathbf{x}_n)] \end{bmatrix}.$$

Para os dados na Tabela 7.1, em que foram consideradas as médias dos intervalos de idade, isto é, x = 25, 32, 38, 43, 47, 53, 57 e 65, tem-se, a partir do ajuste do modelo, as estimativas $\widehat{\beta}_0 = -5{,}123$ (e.p. = 1,11) e $\widehat{\beta}_1 = 0{,}1058$ (e.p. = 0,023), com e.p. o erro-padrão de $\widehat{\beta}_k = \sqrt{\mathrm{Var}(\hat{\beta}_k)}$ $(k = 0, 1)$.

No procedimento de estimação apresentado, nota-se que ele foi construído com base nos delineamentos em que a resposta é observada nas amostras selecionadas a partir dos estratos das covariáveis, como ocorre nos estudos de coorte e nos ensaios clínicos aleatorizados (estudos prospectivos). Ou seja, observa-se Y condicional ao conhecimento dos valores de $\mathbf{X}$, o que justifica a contribuição $\mathrm{P}(Y = y_\ell \mid \mathbf{x}_\ell)$ do ℓ-ésimo indivíduo $(\ell = 1, \ldots, n)$ para a função de verossimilhança $L(\boldsymbol{\beta})$.

Contudo, no delineamento amostral associado aos estudos caso-controle (estudos retrospectivos) ocorre o inverso: as amostras são selecionadas a partir dos dois estratos definidos pela variável resposta, sendo posteriormente registrados os valores das covariáveis para cada indivíduo. Portanto, observam-se os valores de $\mathbf{X}$ condicional ao conhecimento de Y. As contribuições para a função de verossimilhança de cada caso e de cada controle serão, desse modo, $\mathrm{P}(\mathbf{X}_\ell = \mathbf{x}_\ell \mid y_\ell = 1)$ e $\mathrm{P}(\mathbf{X}_\ell = \mathbf{x}_\ell \mid y_\ell = 0)$, respectivamente. Assim, para uma amostra de n_1 casos e n_2 controles tem-se a função de verossimilhança

$$L(\boldsymbol{\beta}) = \prod_{\ell=1}^{n_1} P(\mathbf{X}_\ell = \mathbf{x}_\ell \mid y_\ell = 1) \prod_{\ell=1}^{n_2} P(\mathbf{X}_\ell = \mathbf{x}_\ell \mid y_\ell = 0). \tag{7.8}$$

Farewell (1979) e Prentice e Pyke (1979), após utilizarem o teorema de Bayes e algum algebrismo na função de verossimilhança (7.8), notaram que ela resultou no produto de dois componentes: um semelhante à função de verossimilhança de um estudo de coorte e outro que não contém informação a respeito do vetor de parâmetros $\boldsymbol{\beta}$. Desse modo, a maximização da função de verossimilhança dependerá somente do componente que se assemelha ao de um estudo de coorte. A implicação disso é que a análise de dados de estudos caso-controle via modelos de regressão logística pode ser realizada do mesmo modo que aquela para dados de estudos de coorte (HOSMER; LEMESHOW, 1989).

7.2.2 Significância dos efeitos das variáveis

Obtidas as estimativas dos parâmetros β_k $(k = 0, 1, \ldots, p)$, faz-se necessário avaliar a adequação do modelo ajustado. Nessa direção, o primeiro interesse está em acessar a significância dos efeitos das variáveis presentes no modelo. O princípio em regressão logística é o mesmo usado em regressão linear, ou seja, comparar os valores observados da variável resposta com os valores preditos pelos modelos com e sem a variável sob investigação.

Em regressão linear, esta comparação é feita por meio de uma tabela denominada análise de variância, em que é dada atenção à soma de quadrados devido à regressão. Um valor grande da soma de quadrados devido à regressão sugere que pelo menos uma, ou talvez todas as variáveis explicativas, sejam importantes. Em regressão logística, a comparação pode ser feita por meio de testes como o da razão de verossimilhanças (TRV), em que a função de verossimilhança do modelo sem as variáveis (L_S) é comparada com a função de verossimilhança do modelo com as variáveis (L_C). Formalmente, o teste é expresso por

$$\text{TRV} = -2\ln\left[\frac{L_S}{L_C}\right] = 2\ln(L_C) - 2\ln(L_S).$$

Nota-se que o logaritmo da razão das verossimilhanças é multiplicado por -2. Isso é feito para que se obtenha uma quantidade cuja distribuição seja conhecida (no caso a distribuição qui-quadrado) de modo que tal quantidade possa ser utilizada para a realização de testes de hipóteses. Em regressão logística, a estatística

$$D = -2\ln\left[\frac{\text{verossimilhança do modelo sob estudo}}{\text{verossimilhança do modelo saturado}}\right]$$

é denominada *deviance*. Para um melhor entendimento dessa quantidade, é conceitualmente útil pensar no valor observado da variável resposta como sendo o valor predito pelo modelo saturado. Um modelo saturado é aquele que contém tantos parâmetros quantos dados existirem. Assim, a estatística TRV, apresentada anteriormente, pode ser vista como a diferença entre duas *deviances*, a do modelo sem as variáveis explicativas e a do modelo com tais variáveis, isto é,

$$\begin{aligned}\text{TRV} \quad = \quad & \left[-2\ln\left(\frac{\text{verossimilhança do modelo sem as variáveis}}{\text{verossimilhança do modelo saturado}}\right)\right] - \\ & \left[-2\ln\left(\frac{\text{verossimilhança do modelo com as variáveis}}{\text{verossimilhança do modelo saturado}}\right)\right],\end{aligned}$$

de modo que $\text{TRV} = 2\ln(L_C) - 2\ln(L_S)$.

Sob a hipótese nula de que os p coeficientes associados às variáveis no modelo não diferem de zero, a estatística TRV segue distribuição qui-quadrado com p graus de liberdade. Rejeição da hipótese nula tem, nesse caso, interpretação análoga àquela em regressão linear, ou seja, a de que pelo menos um dos p coeficientes difere de zero.

7.2.2.1 Análise de *deviance* e seleção de modelos

Uma tabela de análise de variância similar àquela obtida em regressão linear pode ser construída em regressão logística. Nesse caso, tal tabela é denominada análise de *deviance* (ANODEV), podendo ser vista como uma generalização da análise de variância. O objetivo da ANODEV é obter, a partir de uma sequência de modelos encaixados, os efeitos de fatores, variáveis e suas interações.

Para uma sequência de modelos encaixados, tendo estes a mesma distribuição e função de ligação, utiliza-se a *deviance* como uma medida de discrepância do modelo, a fim de construir uma tabela contendo as diferenças de *deviances* como a apresentada na Tabela 7.2.

Tabela 7.2 – *Deviances* e suas diferenças associadas a um estudo com resposta binária e duas variáveis explicativas categóricas X_1 e X_2 binárias

Modelo	$g.l.$	*Deviances*	TRV	Dif. $g.l.$
Nulo	gl_N	D_N		
X_1	$gl_N - 1$	D_{X_1}	$D_N - D_{X_1}$	1
$X_2 \mid X_1$	$gl_N - 2$	D_{X_1,X_2}	$D_{X_1} - D_{X_1,X_2}$	1
$X_1 * X_2 \mid X_1, X_2$	$gl_N - 3$	D_{X_1,X_2,X_1*X_2}	$D_{X_1,X_2} - D_{X_1,X_2,X_1*X_2}$	1

Nota: gl_N = graus de liberdade do modelo nulo = nº de subpopulações − 1, dif. = diferença.

A partir das *deviances* e de suas diferenças, pode-se usar o teste da razão de verossimilhanças, descrito anteriormente, para testar a significância da inclusão de determinadas variáveis, bem como de suas interações no modelo. Em outras palavras, pode-se avaliar o quanto da *deviance* associada ao modelo nulo é explicada pela inclusão de termos no modelo.

Uma observação importante sobre o TRV é que, na presença de variáveis explicativas com dados ausentes (do inglês *missing data*), sua utilização fica inviável. Isso porque o tamanho amostral nos modelos sequenciais ajustados dependerá das variáveis que o compõem e, desse modo, não seria apropriado fazer uso das diferenças de *deviances* entre esses modelos. Uma alternativa para testar a significância dos coeficientes na presença de dados ausentes seria o teste de Wald (1943), frequentemente utilizado para testar hipóteses relativas a um único parâmetro β_k, $k = 0, 1, \ldots, p$. Sob a hipótese nula H_0: $\beta_k = 0$, a estatística para esse teste fica expressa por

$$W = \frac{(\widehat{\beta}_k)^2}{\text{Var}(\widehat{\beta}_k)}$$

que, sob H_0, segue a distribuição qui-quadrado com 1 grau de liberdade.

A comparação de modelos pode também ser realizada por meio de critérios que sumarizam o quão próximas as probabilidades preditas pelo modelo tendem a estar das probabilidades verdadeiras. Um desses critérios, o de informação de Akaike (AIC), indica o modelo que minimiza

$$\text{AIC} = -2(\text{log verossimilhança} - \text{número de parâmetros do modelo})$$

como sendo o que fornece as melhores probabilidades preditas.

Para os dados dispostos na Tabela 7.1, em que se deseja verificar a relação entre idade e doença coronária, foram obtidas as *deviances* e suas diferenças (Tabela 7.3), bem como a ANODEV (Tabela 7.4).

Tabela 7.3 – *Deviances* e suas diferenças: dados de doença coronária

Modelo	*g.l.*	*Deviance*	Diferença de *deviances*	Dif. *g.l.*
Nulo	7	28,7015		
X_1: idade	6	0,5838	28,1177	1

Nota: *g.l.* = graus de liberdade e dif. = diferença.

Como TRV = 28,1177 (valor $p < 0,00001$, $g.l. = 1$), rejeita-se a hipótese H_0: $\beta_1 = 0$, concluindo-se que a idade está associada à doença coronária.

Tabela 7.4 – Análise de *deviance* para os dados de doença coronária

Fonte de variação	*g.l.*	*Deviance*	TRV	Valor p
Regressão	1	28,1177	28,1177	$< 0{,}00001$
Resíduo *deviance*	6	0,5838		
Deviance total	7	28,7015		

Nota: *g.l.* = graus de liberdade e TRV = teste da razão de verossimilhanças.

7.2.3 Qualidade do modelo ajustado

Uma vez selecionado o modelo, o passo seguinte é avaliar o quão bem ele se ajusta aos dados, ou seja, o quão próximos os valores preditos por este modelo se encontram de seus correspondentes valores observados. As estatísticas de teste utilizadas para essa finalidade são, em geral, denominadas estatísticas de qualidade do ajuste, uma vez que comparam, de maneira apropriada, as diferenças entre os valores observados e preditos.

Duas estatísticas tradicionais de qualidade do ajuste são: *a*) a estatística qui-quadrado de Pearson, Q_P, que é baseada nos resíduos de Pearson; e *b*) a estatística qui-quadrado da razão de verossimilhanças, Q_L, também conhecida por qui-quadrado *deviance* por se basear nos resíduos *deviance*. Tais estatísticas são expressas, respectivamente, por

$$Q_P = \sum_{i=1}^{s}\sum_{j=1}^{2} \frac{\left(n_{ij} - e_{ij}\right)^2}{e_{ij}} \quad \text{e} \quad Q_L = 2\sum_{i=1}^{s}\sum_{j=1}^{2} n_{ij} \ln\left(\frac{n_{ij}}{e_{ij}}\right),$$

em que e_{ij} são as quantidades preditas pelo modelo e definidas por

$$\begin{aligned} e_{ij} &= n_{i+}\, \widehat{p}\,(\mathbf{x}_i) && \text{para } j = 1 \\ e_{ij} &= n_{i+}\,(1 - \widehat{p}\,(\mathbf{x}_i)) && \text{para } j = 2. \end{aligned}$$

Sob a hipótese nula de que o modelo se ajusta bem aos dados, Q_P e Q_L seguem distribuição aproximada qui-quadrado com os graus de liberdade definidos pela diferença entre o número de subpopulações (linhas da tabela de dados) e o número de parâmetros do modelo. Na prática, a aproximação para a distribuição qui-quadrado será razoável se: *i*) cada n_{i+} for > 10;

ii) 80% das frequências preditas for ≥ 5; *iii*) todas as demais frequências preditas > 2; e *iv*) nenhuma frequência observada for zero.

Para o modelo ajustado aos dados de doença coronária, foram obtidos, para essas estatísticas, os resultados: $Q_P = 0{,}59$ (valor $p = 0{,}9965$, $g.l. = 6$) e $Q_L = 0{,}58$ (valor $p = 0{,}9967$, $g.l. = 6$). Desse modo, concluiu-se pela não rejeição da hipótese H_0, o que indica evidências a favor do modelo.

7.2.4 Diagnóstico em regressão logística

As estatísticas Q_P e Q_L, descritas na Seção 7.2.3 e utilizadas para verificar a qualidade de ajuste do modelo de regressão logística, fornecem um único valor o qual resume a concordância entre os valores observados e preditos pelo modelo. A limitação dessas estatísticas é que este único valor é utilizado para resumir uma quantidade considerável de informação. Assim, é importante que outras medidas sejam examinadas a fim de se averiguar se o ajuste é válido sobre todo o conjunto de padrões (combinações das categorias) das variáveis explicativas ou fatores.

Com essa finalidade, Pregibon (1981) estendeu os métodos de diagnóstico utilizados em regressão linear para a regressão logística e, para isso, fez uso dos componentes individuais das estatísticas qui-quadrado de Pearson (Q_P) e *deviance* (Q_L), uma vez que esses componentes são funções dos valores observados e preditos pelo modelo.

Assim, se em uma tabela de contingência $s \times 2$ existirem n_{i+} indivíduos em cada uma das s linhas, dos quais n_{i1} apresentam a resposta de interesse ($Y = 1$), define-se o i-ésimo resíduo de Pearson por

$$c_i = \frac{n_{i1} - (n_{i+})\,\widehat{p}\,(\mathbf{x}_i)}{\sqrt{(n_{i+})\,\widehat{p}\,(\mathbf{x}_i)\,[1 - \widehat{p}\,(\mathbf{x}_i)]}}, \qquad i = 1, \ldots, s,$$

com $\widehat{p}\,(\mathbf{x}_i)$ a probabilidade $P(Y = 1 \mid \mathbf{x}_i)$ predita pelo modelo para a i-ésima linha (subpopulação). Tais resíduos são denominados resíduos de Pearson devido à soma deles ao quadrado ser igual a Q_P, isto é, $Q_P = \sum_{i=1}^{s}(c_i)^2$.

Inspeção dos resíduos c_i, $i = 1, \ldots, s$, auxilia a determinar quão bem o modelo se ajusta às subpopulações individuais. Resíduos excedendo os valores ± 2,5 (ou ± 3,0) indicam possível falta de ajuste.

Quanto ao i-ésimo resíduo *deviance*, este é definido por

$$d_i = \underbrace{\pm} \left[2\, n_{i1} \ln\left(\frac{n_{i1}}{e_{i1}}\right) + 2(n_{i+} - n_{i1}) \ln\left(\frac{n_{i+} - n_{i1}}{n_{i+} - e_{i1}}\right) \right]^{1/2}$$

para $i = 1, \ldots, s$, em que $e_{i1} = (n_{i+})\,\widehat{p}(\mathbf{x}_i)$. O sinal de d_i será definido a partir da diferença $(n_{i1} - e_{i1})$. Se esta for negativa, d_i será negativo. Caso contrário, será positivo. A soma dos resíduos *deviance* ao quadrado resulta na estatística Q_L, isto é, $Q_L = \sum_{i=1}^{s}(d_i)^2$. A partir da inspeção dos resíduos *deviance* é possível observar a presença de resíduos não usuais (demasiadamente grandes), bem como a presença de valores atípicos (do inglês *outliers*) ou, ainda, padrões sistemáticos de variação indicando a escolha de um modelo possivelmente não muito adequado.

Para os dados de doença coronária (Tabela 7.1), os resíduos de Pearson e *deviance* são mostrados na Tabela 7.5. Inspeção visual desses resíduos mostra que eles estão entre −2,5 e 2,5, o que indica evidências a favor do modelo ajustado aos dados.

Tabela 7.5 – Resíduos de Pearson e *deviance*

Idade (x_i)	Resíduos	
	de Pearson (c_i)	*deviance* (d_i)
25	0,2677	0,2570
32	−0,1763	−0,1791
38	0,0070	0,0070
43	−0,2169	−0,2182
47	−0,0051	−0,0051
53	0,0375	0,0376
57	0,4774	0,4870
65	−0,4662	−0,4465

Nota-se que as estatísticas de diagnóstico apresentadas permitem que o analista identifique padrões de variáveis que estão com ajuste pobre. Após essa identificação, pode-se avaliar a importância que eles têm na análise. Essa avaliação é similar ao que é feito em regressão linear, em que os padrões com ajuste pobre são removidos a fim de se verificar o seu impacto nas estimativas dos parâmetros, bem como nas estatísticas Q_P e Q_L.

7.2.5 Modelo ajustado e interpretações

A partir do modelo ajustado aos dados na Tabela 7.1, expresso por

$$\widehat{p}\,(\mathrm{x}_i) = \frac{\exp\big(-5,123 + 0,1058\ \mathrm{x}_i\big)}{1 + \exp\big(-5,123 + 0,1058\ \mathrm{x}_i\big)},$$

sendo x_i a média do intervalo de idade i ($i = 1, \ldots, 8$), podem ser obtidas estimativas como as mostradas na Tabela 7.6.

Tabela 7.6 – Valores preditos pelo modelo ajustado

x_i	$\widehat{p}\,(\mathrm{x}_i)$	$1 - \widehat{p}\,(\mathrm{x}_i)$	$\ln\left[\frac{\widehat{p}\,(\mathrm{x}_i)}{1-\widehat{p}\,(\mathrm{x}_i)}\right]$
25	0,0774	0,9226	−2,4834
32	0,1496	0,8504	−1,7377
65	0,8524	0,1476	1,7535

Do que foi exposto na Seção 7.2, a razão $\dfrac{p(\mathrm{x}_i)}{1 - p(\mathrm{x}_i)}$ caracteriza uma chance. Sendo assim, a razão de chances entre, por exemplo, indivíduos com 65 e 25 anos de idade resulta em

$$\widehat{OR} = \frac{\text{chance}_{(65)}}{\text{chance}_{(25)}} = \frac{\exp(1,7535)}{\exp(-2,4834)} = \exp[\widehat{\beta}_1(65 - 25)] \approx 69,$$

o que nos permite concluir que a chance de doença coronária entre os indivíduos com 65 anos de idade foi 69 vezes a dos indivíduos com 25 anos.

A Figura 7.3 mostra os valores observados e a curva predita pelo modelo de regressão logística ajustado aos dados de doença coronária.

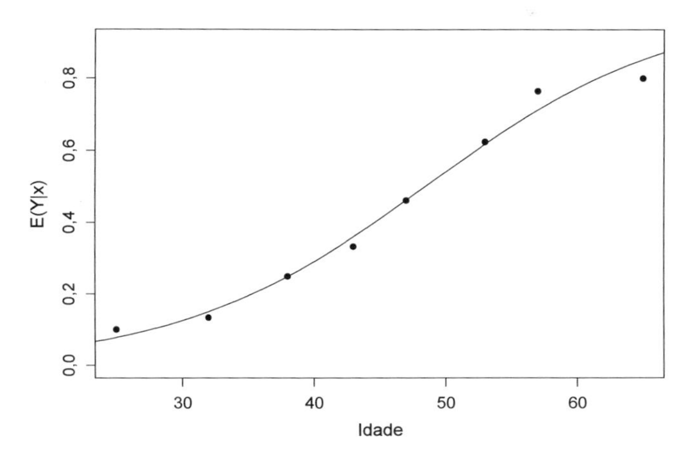

Figura 7.3 – Valores observados e curva predita pelo modelo.

7.3 Exemplos

Para ilustrar o uso do modelo de regressão logística dicotômica, quatro exemplos são apresentados a seguir. A variável resposta em todos eles é, naturalmente, dicotômica. Já quanto às variáveis explicativas, estas são dicotômicas no Exemplo 1, com efeito não significativo das interações entre elas. No Exemplo 2, uma das variáveis é politômica nominal, com efeito das interações também não significativo. No Exemplo 3, todas as variáveis são categóricas, ou foram categorizadas por interesse dos pesquisadores, existindo interações com efeito significativo. No Exemplo 4, há um misto de variáveis contínuas e categóricas (nominais e ordinais), com efeito não significativo de suas respectivas interações.

7.3.1 Exemplo 1: estudo sobre doença coronária

Os dados mostrados na Tabela 7.7 são de um estudo realizado com pacientes que procuraram uma determinada clínica para serem submetidos a um eletrocardiograma (ECG). Nesse estudo, tanto a variável resposta, presença ou ausência de doença coronária arterial, quanto as variáveis sexo (0 se feminino e 1 se masculino) e ECG (0 se $< 0{,}1$ e 1 se $\geq 0{,}1$), são dicotômicas. Logo, para ajustar um modelo às probabilidades $p(\mathbf{x}_i) = P(Y = 1 \mid \mathbf{x}_i)$, $i = 1, \ldots, 4$, pode-se pensar no modelo de regressão logística.

Tabela 7.7 – Estudo sobre doença coronária arterial

Sexo	ECG	Doença		Totais
		Presente	Ausente	
Feminino	$< 0{,}1$ ST	4	11	15
	$\geq 0{,}1$ ST	8	10	18
Masculino	$< 0{,}1$ ST	9	9	18
	$\geq 0{,}1$ ST	21	6	27

Fonte: Stokes et al. (2000).

7.3.1.1 Ajuste e seleção de modelos

A Tabela 7.8 mostra as *deviances* e suas diferenças, bem como os valores AIC dos modelos de regressão logística ajustados aos dados do estudo.

Tabela 7.8 – Resultados dos modelos ajustados aos dados do estudo

Modelo	*g.l.*	*Deviance*	TRV	Dif. *g.l.*	Valor p	AIC
Nulo	3	11,9835				27,08
X_1	2	4,8626	7,1209	1	0,0076	21,96
$X_2 \mid X_1$	1	0,2141	4,6485	1	0,0311	19,31
$X_1 * X_2 \mid X_1, X_2$	0	0,0000	0,2141	1	0,6436	21,09

Nota: X_1 = sexo, X_2 = ECG, *g.l.* = graus de liberdade e dif = diferença.

Os resultados na Tabela 7.8 mostram que a interação entre sexo e ECG não apresenta efeito significativo com correspondente valor p associado ao teste da razão de verossimilhanças (TRV) igual a 0,6436. Já o efeito da variável sexo, assim como o da variável ECG na presença da variável sexo ($X_2 \mid X_1$), apresentam significância estatística com valores p iguais a 0,0076 e 0,0311 respectivamente. Sendo assim, o modelo de regressão logística com as variáveis sexo e ECG, que também apresentou o menor valor AIC, parece ser o mais apropriado dentre os modelos avaliados.

A ANODEV, apresentada na Tabela 7.9, mostra que a inclusão das variáveis sexo e ECG no modelo reduziu o resíduo *deviance* em 11,7694 (de um total de 11,9835), o que não somente evidencia que essas variáveis estão associadas à doença coronária, mas também que auxiliam a explicar parte substancial da variabilidade das probabilidades de ocorrência da doença.

Tabela 7.9 – ANODEV para os dados de doença coronária

Fonte de variação	*g.l.*	*Deviance*	TRV	Valor p
Regressão	2	11,7694	11,7694	0,00278
Resíduo *deviance*	1	0,2141		
Deviance total	3	11,9835		

As estimativas obtidas para os parâmetros do modelo selecionado foram: $\widehat{\beta}_0 = -1{,}1747$ (e.p. $= 0{,}485$), $\widehat{\beta}_1 = 1{,}277$ (e.p. $= 0{,}498$) e $\widehat{\beta}_2 = 1{,}0545$ (e.p. $=$ $0{,}498$). Assim, o modelo ajustado, em termos dos logitos, ficou expresso por

$$\text{logito}[\widehat{p}(\mathbf{x}_i)] = \ln\left[\frac{\widehat{p}(\mathbf{x}_i)}{1-\widehat{p}(\mathbf{x}_i)}\right] = -1,1747 + 1,277\ \mathrm{x}_{i1} + 1,0545\ \mathrm{x}_{i2},$$

sendo $\mathrm{x}_{i1} = 0$ se sexo feminino e 1 se masculino; e $\mathrm{x}_{i2} = 0$ se ECG $< 0{,}1$ e 1 se ECG $\geq 0{,}1$. Para esse modelo, foram também obtidos $Q_P = 0{,}2155$ (valor $p = 0{,}6425$, $g.l. = 1$) e $Q_L = 0{,}2141$ (valor $p = 0{,}6436$, $g.l. = 1$), o que indica evidências a favor do modelo ajustado aos dados.

Os valores observados e preditos pelo modelo ajustado, $p(\mathbf{x}_i)$ e $\widehat{p}(\mathbf{x}_i)$, bem como os resíduos *deviance* e de Pearson, estão na Tabela 7.10.

Tabela 7.10 – Valores observados $p(\mathbf{x}_i)$ e preditos pelo modelo $\widehat{p}(\mathbf{x}_i)$, resíduos *deviance* ($d_i$) e de Pearson ($c_i$) para os dados de doença coronária

$p(\mathbf{x}_i)$	$\widehat{p}(\mathbf{x}_i)$	$p(\mathbf{x}_i) - \widehat{p}(\mathbf{x}_i)$	d_i	c_i
0,2666	0,2360	0,0306	0,2756	0,2796
0,4444	0,4699	−0,0255	−0,2174	−0,2171
0,5000	0,5255	−0,0255	−0,2169	−0,2170
0,7778	0,7607	0,0170	0,2091	0,2074

Com base nos resultados apresentados, pode-se notar que o modelo selecionado apresenta evidências de ajuste satisfatório aos dados sob análise.

7.3.1.2 Modelo ajustado e interpretações

Para a análise dos dados de doença coronária foi selecionado o modelo de regressão logística com as variáveis sexo e ECG expresso por

$$p(\mathbf{x}_i) = \frac{\exp\left(\beta_0 + \beta_1\, \mathrm{x}_{i1} + \beta_2\, \mathrm{x}_{i2}\right)}{1 + \exp\left(\beta_0 + \beta_1\, \mathrm{x}_{i1} + \beta_2\, \mathrm{x}_{i2}\right)},$$

sendo β_0 uma constante e β_1 e β_2 os parâmetros desconhecidos associados às variáveis sexo (X_1) e ECG (X_2) respectivamente. Em termos dos logitos, a correspondente expressão do modelo é dada por

$$\ln\left[\frac{p(\mathbf{x}_i)}{1 - p(\mathbf{x}_i)}\right] = \text{logito}[p(\mathbf{x}_i)] = \beta_0 + \beta_1\, \mathrm{x}_{i1} + \beta_2\, \mathrm{x}_{i2}, \qquad (7.9)$$

que, matricialmente, corresponde à

$$\begin{bmatrix} \text{logito}[p(\mathbf{x}_1)] \\ \text{logito}[p(\mathbf{x}_2)] \\ \text{logito}[p(\mathbf{x}_3)] \\ \text{logito}[p(\mathbf{x}_4)] \end{bmatrix} = \begin{bmatrix} 1 & 0 & 0 \\ 1 & 0 & 1 \\ 1 & 1 & 0 \\ 1 & 1 & 1 \end{bmatrix} \begin{bmatrix} \beta_0 \\ \beta_1 \\ \beta_2 \end{bmatrix} = \begin{bmatrix} \beta_0 & & \\ \beta_0 & & +\beta_2 \\ \beta_0 & +\beta_1 & \\ \beta_0 & +\beta_1 & +\beta_2 \end{bmatrix}.$$

Esse tipo de parametrização é usualmente denominada parametrização de efeito incremental ou diferencial. Como a combinação *sexo feminino e ECG < 0,1* é descrita pelo parâmetro β_0, ela é considerada a combinação de referência. O parâmetro β_1 é o incremento no logito para o sexo masculino e β_2 o incremento no logito para ECG $\geq$ 0,1.

A partir das expressões das probabilidades e chances associadas ao modelo (7.9), mostradas na Tabela 7.11, tem-se que a razão de chances entre pacientes dos sexos masculino e feminino fica expressa por

$$\frac{\exp(\beta_0 + \beta_1)}{\exp(\beta_0)} = \exp(\beta_1) \qquad \text{ou} \qquad \frac{\exp(\beta_0 + \beta_1 + \beta_2)}{\exp(\beta_0 + \beta_2)} = \exp(\beta_1).$$

De modo similar, tem-se que a razão de chances entre pacientes com ECG alto e ECG baixo resulta em

$$\frac{\exp(\beta_0 + \beta_2)}{\exp(\beta_0)} = \exp(\beta_2) \qquad \text{ou} \qquad \frac{\exp(\beta_0 + \beta_1 + \beta_2)}{\exp(\beta_0 + \beta_1)} = \exp(\beta_2).$$

Tabela 7.11 – Probabilidades e chances associadas ao modelo de regressão logística contendo as variáveis binárias X_1 (sexo) e X_2 (ECG)

Sexo (x_{i1})	ECG (x_{i2})	$P(Y = 1 \mid \mathbf{x}_i) = p(\mathbf{x}_i)$	Chance $= \frac{p(\mathbf{x}_i)}{1-p(\mathbf{x}_i)}$
Feminino	$< 0{,}1$	$e^{\beta_0}/(1 + e^{\beta_0})$	$\exp(\beta_0)$
Feminino	$\geq 0{,}1$	$e^{\beta_0+\beta_2}/(1 + e^{\beta_0+\beta_2})$	$\exp(\beta_0 + \beta_2)$
Masculino	$< 0{,}1$	$e^{\beta_0+\beta_1}/(1 + e^{\beta_0+\beta_1})$	$\exp(\beta_0 + \beta_1)$
Masculino	$\geq 0{,}1$	$e^{\beta_0+\beta_1+\beta_2}/(1 + e^{\beta_0+\beta_1+\beta_2})$	$\exp(\beta_0 + \beta_1 + \beta_2)$

As razões de chances em regressão logística são, portanto, funções dos parâmetros do modelo, sendo obtidas nos modelos com somente os efeitos principais por exponenciação das estimativas dos parâmetros. Contudo, diferente das razões de chances obtidas a partir de tabelas 2×2, elas são ajustadas para o efeito de todas as outras variáveis no modelo. Por esse fato, são denominadas razões de chances ajustadas.

Do que foi visto, a estimativa para a razão de chances entre pacientes homens e mulheres, ajustada para ECG, resultou em $\widehat{OR} = \exp(\widehat{\beta}_1) = \exp(1,277) \approx 3{,}6$, o que mostra que os homens apresentaram chance de doença coronária arterial superior à das mulheres. Ainda, a estimativa para a razão de chances entre pacientes com ECG $\geq 0{,}1$ e com ECG $< 0{,}1$, ajustada para sexo, resultou em $\widehat{OR} = \exp(1,0545) = 2{,}87$. Logo, a chance de doença coronária arterial dos pacientes com ECG $\geq 0{,}1$ foi em torno de 3 vezes a dos pacientes com ECG $< 0{,}1$.

De modo geral, os resultados desse estudo indicaram os pacientes do sexo masculino com ECG $\geq 0{,}1$ como os mais propensos a apresentar doença coronária arterial.

Intervalos de confiança para as razões de chances podem ser obtidos fazendo-se uso das propriedades assintóticas dos estimadores $\widehat{\beta}_k$. Assim, um intervalo de 95% de confiança para a razão de chances entre pacientes homens e mulheres, pode ser obtido por

$$IC(OR_{M|F}) = \exp[\widehat{\beta}_1 \pm 1,96 \times \text{e.p.}(\widehat{\beta}_1)],$$

resultando na estimativa intervalar $\exp(1,277 \pm 1,96 \times 0,498) = (1,35; 9,5)$. Analogamente, o intervalo de 95% de confiança para a razão de chances entre pacientes com ECG $\geq$ 0,1 e com ECG $<$ 0,1 resultou em (1,08; 7,62).

7.3.2 Exemplo 2: estudo sobre infecções urinárias

Neste exemplo, são analisados os dados dispostos na Tabela 7.12 referentes a um estudo sobre infecções urinárias em que três tratamentos foram aplicados aleatoriamente a pacientes que apresentaram, no diagnóstico, infecção urinária complicada ou não de ser curada.

Tabela 7.12 – Estudo sobre tratamento de infecções urinárias

Diagnóstico de infecção	Tratamento	Cura		Totais
		Sim	Não	
Complicada	A	78	28	106
	B	101	11	112
	C	68	46	114
Não complicada	A	40	5	45
	B	54	5	59
	C	34	6	40

Fonte: Koch et al. (1985).

Para a análise dos dados, foram definidas as variáveis fictícias a seguir, com a finalidade de considerar no modelo de regressão logística as variáveis categóricas diagnóstico de infecção urinária (X_1) e tratamento (X_2).

$$X_1 = \begin{cases} 1 \text{ se infecção urinária complicada} \\ 0 \text{ se infecção urinária não complicada} \end{cases}$$

$$X_{21} = \begin{cases} 1 \text{ se tratamento A} \\ 0 \text{ caso contrário} \end{cases} \quad \text{e} \quad X_{22} = \begin{cases} 1 \text{ se tratamento B} \\ 0 \text{ caso contrário.} \end{cases}$$

Desse modo, a combinação de referência fica descrita pelas categorias infecção urinária não complicada e tratamento C associadas, respectivamente, às variáveis X_1 e X_2.

A partir da Tabela 7.13, que mostra as diferenças de *deviances* dos modelos sequenciais ajustados, pode-se observar que o modelo com a interação corresponde ao modelo saturado, uma vez que seu número de parâmetros é igual ao número de subpopulações (linhas da tabela de dados). Sendo assim, o teste de qualidade de ajuste não se aplica a esse modelo, pois não existem graus de liberdade disponíveis. Contudo, ajustá-lo nos permite testar o efeito da interação entre diagnóstico e tratamento, que não apresentou significância estatística visto que associado à hipótese nula H_0: $\beta_4 = \beta_5 = 0$ foi obtido TRV = 2,515 (valor p = 0,2844, *g.l.* = 2).

Tabela 7.13 – Diferenças de *deviances* e AIC no estudo sobre infecções urinárias

Modelo	*g.l.*	*Deviance*	Dif. de *deviances*	Dif. de *g.l.*	Valor p	AIC
Nulo	5	44,473				70,89
X_1	4	30,628	13,844	1	0,0002	59,05
$X_2 \mid X_1$	2	2,515	28,114	2	$< 0{,}0001$	34,94
$X_1 * X_2 \mid X_1, X_2$	0	0,000	2,515	2	0,2844	36,42

Nota: X_1 diagnóstico de infecção, X_2 tratamento, *g.l.* = graus de liberdade e dif. = diferença.

Como não foram encontradas evidências de interação significativa, foram testados os efeitos principais. Quanto ao efeito da variável diagnóstico de infecção (X_1), obteve-se TRV = 13,844 (valor p = 0,0002, *g.l.* = 1) e, para o efeito da variável tratamento na presença da variável diagnóstico de infecção ($X_2 \mid X_1$), TRV = 28,114 (valor $p < 0,0001$, *g.l.* = 2). Desse modo, há evidências de efeito significativo de X_1 e também de $X_2 \mid X_1$.

Com base nos resultados, foi selecionado o modelo com as variáveis diagnóstico de infecção e tratamento, que também forneceu o menor valor AIC. As estimativas dos parâmetros desse modelo estão na Tabela 7.14.

Tabela 7.14 – Estimativas dos parâmetros do modelo selecionado

Parâmetros	Estimativas	Erro-padrão
β_0: constante	1,4184	0,2986
β_1: infecção complicada	−0,9616	0,2997
β_2: tratamento A	0,5847	0,2641
β_3: tratamento B	1,5608	0,3158

A partir da ANODEV mostrada na Tabela 7.15, é possível notar que as variáveis diagnóstico de infecção (X_1) e tratamento (X_2) auxiliam a explicar conjuntamente parte substancial da *deviance* total (41,958 de 44,473).

Tabela 7.15 – ANODEV referente aos dados de infecção urinária

Fonte de variação	*g.l.*	*Deviance*	TRV	Valor p
Regressão	3	41,958	41,958	$< 0,0001$
Resíduos *deviance*	2	2,515		
Deviance total	5	44,473		

Quanto às estatísticas de qualidade de ajuste do modelo selecionado, elas resultaram em $Q_L = 2{,}515$ ($p = 0{,}28$, $g.l. = 2$) e $Q_P = 2{,}757$ ($p = 0{,}25$, $g.l. = 2$), ambas fornecendo evidências a favor do modelo. A proximidade entre as probabilidades observadas e preditas pelo modelo; e a magnitude dos resíduos *deviance* e de Pearson (pequenos e entre -2 e 2, como mostra a Tabela 7.16), também forneceram evidências a favor do modelo.

Em termos dos logitos, o modelo selecionado ficou expresso por

$$\text{logito}[\widehat{p}\,(\mathbf{x}_i)] = 1,4184 - 0,9616\ \mathrm{x}_{i1} + 0,5847\ \mathrm{x}_{i21} + 1,5608\ \mathrm{x}_{i22}, \quad (7.10)$$

em que $\mathrm{x}_{i1} = 1$ se diagnóstico de infecção complicada e 0, caso contrário; $(\mathrm{x}_{i21}, \mathrm{x}_{i22}) = (1,\ 0)$ se tratamento A; $(\mathrm{x}_{i21}, \mathrm{x}_{i22}) = (0,\ 1)$ se tratamento B; e $(\mathrm{x}_{i21}, \mathrm{x}_{i22}) = (0,\ 0)$ se tratamento C.

Tabela 7.16 – Probabilidades observadas $p(\mathbf{x}_i)$ e preditas pelo modelo selecionado $\widehat{p}(\mathbf{x}_i)$, resíduos *deviance* ($d_i$) e resíduos de Pearson (c_i)

$p(\mathbf{x}_i)$	$\widehat{p}(\mathbf{x}_i)$	d_i	c_i
0,7358	0,7391	−0,0771	−0,0772
0,9017	0,8826	0,6459	0,6299
0,5964	0,6122	−0,3445	−0,3453
0,8888	0,8811	0,1624	0,1608
0,9152	0,9516	−1,1823	−1,3020
0,8500	0,8050	0,7405	0,7170

Os correspondentes logitos e as chances estimadas a partir do modelo expresso em (7.10) estão dispostos na Tabela 7.17. A partir dela, nota-se que a chance de cura foi superior para os pacientes diagnosticados com infecção não complicada que receberam o tratamento B. Para os pacientes diagnosticados com infecção complicada, também é possível notar que o tratamento B foi superior aos demais.

Tabela 7.17 – Logitos e chances obtidas a partir do modelo selecionado

Infecção	Tratamento	Logito $= \ln\left[\frac{\widehat{p}(\mathbf{x}_i)}{1-\widehat{p}(\mathbf{x}_i)}\right]$	Chance $= \frac{\widehat{p}(\mathbf{x}_i)}{1-\widehat{p}(\mathbf{x}_i)}$
Complicada	A	$\widehat{\beta}_0 + \widehat{\beta}_1 + \hat{\beta}_2 = 1{,}0415$	$e^{1,0415} = 2{,}8335$
Complicada	B	$\widehat{\beta}_0 + \widehat{\beta}_1 + \hat{\beta}_3 = 2{,}0175$	$e^{2,0175} = 7{,}5198$
Complicada	C	$\widehat{\beta}_0 + \widehat{\beta}_1 = 0{,}4567$	$e^{0,4567} = 1{,}5789$
Não complicada	A	$\widehat{\beta}_0 + \widehat{\beta}_2 = 2{,}0031$	$e^{2,0031} = 7{,}4123$
Não complicada	B	$\widehat{\beta}_0 + \widehat{\beta}_3 = 2{,}9791$	$e^{2,9791} = 19{,}671$
Não complicada	C	$\widehat{\beta}_0 = 1{,}4184$	$e^{1,4184} = 4{,}1305$

A partir das estimativas mostradas na Tabela 7.14, tem-se, ainda, que $\widehat{OR} = \exp(\widehat{\beta}_1) = 0{,}3822$ corresponde à razão de chances dos pacientes com diagnósticos de infecção complicada e não complicada ajustada para tratamento. Essa razão indica que a chance de cura dos pacientes com infecção não complicada foi $(1/0{,}3822) = 2{,}6$ vezes a dos pacientes com infecção complicada.

De modo similar, $\widehat{OR} = \exp(\widehat{\beta}_2) = 1{,}79$ corresponde à razão de chances dos pacientes submetidos aos tratamentos A e C ajustada para diagnóstico de infecção, o que evidencia que a chance de cura dos pacientes submetidos ao tratamento A foi em torno de 2 vezes a daqueles submetidos ao tratamento C. Ainda, a razão de chances dos pacientes sob os tratamentos B e C ajustada para diagnóstico de infecção corresponde a $\exp(\widehat{\beta}_3) = 4{,}76$ e dos pacientes sob os tratamentos B e A a $\exp(\widehat{\beta}_3 - \widehat{\beta}_2) = 2{,}65$. Logo, pode-se concluir que a chance de cura dos pacientes submetidos ao tratamento B foi 4,76 a daqueles submetidos ao C e que a chance de cura dos pacientes submetidos ao tratamento B foi 2,65 vezes a daqueles submetidos ao A.

7.3.3 Exemplo 3: estudo sobre bronquite

Neste exemplo, os dados na Tabela 7.18 são de um estudo que teve por objetivo avaliar a associação de bronquite com as variáveis X_1 = smk = *status* de fumo (1 se fuma e 0 se não), X_2 = ses = *status* socioeconômico (1 se baixo e 0 se alto) e X_3 = idade (0 se $<$ 40 anos e 1 se $\geq$ 40 anos).

Tabela 7.18 – Estudo sobre bronquite (BRC)

smk	ses	idade	BRC		Totais
			Sim	Não	
0	1	0	38	73	111
0	1	1	48	86	134
0	0	0	28	67	95
0	0	1	40	84	124
1	1	0	84	89	173
1	1	1	102	46	148
1	0	0	47	96	143
1	0	1	59	53	112

Fonte: Kleinbaum (1994).

Nota-se, nesse estudo, que tanto a variável resposta quanto as demais são dicotômicas ou foram dicotomizadas. Sendo assim, o modelo de regressão logística com as três variáveis descritas, bem como as interações entre elas, será utilizado para a análise desses dados.

Considerando, então, o modelo de regressão logística, bem como o nível de significância $\alpha = 0,10$, tem-se evidências, a partir dos resultados mostrados na Tabela 7.19, de efeito não significativo tanto da interação tripla quanto da interação dupla $X_2 * X_3$ (ses*idade) na presença das outras duas interações duplas, com respectivos valores p iguais a 0,8602 e 0,9763. Em contrapartida, há evidências de efeito significativo (valor p = 0,005) da interação $X_1 * X_3$ (smk*idade) na presença de $X_1 * X_2$ (smk*ses) e também da interação $X_1 * X_2$ = smk*ses (valor p = 0,0775).

Tabela 7.19 – Diferenças de *deviances* e AIC obtidos no estudo de bronquite

Modelo	*g.l.*	*Deviance*	Dif. de *deviances*	Dif. *g.l.*	Valor p	AIC
Nulo	7	72,798				116,47
X_1	6	40,336	32,462	1	< 0,0001	86,01
$X_2 \mid X_1$	5	27,511	12,825	1	0,0003	75,18
$X_3 \mid X_1, X_2$	4	11,025	16,486	1	< 0,0001	60,69
$X_1 * X_2 \mid X_1, X_2, X_3$	3	7,910	3,115	1	0,0775	59,58
$X_1 * X_3 \mid X_1, X_2, X_3, X_1 * X_2$	2	0,032	7,879	1	0,0050	53,70
$X_2 * X_3 \mid X_1, X_2, X_3, X_1 * X_2, X_1 * X_3$	1	0,031	0,001	1	0,9763	55,70
$X_1 * X_2 * X_3 \mid X_1, X_2, X_3$ e int. duplas	0	0,000	0,031	1	0,8602	57,67

Nota: X_1 = smk = *status* de fumo, X_2 = ses = *status* socioeconômico e X_3 = idade.

A Tabela 7.20 apresenta, ainda, as diferenças de *deviances* dos modelos com cada uma das interações duplas na ausência das demais. Similar às conclusões anteriores tem-se: efeito não significativo da interação $X_2 * X_3$ = ses*idade (p = 0,78); efeito significativo da interação $X_1 * X_3$ = smk*idade (p = 0,0058); e efeito significativo de $X_1 * X_2$ = smk*ses (p = 0,0775).

O modelo sugerido para os dados desse estudo foi, portanto, aquele com as interações $X_1 * X_2$ = smk*ses e $X_1 * X_3$ = smk*idade e as respectivas variáveis que compõem essas interações, X_1, X_2 e X_3 (smk, ses e idade). Esse mesmo modelo foi também sugerido pelo AIC e pelos procedimentos de seleção de variáveis passo a frente, passo atrás e passo a passo (do inglês *forward, backward* e *stepwise*) (CHARNET et al., 2008). Nos procedimentos citados, inclusão e eliminação de variáveis se baseiam, em geral, no critério de informação de Akaike (1974), definido por $\text{AIC} = 2p - 2\ln(L)$, em que p denota o número de parâmetros do modelo e L o máximo valor da função de verossimilhança associada ao modelo.

Tabela 7.20 – Diferenças de *deviances* e AIC obtidos no estudo de bronquite

Modelo	*g.l.*	*Deviance*	Dif. de *deviances*	Diferenças *g.l.*	Valor p	AIC
Nulo	7	72,798				116,47
X_1, X_2, X_3	4	11,025	61,773	3	< 0,0001	60,69
$X_1 * X_2 \mid X_1, X_2, X_3$	3	7,910	3,115	1	0,0775	59,58
$X_1 * X_3 \mid X_1, X_2, X_3$	3	3,425	7,600	1	0,0058	55,09
$X_2 * X_3 \mid X_1, X_2, X_3$	3	10,947	0,078	1	0,7800	62,62

Nota: X_1 = smk = *status* de fumo, X_2 = ses = *status* socioeconômico e X_3 = idade.

Nota-se que o modelo somente com a interação $X_1 * X_3$ = smk∗idade também seria plausível se fosse considerado $\alpha = 0,05$. A opção foi, contudo, pelo modelo com as interações $X_1 * X_2$ e $X_1 * X_3$, cujas estimativas dos parâmetros e erros-padrão estão na Tabela 7.21.

Tabela 7.21 – Estimativas dos parâmetros do modelo ajustado

Parâmetros	Estimativas	Erro-padrão
β_0	−0,8533	0,1856
β_1: X_1 = smk	0,1306	0,2408
β_2: X_2 = ses	0,1852	0,1982
β_3: X_3 = idade	0,0973	0,1991
β_4: $X_1 * X_2$ = smk∗ses	0,4859	0,2637
β_5: $X_1 * X_2$ = smk∗idade	0,7422	0,2643

Nota: smk = *status* de fumo e ses = *status* socioeconômico.

Sendo assim, o modelo, em termos dos logitos, ficou expresso por

$$\text{logito}[\widehat{p}(\mathbf{x}_i)] = -0,8533 + 0,1306\ \mathrm{x}_{i1} + 0,1852\ \mathrm{x}_{i2} + 0,0973\ \mathrm{x}_{i3} + 0,4859\ \mathrm{x}_{i1} * \mathrm{x}_{i2} + 0,7422\ \mathrm{x}_{i1} * \mathrm{x}_{i3},$$

com $\mathrm{x}_{i1} = 0$ se não fumante e 1 se fumante; $\mathrm{x}_{i2} = 0$ se *status* socioeconômico alto e 1 se baixo; e $\mathrm{x}_{i3} = 0$ se idade < 40 e 1 se ≥ 40 anos.

Quanto à avaliação da qualidade de ajuste desse modelo, ambas as estatísticas, Q_L e Q_P, forneceram valores iguais a 0,0318 ($p = 0{,}999$, $g.l. = 2$), indicando evidências a favor do modelo ajustado aos dados desse estudo. Os resíduos de Pearson e *deviance*, mostrados na Figura 7.4, também se apresentaram satisfatórios (pequenos e entre -2 e 2).

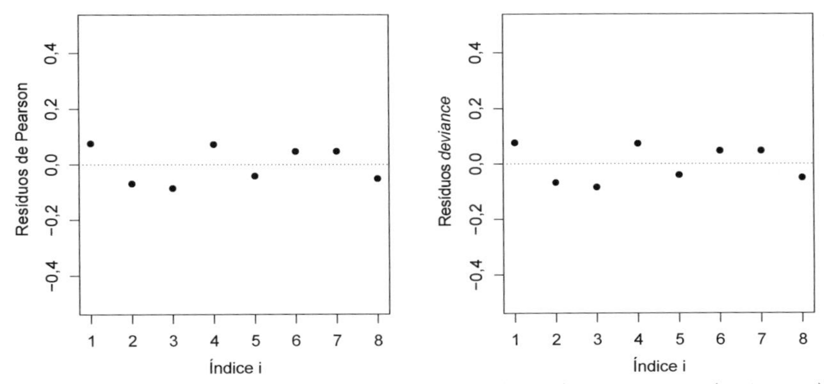

Figura 7.4 – Resíduos de Pearson (à esquerda) e *deviance* (à direita).

Diferente dos exemplos anteriores, o modelo ajustado aos dados desse estudo incluiu duas interações significativas, $X_1 * X_2 =$ smk∗ses e $X_1 * X_3 =$ smk∗idade, o que implica atenção no que diz respeito às interpretações dos parâmetros. Por exemplo, a razão de chances entre pacientes com *status* de fumo 1 e 0, ajustada para as demais variáveis no modelo, não corresponde à $\exp(\widehat{\beta}_1)$ devido à presença de interações no modelo que envolvem a variável $X_1 =$ smk $=$ *status* de fumo. Tal razão, nesse caso, fica expressa por

$$\widehat{OR}_{smk(1|0)} = \exp(\widehat{\beta}_1 + \widehat{\beta}_4\,\text{ses} + \widehat{\beta}_5\,\text{idade}),$$

que, como pode ser observado, depende das variáveis $X_2 =$ ses (*status* socioeconômico) e $X_3 =$ idade. Desse modo, segue que

$$\widehat{OR}_{smk(1|0)} = \begin{cases} \exp(\widehat{\beta}_1) & \text{se ses} = 0 \text{ e idade} = 0 \\ \exp(\widehat{\beta}_1 + \widehat{\beta}_4) & \text{se ses} = 1 \text{ e idade} = 0 \\ \exp(\widehat{\beta}_1 + \widehat{\beta}_5) & \text{se ses} = 0 \text{ e idade} = 1 \\ \exp(\widehat{\beta}_1 + \widehat{\beta}_4 + \widehat{\beta}_5) & \text{se ses} = 1 \text{ e idade} = 1. \end{cases}$$

De modo similar, a razão de chances entre pacientes com ses = *status* socioeconômico baixo e alto resulta em

$$\widehat{OR}_{ses(1|0)} = \exp(\widehat{\beta}_2 + \widehat{\beta}_4 \,\text{smk}) = \begin{cases} \exp(\widehat{\beta}_2) & \text{se smk} = 0 \\ \exp(\widehat{\beta}_2 + \widehat{\beta}_4) & \text{se smk} = 1 \end{cases}$$

e a razão de chances entre pacientes com idade $\geq$ 40 anos e aqueles com idade $<$ 40 anos em

$$\widehat{OR}_{idade(1|0)} = \exp(\widehat{\beta}_3 + \widehat{\beta}_5 \,\text{smk}) = \begin{cases} \exp(\widehat{\beta}_3) & \text{se smk} = 0 \\ \exp(\widehat{\beta}_3 + \widehat{\beta}_5) & \text{se smk} = 1. \end{cases}$$

Logo, para os pacientes com *status* socioeconômico alto (ses = 0) e idade $\geq$ 40 anos (idade = 1), a chance de bronquite entre os que fumam foi estimada em $\exp(0,1306 + 0,7422)$ = 2,4 vezes a dos que não fumam.

Já para os pacientes que fumam (smk = 1), a chance de bronquite entre os com *status* socioeconômico baixo (ses = 1) foi $\exp(0,1852 + 0,4859) \approx 2$ vezes a dos com *status* socioeconômico alto (ses = 0). Ainda, para os que fumam (smk = 1), a chance de bronquite entre os com idade $\geq$ 40 anos foi $\exp(0,0973 + 0,7422)$ = 2,3 vezes a daqueles com idade $<$ 40 anos. E assim segue para as demais comparações.

7.3.4 Exemplo 4: outro estudo sobre doença coronária

Nesse exemplo, são analisados os dados de um estudo sobre doença coronária (Tabela 7.22) em que, além das variáveis sexo e eletrocardiograma (ECG), tem-se a variável idade (em anos). Além disso, a variável ECG apresenta três categorias ordenadas: $<$ 0,1, [0,1; 0,2) e $\geq$ 0,2, o que possibilitou considerar, para essas categorias, os escores 0, 1 e 2, respectivamente.

Sendo a resposta dicotômica, o modelo de regressão logística com as variáveis sexo, ECG e idade, bem como as interações entre elas, se apresenta como um modelo plausível para a análise dos dados desse estudo.

Contudo, na presença de diversas variáveis explicativas, deve-se ter um cuidado especial com o número de parâmetros envolvidos no modelo. Alguns analistas sugerem pelo menos 5 observações da resposta que ocorre com menor frequência para cada parâmetro considerado. Nesse estudo, há 37 respostas não e 41 sim. Como $37/5 = 7{,}4$, recomenda-se no máximo 8 parâmetros no modelo.

Tabela 7.22 – Registros de pacientes em um estudo sobre doença coronária

Sexo	ECG	Idade	dc	Sexo	ECG	Idade	dc	Sexo	ECG	Idade	dc
0	0	28	0	1	0	42	1	1	1	45	0
0	0	34	0	1	0	44	1	1	1	45	1
0	0	38	0	1	0	45	0	1	1	45	1
0	0	41	1	1	0	46	0	1	1	46	1
0	0	44	0	1	0	48	0	1	1	48	1
0	0	45	1	1	0	50	0	1	1	57	1
0	0	46	0	1	0	52	1	1	1	57	1
0	0	47	0	1	0	52	1	1	1	59	1
0	0	50	0	1	0	54	0	1	1	60	1
0	0	51	0	1	0	55	0	1	1	63	1
0	0	51	0	1	0	59	1	1	2	35	0
0	0	53	0	1	0	59	1	1	2	37	1
0	0	55	1	1	1	32	0	1	2	43	1
0	0	59	0	1	1	37	0	1	2	47	1
0	0	60	1	1	1	38	1	1	2	48	1
0	1	32	1	1	1	38	1	1	2	49	0
0	1	33	0	1	1	42	1	1	2	58	1
0	1	35	0	1	1	43	0	1	2	59	1
0	1	39	0	1	1	43	1	1	2	60	1
0	1	40	0	1	1	44	1	0	2	60	1
0	1	46	0	0	1	54	1	1	0	30	0
0	1	48	1	0	1	55	0	1	0	34	0
0	1	49	0	0	1	57	1	1	0	36	1
0	1	49	0	0	2	46	1	1	0	38	1
0	1	52	0	0	2	48	0	1	0	39	0
0	1	53	1	0	2	57	1	1	0	42	0

Fonte: Stokes et al. (2000).

Nota: sexo (0 se feminino e 1 se masculino); ECG (0 se $< 0{,}1$; 1 se $\in [0,1; 0,2)$ e 2 se $\geq 0{,}2$); idade em anos; e dc (1 se doença coronária presente e 0 se ausente).

A partir da Tabela 7.23, que mostra as *deviances* e suas diferenças (que corresponde ao TRV), bem como os valores AIC associados aos modelos sequenciais ajustados aos dados, é possível concluir pela não significância do efeito da interação tripla, visto que TRV $= 0{,}108$ (valor $p = 0{,}74$, $g.l. = 1$).

A mesma conclusão é válida para os efeitos das três interações duplas, já que TRV = 1,289 (valor p = 0,73, $g.l.$ = 3). Quanto à significância dos efeitos de: *a*) X_1, *b*) $X_2 \mid X_1$ e *c*) $X_3 \mid X_1, X_2$, conclui-se pela significância dos três, tendo em vista os resultados: TRV = 6,09 (valor p = 0,014), TRV = 6,76 (valor p = 0,009) e TRV = 8,27 (valor p = 0,004) respectivamente.

Tabela 7.23 – Diferenças de *deviances* e valores AIC dos modelos ajustados

Modelo	$g.l.$	*Deviance*	Dif. de *deviances*	Dif. $g.l.$	Valor p	AIC
Nulo	67	98,561				104,95
X_1	66	92,471	6,090	1	0,014	100,86
$X_2 \mid X_1$	65	85,715	6,756	1	0,009	96,11
$X_3 \mid X_1, X_2$	64	77,447	8,268	1	0,004	89,84
Int. duplas $\mid X_1, X_2, X_3$	61	76,158	1,289	3	0,73	94,55
Int. tripla $\mid X_1, X_2, X_3$, duplas	60	76,050	0,108	1	0,74	96,44

Nota: como há 68 combinações entre as variáveis X_1 = sexo, X_2 = ECG e X_3 = idade, segue que os graus de liberdade ($g.l.$) do modelo nulo = 68 − 1 = 67.

Sendo assim, o modelo selecionado foi aquele com os efeitos principais de sexo, ECG e idade, que também forneceu o menor AIC. Os parâmetros estimados para esse modelo estão na Tabela 7.24.

Tabela 7.24 – Estimativas dos parâmetros do modelo selecionado

Parâmetros	Estimativas	Erro-padrão
β_0: constante	−5,6417	1,8061
β_1: sexo (masculino)	1,3564	0,5464
β_2: ECG	0,8732	0,3843
β_3: idade	0,0928	0,0351

Em termos dos logitos, o modelo selecionado ficou expresso por

$$\text{logito}[\widehat{p}(\mathbf{x}_i)] = -5,6417 + 1,3564\ \text{x}_{i1} + 0,8732\ \text{x}_{i2} + 0,0928\ \text{x}_{i3},$$

em que $\text{x}_{i1} = 0$ se sexo feminino e 1 se masculino; $\text{x}_{i2} = 0$ se ECG $< 0{,}1$, 1 se ECG $\in [0,1; 0,2)$ e 2 se ECG $\geq 0{,}2$; e x_{i3} = idade em anos.

Uma observação sobre o modelo de regressão logística com pelo menos uma variável explicativa contínua é que os resultados dos testes TRV e, consequentemente, o modelo selecionado, são os mesmos, seja utilizando os dados como mostrados na Tabela 7.22, isto é, com $n = 78$ linhas (uma para cada indíviduo), seja com 68 linhas (uma para cada combinação observada entre as três variáveis). Apesar de os graus de liberdade e as *deviances* serem diferentes quando os dados são considerados dessas duas formas, as diferenças de *deviances* e dos graus de liberdade não diferem, como pode ser observado ao se comparar os resultados nas Tabelas 7.23 e 7.25.

Tabela 7.25 – Diferenças de *deviances* com dados dos indivíduos linha a linha

Modelo	*g.l.*	*Deviance*	Dif. de *deviances*	Dif. *g.l.*	Valor *p*	AIC
Nulo	77	107,926				109,92
X_1	76	101,835	6,090	1	0,014	105,83
$X_2 \mid X_1$	75	95,080	6,756	1	0,009	101,08
$X_3 \mid X_1, X_2$	74	86,811	8,268	1	0,004	94,81
Int. duplas $\mid X_1, X_2, X_3$	71	85,522	1,289	3	0,73	99,52
Int. tripla $\mid X_1, X_2, X_3$, duplas	70	85,414	0,108	1	0,74	101,41

Nota: X_1 = sexo, X_2 = ECG, X_3 = idade, *g.l.* = graus de liberdade e dif. = diferença.

Quanto à qualidade do modelo ajustado, a presença da variável contínua X_3 (idade) no modelo implica em frequências muito pequenas para a grande maioria das 68 combinações das três variáveis presentes no modelo, o que inviabiliza o uso das estatísticas Q_L e Q_P para a avaliação da qualidade do respectivo modelo. Estatísticas alternativas são, desse modo, necessárias, tendo sido uma delas proposta por Hosmer e Lemeshow (1989).

Para obtenção da estatística mencionada, as n observações são inicialmente organizadas em ordem crescente das probabilidades preditas de resposta $Y = 1$. A seguir, as observações são divididas em g grupos (5 a 20, sendo usual $g = 10$). Para $g = 10$, o primeiro grupo fica composto das n_1 observações com probabilidades menores do que 0,1, o segundo fica composto das n_2 observações com probabilidades no intervalo [0,1; 0,2), e assim sucessivamente até o último grupo que fica composto das n_{10} observações com probabilidades $\geq$ 0,9. A estatística de Hosmer-Lemeshow é obtida calculando-se a estatística qui-quadrado de Pearson a partir da tabela $g \times 2$ de frequências observadas e preditas, ou seja,

$$Q_{HL} = \sum_{i=1}^{g} \frac{[o_i - n_i\,\bar{p}(\mathbf{x}_i)]^2}{n_i\,\bar{p}(\mathbf{x}_i)[1 - \bar{p}(\mathbf{x}_i)]},$$

em que n_i é a frequência de observações no i-ésimo grupo, o_i é a frequência de resposta $Y = 1$ no i-ésimo grupo e $\bar{p}(\mathbf{x}_i)$ é a probabilidade média de resposta $Y = 1$ estimada para o i-ésimo grupo. Por meio de simulação, Hosmer e Lemeshow mostraram que tal estatística segue distribuição aproximada qui-quadrado com $(g - 2)$ graus de liberdade quando não há repetições de qualquer combinação dos valores ou categorias das variáveis.

Para os dados do exemplo analisado, a estatística Q_{HL}, para $g = 10$, resultou em $Q_{HL} = 5{,}755$ (valor $p = 0{,}6746$, $g.l. = 8$), indicando evidências a favor do modelo ajustado. Como tal estatística considera a ausência de repetição de padrões (combinações de valores/categorias das variáveis), foi somado um valor δ pequeno às idades repetidas para sua obtenção.

Os resíduos de Pearson e *deviance* também apresentaram valores no intervalo $(-3,\ 3)$, como pode ser observado na Figura 7.5, indicando a ausência de valores discrepantes que necessitem de investigação adicional.

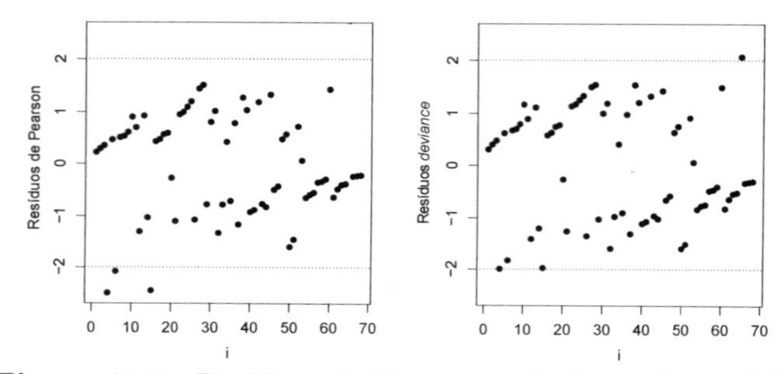

Figura 7.5 – Resíduos de Pearson e *deviance* do modelo.

Nesse estudo, a razão de chances entre pacientes dos sexos masculino e feminino, ajustada para ECG e idade, resultou em $\widehat{OR} = \exp(1,3564) \approx 4$. Logo, a chance de doença coronária dos pacientes do sexo masculino foi em torno de 4 vezes a dos pacientes do sexo feminino. Ainda, a razão de chances entre ECG $\in$ [0,1; 0,2) e ECG $< 0,1$, bem como entre ECG $\geq 0,2$ e ECG $\in$ [0,1; 0,2), ajustada para sexo e idade, resultou em $\widehat{OR} = \exp(0,8732)$ = 2,4. Isso significa que a chance de doença coronária dos pacientes com ECG $\in$ [0,1; 0,2) foi 2,4 vezes a dos pacientes com ECG $< 0,1$. Do mesmo modo, a chance de doença coronária entre os com ECG $\geq 0,2$ foi 2,4 vezes a daqueles com ECG $\in$ [0,1; 0,2).

Ainda, a razão de chances entre pacientes com diferença de 1 ano de idade, ajustada para sexo e ECG, resultou em $\widehat{OR} = \exp(0,0928) =$ 1,1, o que mostra chance de doença coronária maior entre os pacientes com $x + 1$ anos do que entre aqueles com x anos. Para pacientes com diferença de idade de 10 anos (por exemplo, pacientes com 40 e 30 anos) segue que $\widehat{OR}$ $= \exp[0,0928 \times (40 - 30)] =$ 2,53, o que indica chance de doença coronária entre os com 40 anos igual a 2,53 vezes a daqueles com 30 anos.

De modo geral, pode-se concluir que pacientes do sexo masculino, com idade mais avançada e valores de ECG elevados foram os mais propensos, nesse estudo, a apresentar doença coronária.

7.4 Diagnóstico do modelo: métodos auxiliares

7.4.1 Gráfico quantil-quantil com envelope simulado

Nos casos em que é assumido que a variável resposta segue distribuição normal, é comum que afastamentos sérios dessa distribuição sejam verificados por meio do gráfico de probabilidade normal dos resíduos (gráfico quantil-quantil ou Q-Q da normal). No contexto de modelos lineares generalizados, em que distribuições diferentes da normal são consideradas (binomial, Poisson etc.), gráficos similares com envelopes simulados podem também ser construídos com os resíduos *deviance*, uma vez que resultados apresentados na literatura (DAVISON; GIGLI, 1989) apontam que esses resíduos seguem distribuição aproximada normal.

A inclusão do envelope simulado no gráfico Q-Q auxilia a decidir se os pontos diferem significativamente de uma linha reta (ATKINSON, 1985). Para obter esse gráfico, Paula (2000) disponibilizou códigos em linguagem Splus (também utilizados no *software* R) para os modelos de regressão: normal, gama, binomial, Poisson e binomial negativa. Para que o modelo ajustado seja considerado satisfatório, é necessário que os resíduos *deviance* estejam dentro do envelope simulado. Para os dados de doença coronária, o correspondente gráfico Q-Q se encontra na Figura 7.6, sendo possível observar que os resíduos *deviance* estão dentro do envelope simulado.

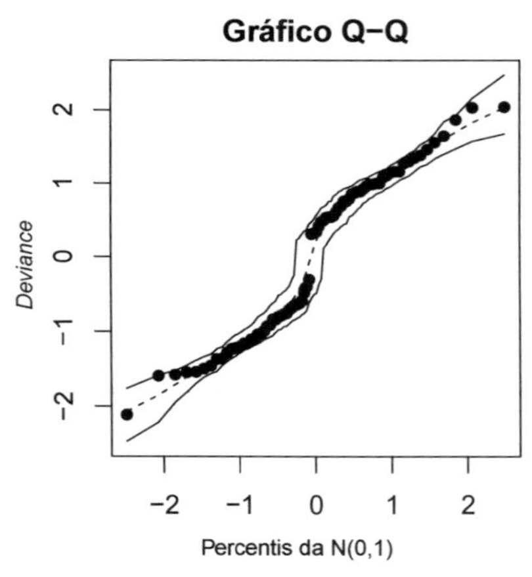

Figura 7.6 – Gráfico Q-Q dos resíduos *deviance*.

7.4.2 Poder preditivo do modelo e medidas auxiliares

O poder preditivo do modelo ajustado pode também ser obtido com a finalidade de avaliar sua qualidade de ajuste. Para isso, faz-se necessário estabelecer uma probabilidade, denominada ponto de corte (pc), a partir da qual se estabeleça que: *i*) a variável resposta receba o valor 1, isto é, Y = 1 para probabilidades preditas pelo modelo maiores ou iguais a esse ponto de corte; e *ii*) a variável resposta receba o valor 0, isto é, Y = 0 para probabilidades preditas pelo modelo menores do que esse ponto de corte.

Se, por exemplo, for considerado o ponto de corte pc = 0,5 para os dados analisados na Seção 7.3.4, tem-se os resultados mostrados na Tabela 7.26.

Tabela 7.26 – Resposta observada e predita para pc = 0,5

Resposta predita pelo modelo	Resposta observada		Totais
	dc = 1 (+)	dc = 0 (−)	
dc = 1 (+)	31	12	43
dc = 0 (−)	10	25	35
Totais	41	37	78

Desse modo, o modelo ajustado apresenta para o ponto de corte 0,5:

- valor preditivo geral = $\frac{31+25}{78} = 0,7179$;
- valor preditivo positivo = $\frac{31}{43} = 0,7209$ e negativo = $\frac{25}{35} = 0,7143$;
- falsos positivos = $\frac{12}{37} = 0,3243$ e falsos negativos = $\frac{10}{41} = 0,2439$;
- sensibilidade = $\frac{31}{41} = 0,7561$ (taxa de verdadeiros positivos); e
- especificidade = $\frac{25}{37} = 0,6757$ (taxa de verdadeiros negativos),

o que, de modo geral, sugere que o modelo apresenta um ajuste que pode ser considerado satisfatório, levando-se em conta o ponto de corte utilizado. Contudo, outros pontos de corte devem ser avaliados a fim de se identificar o que produz o maior percentual de acertos. A curva ROC (do inglês *Receiver Operating Characteristic*) é usualmente utilizada com essa finalidade.

Para obtenção da curva ROC, pares de pontos (x, y) = (1 − especificidade, sensibilidade) são representados graficamente para vários pontos de corte. O modelo com discriminação perfeita corresponde àquele em que se tem sensibilidade e especificidade iguais a 1, o que implica que (x, y)= (0, 1). Assim, pontos de corte localizados próximos ao canto superior esquerdo do gráfico indicarão que o modelo ajustado produz o maior percentual de acertos, seja em termos de verdadeiros positivos ou de verdadeiros negativos.

Ainda, quanto mais próxima de 1 for a área abaixo da curva ROC, melhor o poder preditivo do modelo. Esta área é usualmente denotada por AUC.

A curva ROC associada ao modelo ajustado aos dados analisados na Seção 7.3.4 pode ser vista na Figura 7.7, sendo a área abaixo dela igual a 0,784. Especificidade e sensibilidade associadas ao ponto mais próximo ao canto superior esquerdo da curva ($pc = 0{,}515$) estão indicadas na figura.

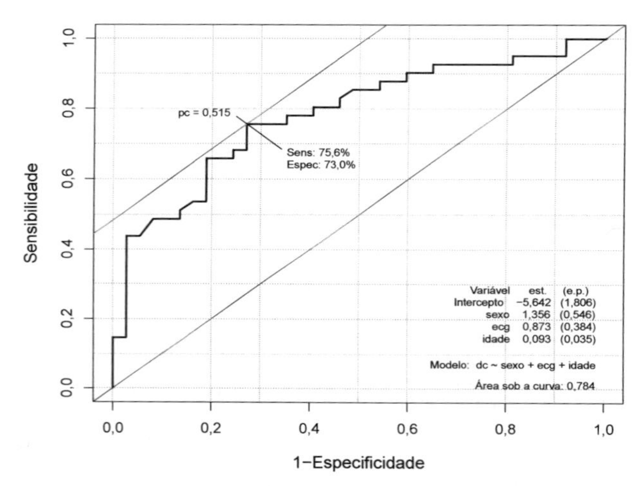

Figura 7.7 – Curva ROC associada ao modelo do Exemplo 4.

Vale observar que o modelo de regressão logística é frequentemente utilizado por instituições financeiras para classificar, com o maior percentual de acertos possível, os bons e os maus clientes. Nesse contexto, a curva ROC é uma ferramenta útil tanto para avaliar a qualidade do modelo ajustado quanto para a escolha do melhor ponto de corte.

7.5 Modelos alternativos para dados binários

Para estudos em que a variável resposta é dicotômica, foi apresentado o modelo de regressão logística. Além dele, outros modelos estão descritos na literatura, como os modelos probito e complemento log-log (clog-log), comumente utilizados para a análise de dados de estudos dose-resposta.

A Tabela 7.27 mostra a caracterização dos dois modelos citados, bem como a dos modelos de regressão logística e Cauchy, em termos de suas probabilidades $p(\mathbf{x}) = P(Y = 1 \mid \mathbf{x})$ e respectivas funções de ligação.

Tabela 7.27 – Caracterização de quatro modelos para dados binários

Modelos	$p(\mathbf{x}) = F(\boldsymbol{\beta}'\mathbf{x})$	Função de ligação
Logístico	$\dfrac{\exp(\boldsymbol{\beta}'\mathbf{x})}{1 + \exp(\boldsymbol{\beta}'\mathbf{x})}$	$\ln\left[\dfrac{p(\mathbf{x})}{1 - p(\mathbf{x})}\right]$
Probito	$\Phi(\boldsymbol{\beta}'\mathbf{x})$	$\Phi^{-1}\big(p(\mathbf{x})\big)$
Clog-log	$1 - \exp[-\exp(\boldsymbol{\beta}'\mathbf{x})]$	$\ln\big[-\ln\big(1 - p(\mathbf{x})\big)\big]$
Cauchy	$\frac{1}{2} + \dfrac{\arctan(\boldsymbol{\beta}'\mathbf{x})}{\pi}$	$\tan\big[\pi\big(p(\mathbf{x}) - \frac{1}{2}\big)\big]$

Nota: Φ denota a função de distribuição da normal padrão, arctan o arco tangente, tan a tangente e $\pi \cong 3{,}1415926$.

Similar ao modelo logístico, os modelos Cauchy, probito e complemento log-log (clog-log) exibem forma sigmoidal como mostra a Figura 7.8.

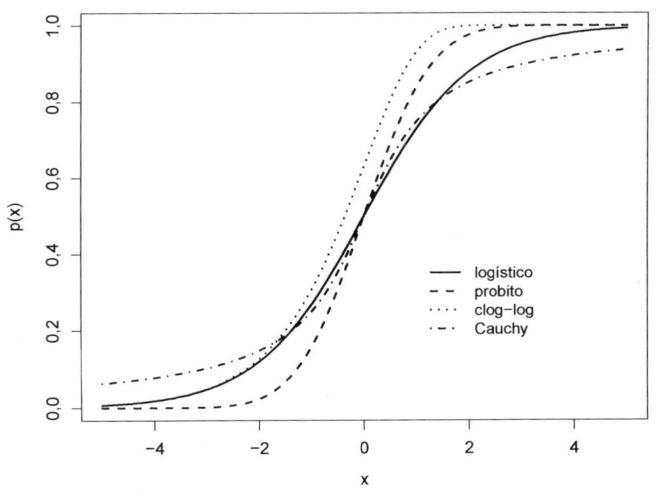

Figura 7.8 – Representação de modelos para dados binários.

Os procedimentos de estimação, qualidade de ajuste e diagnóstico dos modelos probito, clog-log e Cauchy são análogos aos do modelo logístico.

Para auxiliar na escolha de um desses modelos, o critério de informação de Akaike (AIC), proposto por Akaike (1974), pode também ser útil. Sob tal critério, o modelo sugerido é aquele que apresenta o menor valor de AIC, sendo $\text{AIC} = 2p - 2\ln(L)$, em que p denota o número de parâmetros do modelo e L o máximo valor da função de verossimilhança do modelo.

Quanto à interpretação dos parâmetros dos modelos probito, clog-log e Cauchy, vale ressaltar que ela difere daquela apresentada para o modelo logístico, já que a exponenciação da função de ligação nesses modelos não corresponde a uma chance. A seguir, é apresentada uma ilustração.

7.5.1 Ilustração de modelos alternativos

Para ilustrar os modelos probito, clog-log e Cauchy, são considerados os dados de um bioensaio conduzido em laboratório por Machado (2006) no qual 150 lagartas de *Condylorrhiza vestigialis*, divididas em 5 grupos de 30 lagartas cada, foram alimentadas com folhas de álamo contaminadas com 5 diluições diferentes da suspensão viral CvMNPV (uma diluição para cada grupo). Ainda, um sexto grupo, também de 30 lagartas, foi alimentado com folhas não contaminadas (testemunha). O objetivo foi o de determinar a concentração ideal da suspensão para utilização em campo do vírus CvMNPV como inseticida biológico em programas de manejo integrado dessa praga em plantios de álamo. Ao final do ensaio, foi registrado o número de mortes em cada grupo. Os dados estão na Tabela 7.28.

Em função da magnitude das diluições, é usual considerar, em bioensaios como este, o logaritmo neperiano (ou na base 10) das diluições. A partir da Figura 7.9, que mostra o gráfico de dispersão do logaritmo neperiano das diluições *versus* as proporções de mortes de lagartas, é possível notar a existência de uma relação sigmoidal, similar àquela discutida para o modelo de regressão logística.

Como existem vários modelos para dados binários, serão avaliados, para esses dados, os modelos: logístico, probito, clog-log e Cauchy, expressos em termos das probabilidades $p(\mathrm{x}_i) = P(Y = 1 \mid \mathrm{x}_i)$, $i = 1, \ldots, s$, por

$$p(\mathrm{x}_i) = \begin{cases} \dfrac{\exp(\beta_0 + \beta_1 \mathrm{x}_i)}{1 + \exp(\beta_0 + \beta_1 \mathrm{x}_i)} & \text{logístico} \\ \Phi(\beta_0 + \beta_1 \mathrm{x}_i) & \text{probito} \\ 1 - \exp[-\exp(\beta_0 + \beta_1 \mathrm{x}_i)] & \text{clog-log} \\ \dfrac{1}{2} + \dfrac{\arctan(\beta_0 + \beta_1 \mathrm{x}_i)}{\pi} & \text{Cauchy,} \end{cases}$$

sendo $\mathrm{x}_i = \ln(\text{diluições})$ e Φ a função de distribuição da normal padrão.

Tabela 7.28 – Bioensaio com lagartas *c. vestigialis*

Diluições (CPI/ml)	Mortes		Totais
	Sim	Não	
Testemunha	0	30	30
10^3	1	29	30
10^6	4	26	30
10^7	15	15	30
10^8	28	2	30
10^9	29	1	30

Fonte: Machado (2006).

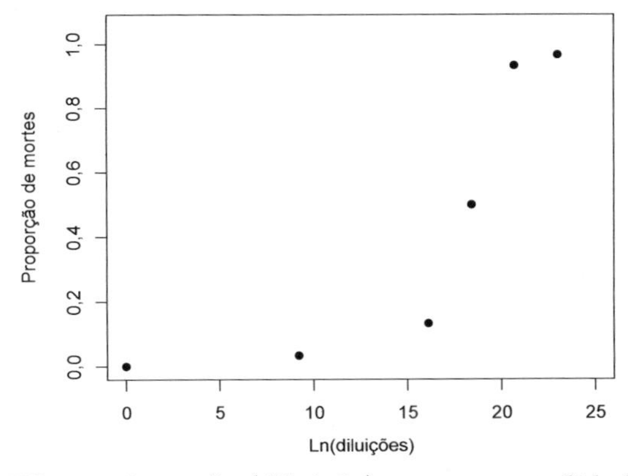

Figura 7.9 – Ln(diluição) *versus* mortalidade.

As estimativas dos parâmetros obtidas para os quatro modelos estão na Tabela 7.29, sendo possível observar efeito significativo ($p < 0{,}0001$) associado à variável $X = \ln(\text{diluição})$.

Tabela 7.29 – Estimativas associadas ao bioensaio com lagartas

Modelo	Estimativa		TRV	Valor p	AIC
	$\widehat{\beta}_0$ (e.p.)	$\widehat{\beta}_1$ (e.p.)			
Logístico	−12,863 (2,27)	0,708 (0,12)	141,78	<0,0001	24,07
Probito	− 6,244 (1,07)	0,347 (0,06)	137,39	<0,0001	28,47
Clog-log	− 8,143 (1,26)	0,422 (0,06)	142,20	<0,0001	23,66
Cauchy	−26,678 (9,47)	1,451 (0,51)	146,60	<0,0001	19,19

Nota: AIC = critério de informação de Akaike e e.p. = erro-padrão.

Os gráficos Q-Q dispostos na Figura 7.10 e os valores AIC mostrados na Tabela 7.29, indicam os modelos probito e Cauchy como aqueles com ajuste menos e mais adequado, respectivamente.

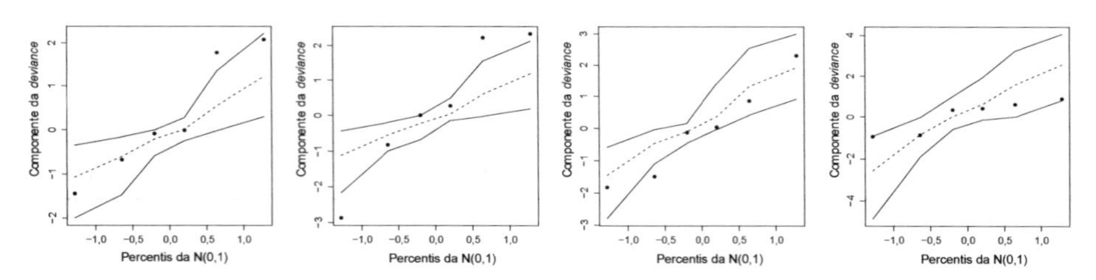

Figura 7.10 – Gráficos Q-Q com envelope simulado associados aos modelos logístico, probito, clog-log e Cauchy (esquerda para direita).

A estatística de qualidade de ajuste Q_L ($g.l. = 4$) associada aos modelos considerados (logístico, probito, clog-log e Cauchy) resultaram, respectivamente, em $6,599$ ($p = 0,158$), $10,99$ ($p = 0,027$), $6,18$ ($p = 0,186$) e $1,72$ ($p = 0,787$), evidenciando o modelo Cauchy como o mais adequado dentre os avaliados. Ainda, as probabilidades de morte observadas e preditas pelos modelos ajustados exibidas na Figura 7.11 também evidenciaram o modelo Cauchy como o mais adequado.

Nos bioensaios, uma das doses (ou diluições) que se tem grande interesse em estimar é a dose letal mediana (DL_{50}), ou seja, a dose em que a proporção de mortes corresponde a 50%. Assim, se for considerado o modelo Cauchy para os dados das lagartas, pode-se observar a partir da Figura 7.11 que $\widehat{p}(\mathrm{x}) = 0,50$ para x = ln(diluição) = 18,39. Ainda, é possível observar estimativas próximas para os demais modelos, uma vez que eles apresentaram ajustes semelhantes nas proximidades de $\widehat{p}(\mathrm{x}) = 0,50$.

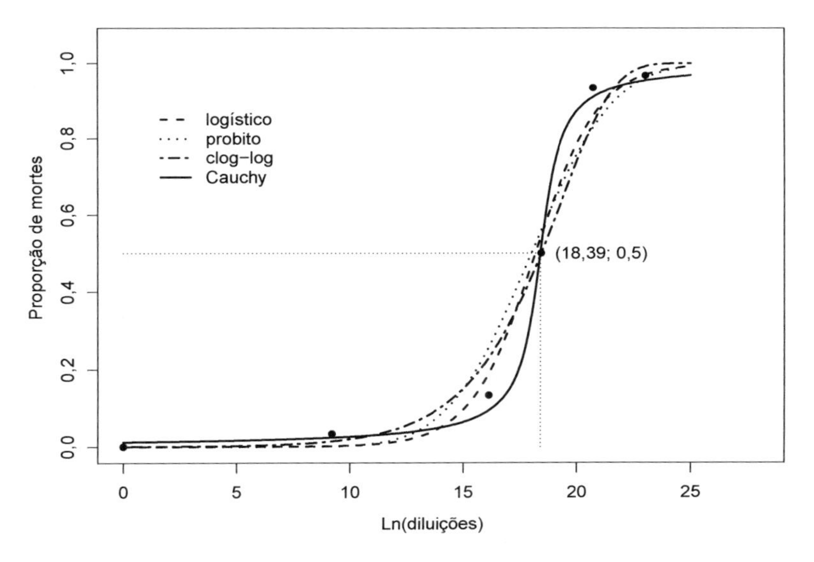

Figura 7.11 – Probabilidades observadas e preditas pelos modelos.

Algebricamente, pode-se obter x tal que $\widehat{p}(\mathrm{x}) = 0,50$ por

$$\begin{cases} \ln\left(\dfrac{0,50}{1-0,50}\right) = \widehat{\beta}_0 + \widehat{\beta}_1 \mathrm{x} & \Rightarrow \mathrm{x} = -\dfrac{\widehat{\beta}_0}{\widehat{\beta}_1} & \text{logístico} \\ \Phi^{-1}(0,50) = \widehat{\beta}_0 + \widehat{\beta}_1 \mathrm{x} & \Rightarrow \mathrm{x} = -\dfrac{\widehat{\beta}_0}{\widehat{\beta}_1} & \text{probito} \\ \ln\big[-\ln(1-0,50)\big] = \widehat{\beta}_0 + \widehat{\beta}_1 \mathrm{x} & \Rightarrow \mathrm{x} = \dfrac{-0,3665 - \widehat{\beta}_0}{\widehat{\beta}_1} & \text{clog-log} \\ \tan\big[\pi(0,50 - \tfrac{1}{2})\big] = \widehat{\beta}_0 + \widehat{\beta}_1 \mathrm{x} & \Rightarrow \mathrm{x} = -\dfrac{\widehat{\beta}_0}{\widehat{\beta}_1} & \text{Cauchy.} \end{cases}$$

Para qualquer modelo simétrico, nota-se que $x_{0,50} = -\frac{\widehat{\beta}_0}{\widehat{\beta}_1}$, o que pode ser observado para os modelos logístico, probito e Cauchy, mas não para o modelo complemento log-log, que é assimétrico.

No bioensaio das lagartas, as estimativas da diluição letal mediana (DL_{50}) para os quatro modelos são mostradas na Tabela 7.30. Com base no modelo Cauchy, estima-se que $(9,7)^7$ seja a diluição da suspensão viral CvMNPV que produz mortalidade em torno de 50%.

Tabela 7.30 – Estimativas da diluição letal mediana

Modelo	$x = \ln(\widehat{DL}_{50})$	$\widehat{DL}_{50}$
Logístico	12,863/0,708 ≈ 18,17	$(7,7)^7$
Probito	6,244/0,347 ≈ 18,00	$(6,6)^7$
Clog-log	(−0,3665 + 8,143)/0,422 ≈ 18,43	$(10)^7$
Cauchy	26,678/1,451 ≈ 18,39	$(9,7)^7$

Discussão adicional sobre estimação por ponto e por intervalo da dose letal mediana (DL_{50}) pode ser encontrada, dentre outros, em Finney (1971), Willians (1986), Kelly (2001) e Kelly e Lindsey (2002).

7.6 Exercícios

1. Os dados exibidos na Tabela 7.31 são de um estudo sobre doença coronária (CHD) em que CAT = nível de *catecholamine* (0 se baixo e 1 se alto), IDADE (0 se < 55 e 1 se ≥ 55 anos) e ECG = eletrocardiograma (0 se normal e 1 se anormal).

   (a) Ajuste um modelo de regressão logística aos dados desse estudo e apresente conclusões. Avalie o efeito das interações duplas.

   (b) Ajuste os modelos probito, clog-log e Cauchy e compare-os em termos de qualidade de ajuste com o modelo de regressão logística.

Tabela 7.31 – Estudo sobre doença coronária

CAT	Idade	ECG	CHD		Totais
			Sim	Não	
0	0	0	17	257	274
0	1	0	15	107	122
0	0	1	7	52	59
0	1	1	5	27	32
1	0	0	1	7	8
1	1	0	9	30	39
1	0	1	3	14	17
1	1	1	14	44	58

Fonte: Kleinbaum (1994).

2. Para os dados de bronquite discutidos no Seção 7.3.3, ajuste um modelo alternativo ao de regressão logística.

3. Um estudo reuniu informações, entre 1994 e 1995, de 494 indivíduos que sofreram acidente traumático e foram atendidos pelo SIATE (Serviço Integrado de Atendimento ao Trauma em Emergência). A fim de predizer a probabilidade de óbito nas primeiras 24 horas após o acidente, foi ajustado um modelo de regressão logística aos dados do estudo. O modelo final ajustado ficou expresso por

$$\ln\left[\frac{\widehat{p}(\mathbf{x})}{1-\widehat{p}(\mathbf{x})}\right] = 2,211 + 2,607\,\mathrm{x}_1 - 0,52\,\mathrm{x}_2,$$

em que x_1 = número de lesões no tórax, que pode variar de 0 a 5, e x_2 = escala de coma de Glasgow (GCS) = total registrado para cada indivíduo no Quadro 7.1, que pode variar entre 3 e 15.

(a) Estime as probabilidades $\mathrm{p}(\mathbf{x})$ para todas as possíveis combinações de x_1 e x_2 organizando-as em ordem decrescente a fim de serem identificados os indivíduos que necessitam de encaminhamento hospitalar com muita, moderada ou pouca urgência.

Quadro 7.1 – Escala de coma de Glasgow

1. Abertura ocular	espontânea	4
	à voz	3
	com dor	2
	ausente	1
2. Resposta verbal	orientada	5
	confusa	4
	desconexa	3
	ininteligível	2
	ausente	1
3. Resposta motora	obedece comandos	6
	apropriada à dor	5
	retirada à dor	4
	flexão anormal	3
	extensão	2
	ausente	1
Total GCS (1+2+3)		

4. A fim de avaliar a toxicidade aguda de duas drogas (A e B), elas foram administradas em dosagens diferentes (injeção intravenosa) a grupos de camundongos. As mortes foram registradas após 5 minutos da administração da droga. Os dados estão na Tabela 7.32.

(a) Considerando $X_1 = \begin{cases} 1 \text{ se droga A} \\ 0 \text{ se droga B} \end{cases}$ e $X_2 = \ln_{10}(\text{dose})$,

ajuste um modelo de regressão binomial aos dados desse estudo.

Tabela 7.32 – Bioensaio com camundongos

Droga	Dose	Morte		Totais
		Sim	Não	
A	2	2	18	20
	4	9	11	20
	8	14	6	20
	16	19	1	20
B	2	1	19	20
	4	6	14	20
	8	14	6	20
	16	17	3	20

Fonte: Adaptado de Lawal (2003).

5. Um grupo de 4.587 indivíduos sem doença cardíaca coronária (CHD) ao ingressar no *Framingham Heart Study*, foi acompanhado por 12 anos registrando-se, ao final desse período, os que desenvolveram a doença. Os dados por sexo, grupo de idade e nível de colesterol inicial (mg/100ml) estão na Tabela 7.33.

(a) Ajuste um modelo de regressão logística aos dados desse estudo. Teste a significância dos efeitos das interações duplas entre as variáveis.

(b) Há evidências, com base no modelo ajustado, de que as variáveis sexo, idade e nível de colesterol são fatores de risco para CHD?

Tabela 7.33 – Estudo sobre fatores de risco cardiovascular

Sexo	Idade	Colesterol	CHD		Totais
			Sim	Não	
Masculino	30-49	< 190	13	327	340
		190-219	18	390	408
		220-249	40	381	421
		≥ 250	57	305	362
Masculino	50-62	< 190	13	110	123
		190-219	33	143	176
		220-249	35	139	174
		≥ 250	49	134	183
Feminino	30-49	< 190	6	536	542
		190-219	5	547	552
		220-249	10	402	412
		≥ 250	18	339	357
Feminino	50-62	< 190	9	49	58
		190-219	12	123	135
		220-249	21	197	218
		≥ 250	48	347	395

Fonte: Lawal (2003).

Nota: CHD = doença coronária; idade em anos e colesterol (mg/100ml).

6. Para avaliar a toxicidade do inseticida rotenone, um bioensaio foi conduzido sob o delineamento completamente casualizado. Doses crescentes do inseticida foram aplicadas a grupos de insetos (*macrosiphoniella sanborni*), registrando-se, após certo tempo, o número de mortes em cada grupo. Os resultados estão na Tabela 7.34.

(a) Ajuste um modelo de regressão aos dados do bioensaio descrito.

(b) A partir do modelo ajustado, obtenha as doses letais 50% e 90% denotadas, respectivamente, por DL_{50} e DL_{90}.

Tabela 7.34 – Bioensaio sobre toxicidade do rotenone

Dose	Morte		Totais
	Sim	Não	
0,0	0	49	49
2,6	6	44	50
3,8	16	32	48
5,1	24	22	46
7,7	42	7	49
10,2	44	6	50

Fonte: Demétrio (2001).

7. Indivíduos hipertensos participaram de um estudo que teve por objetivo avaliar o efeito de dietas e de medicamentos na redução da pressão arterial diastólica (PAD). Os dados estão na Tabela 7.35.

(a) Represente os dados graficamente.

(b) Analise os dados e apresente conclusões.

Tabela 7.35 – Estudo sobre dietas e medicamentos em hipertensos

Dieta	Medicamento	Redução PAD $\geq$10 mmHg		Totais
		Sim	Não	
Usual	Placebo	23	67	90
	Chlortalidone	47	40	87
	Atenolol	61	26	87
Restrição de gordura	Placebo	40	50	90
	Chlortalidone	65	22	87
	Atenolol	64	24	88
Restrição de sal	Placebo	33	56	89
	Chlortalidone	57	32	89
	Atenolol	61	29	90

Fonte: Baseado no TAIM *study* (WASSERTHEIL-SMOLLER et al., 1992).
Nota: PAD = pressão arterial diastólica.

Capítulo 8

Regressão multinomial

8.1 Introdução

Como mencionado previamente, o modelo de regressão logística também pode ser utilizado para a análise de dados que apresentam variável resposta politômica, isto é, com três ou mais categorias, sejam elas nominais ou ordinais. Neste capítulo, são apresentados alguns dos modelos de regressão multinomial propostos na literatura para essas situações.

8.2 Modelo logitos categoria de referência

Um modelo proposto para a análise de dados caracterizados por uma variável resposta Y politômica nominal, com Y seguindo distribuição multinomial, é denominado modelo logitos categoria de referência (MLCR).

Para apresentar o MLCR considere Y com r categorias ($r > 2$), sendo a ordenação das mesmas irrelevante. Ainda, denote por $p_j(\mathbf{x})$ a probabilidade de ocorrência da categoria j ($j = 1, \ldots, r$) para um dado vetor $\mathbf{x}$ de valores de p variáveis explicativas (covariáveis) tal que $\sum_{j=1}^{r} p_j(\mathbf{x}) = 1$.

Os logitos no MLCR se baseiam em fixar uma categoria de referência, usualmente a última. Fixada a categoria r como a categoria de referência, o modelo fica expresso em termos dos logitos por

$$\ln\left[\frac{p_j(\mathbf{x})}{p_r(\mathbf{x})}\right] = \ln\left[\frac{P(Y=j \mid \mathbf{x})}{P(Y=r \mid \mathbf{x})}\right] = \beta_{0j} + \boldsymbol{\beta}_j'\mathbf{x}, \tag{8.1}$$

em que $j = 1, \ldots, r-1$ indexa os $r-1$ logitos, com o logito j correspondendo, para um dado vetor $\mathbf{x}$, ao logaritmo da chance de ocorrência da j-ésima categoria de resposta em relação à categoria de referência.

A partir de (8.1) é possível notar que o MLCR assume intercepto β_0 e vetor de parâmetros de regressão $\boldsymbol{\beta}$ diferentes para cada logito, o que implica que os efeitos das covariáveis variam de acordo com a categoria de resposta que está sendo comparada com a categoria de referência.

Embora o modelo (8.1) considere $r-1$ logitos dentre todos os $\binom{r}{2}$ possíveis pares de categorias, nota-se que os $r-1$ logitos considerados pelo modelo determinam os logitos para todos os outros pares de categorias. Por exemplo, para o par de categorias 1 e 2 segue que

$$\ln\left[\frac{p_1(\mathbf{x})}{p_2(\mathbf{x})}\right] = \ln\left[\frac{p_1(\mathbf{x})}{p_r(\mathbf{x})}\right] - \ln\left[\frac{p_2(\mathbf{x})}{p_r(\mathbf{x})}\right] = (\beta_{01} + \boldsymbol{\beta}_1'\mathbf{x}) - (\beta_{02} + \boldsymbol{\beta}_2'\mathbf{x}).$$

Em termos das probabilidades de resposta, as equações que expressam o modelo (8.1) são dadas por

$$p_j(\mathbf{x}) = \frac{\exp(\beta_{0j} + \boldsymbol{\beta}_j'\mathbf{x})}{1 + \sum_{j=1}^{r-1} \exp(\beta_{0j} + \boldsymbol{\beta}_j'\mathbf{x})}, \quad j = 1, \ldots, r-1,$$

e

$$p_r(\mathbf{x}) = \frac{1}{1 + \sum_{j=1}^{r-1} \exp(\beta_{0j} + \boldsymbol{\beta}_j'\mathbf{x})},$$

tal que $\sum_{j=1}^{r} p_j(\mathbf{x}) = 1$.

Estimação dos parâmetros do modelo (8.1) pode ser realizada por meio do método de máxima verossimilhança. Para $i = 1, \ldots, n$, em que $y_{ij} = 1$ se a resposta do indivíduo i está na categoria j, $j = 1, \ldots, r$, e $y_{ij} = 0$, caso contrário, com $\sum_{j=1}^{r} y_{ij} = 1$, tem-se o logaritmo da função de verossimilhança dado por

$$\ell = \ln \prod_{i=1}^{n} \left\{ \prod_{j=1}^{r} \Big[p_j(\mathbf{x}_i)\Big]^{y_{ij}} \right\} = \ln \prod_{i=1}^{n} \left\{ \prod_{j=1}^{r-1} \Big[p_j(\mathbf{x}_i)\Big]^{y_{ij}} \Big[p_r(\mathbf{x}_i)\Big]^{y_{ir}} \right\}.$$

Como $y_{ir} = 1 - \sum_{j=1}^{r-1} y_{ij}$, segue que

$$\begin{aligned}
\ell &= \ln \prod_{i=1}^{n} \left\{ \prod_{j=1}^{r-1} \Big[p_j(\mathbf{x}_i)\Big]^{y_{ij}} \Big[p_r(\mathbf{x}_i)\Big]^{1-\sum_{j=1}^{r-1} y_{ij}} \right\} \\
&= \sum_{i=1}^{n} \left\{ \sum_{j=1}^{r-1} y_{ij} \ln \Big[p_j(\mathbf{x}_i)\Big] + \Big(1 - \sum_{j=1}^{r-1} y_{ij}\Big) \ln \Big[p_r(\mathbf{x}_i)\Big] \right\} \\
&= \sum_{i=1}^{n} \left\{ \sum_{j=1}^{r-1} y_{ij} \ln \left[\frac{p_j(\mathbf{x}_i)}{p_r(\mathbf{x}_i)}\right] + \ln \Big[p_r(\mathbf{x}_i)\Big] \right\} \\
&= \sum_{i=1}^{n} \left\{ \sum_{j=1}^{r-1} y_{ij}(\beta_{0j} + \boldsymbol{\beta}_j'\mathbf{x}_i) + \ln \Big[1/(1 + \sum_{j=1}^{r-1} \exp(\beta_{0j} + \boldsymbol{\beta}_j'\mathbf{x}))\Big] \right\} \\
&= \sum_{i=1}^{n} \left\{ \sum_{j=1}^{r-1} y_{ij}(\beta_{0j} + \boldsymbol{\beta}_j'\mathbf{x}_i) - \ln \Big[1 + \sum_{j=1}^{r-1} \exp(\beta_{0j} + \boldsymbol{\beta}_j'\mathbf{x})\Big] \right\}.
\end{aligned}$$

Maximização de ℓ para obtenção dos estimadores de máxima verossimilhança dos parâmetros é realizada com o auxílio do método de Newton-Raphson. Os estimadores seguem distribuição assintótica normal, com seus respectivos erros-padrão assintóticos correspondendo à raiz quadrada dos elementos da diagonal da inversa da matriz de informação.

Tendo em vista que a maximização de ℓ deve satisfazer simultaneamente os $r - 1$ logitos que especificam o MLCR, vale mencionar que o tamanho amostral necessita ser grande o suficiente para que não haja problemas quanto à estimação dos parâmetros. Uma abordagem alternativa para o ajuste do MLCR é considerar modelos de regressão logística binária separados para os $r - 1$ logitos. Contudo, sob essa abordagem, os erros-padrão dos estimadores tendem a ser maiores do que quando os $r - 1$ logitos são considerados simultaneamente (AGRESTI, 2002).

No que diz respeito à seleção de covariáveis e à verificação da qualidade de ajuste do MLCR, são frequentemente utilizados procedimentos similares aos discutidos para os modelos de regressão dicotômica. Esses aspectos são abordados em mais detalhes na ilustração a seguir.

8.2.1 Ilustração do modelo logitos categoria de referência

Para ilustrar o modelo logitos categoria de referência, este será ajustado aos dados exibidos na Tabela 8.1 e Figura 8.1 referentes a um estudo realizado com crianças para investigar o programa de aprendizado preferido e se tal preferência estaria associada com a escola e o período escolar.

Tabela 8.1 – Estudo sobre preferência de programa escolar

Escola	Período	Preferência de aprendizado			Totais
		Individual	Grupo	Sala de aula	
1	Padrão	10	17	26	53
	Integral	5	12	50	67
2	Padrão	21	17	26	64
	Integral	16	12	36	64
3	Padrão	15	15	16	46
	Integral	12	12	20	44

Fonte: Stokes et al. (2000).

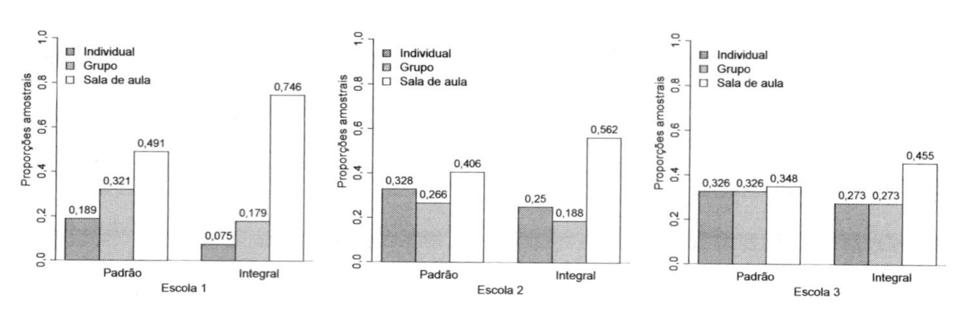

Figura 8.1 – Gráficos de colunas dos dados de um estudo sobre preferência de aprendizado (individual, em grupo ou em sala de aula).

Para o estudo mencionado, a variável resposta Y (preferência de aprendizado) é nominal e apresenta três categorias (1 = individual, 2 = em grupo e 3 = em sala de aula). Desse modo, considerando *sala de aula* como a categoria de referência, os dois logitos, para um dado vetor $\mathbf{x} = (\mathrm{x}_1, \mathrm{x}_2)$ das covariáveis X_1 (escola) e X_2 (período escolar), ficam expressos por

$$\ln\left[\frac{p_1(\mathbf{x})}{p_3(\mathbf{x})}\right] = \ln\left[\frac{P(Y=1 \mid \mathbf{x})}{P(Y=3 \mid \mathbf{x})}\right] = \beta_{01} + \boldsymbol{\beta}_1'\mathbf{x}$$

e

$$\ln\left[\frac{p_2(\mathbf{x})}{p_3(\mathbf{x})}\right] = \ln\left[\frac{P(Y=2 \mid \mathbf{x})}{P(Y=3 \mid \mathbf{x})}\right] = \beta_{02} + \boldsymbol{\beta}_2'\mathbf{x},$$

com β_{01}, β_{02}, $\boldsymbol{\beta}_1$ e $\boldsymbol{\beta}_2$ os parâmetros de regressão associados aos logitos.

As covariáveis X_1 = escola e X_2 = período escolar foram consideradas no modelo por meio de variáveis fictícias (do inglês *dummy*) tal que

$$X_{11} = \begin{cases} 0 \text{ se escola 1} \\ 1 \text{ se escola 2}, \\ 0 \text{ se escola 3} \end{cases} X_{12} = \begin{cases} 0 \text{ se escola 1} \\ 0 \text{ se escola 2} \\ 1 \text{ se escola 3} \end{cases} \text{e } X_2 = \begin{cases} 1 \text{ se padrão} \\ 0 \text{ se integral.} \end{cases}$$

A partir dos resultados mostrados na Tabela 8.2, relativos aos quatro modelos sequenciais ajustados aos dados, pode-se observar a presença de efeito não significativo da interação entre as covariáveis X_1 e X_2 (escola e período escolar), pois TRV = 1,7776 (valor p = 0,78, $g.l.$ = 4). Já para os efeitos de X_1 (escola) e de $X_2 \mid X_1$ (período escolar na presença de escola), foram obtidos: TRV = 17,376 (valor p = 0,0016, $g.l.$ = 4) e TRV = 11,094 (valor p = 0,0039, $g.l.$ = 2) respectivamente. Desse modo, ambos os efeitos são significativos, o que indica que as covariáveis X_1 e X_2 devem permanecer no modelo. Além disso, o modelo que apresentou o menor valor AIC foi o com X_1 e X_2. Logo, este foi o modelo selecionado.

Nota-se que os graus de liberdade para um modelo com dois logitos são duas vezes os graus de liberdade esperados para o modelo com um único logito. Logo, no MLCR, os graus de liberdade são determinados multiplicando-se por $(r-1)$ o número de graus de liberdade esperado para modelar um logito, sendo r o número de categorias da variável resposta.

Tabela 8.2 – Resultados dos modelos ajustados ao estudo de aprendizado

Modelo	*g.l.*	*Deviance*	TRV	$\neq$ de *g.l.*	Valor p	AIC
Nulo	10	30,2480	–	–	–	82,9
X_1	6	12,8716	17,3764	(10–6) = 4	0,0016	73,5
$X_2 \mid X_1$	4	1,7776	11,0940	(6–4) = 2	0,0039	66,4
$X_1 * X_2 \mid X_1, X_2$	0	0,0000	1,7776	(4–0) = 4	0,7766	72,6

Nota: X_1 = escola, X_2 = período escolar, *g.l.* = graus de liberdade, $\neq$ indica diferença TRV = teste da razão de verossimilhanças e $X_1 * X_2$ = interação entre X_1 e X_2.

Quanto à qualidade de ajuste do modelo selecionado, há evidências de ajuste satisfatório aos dados, tendo em vista que os resultados dispostos na Tabela 8.3 mostram que as probabilidades observadas estão próximas das preditas pelo modelo. Além disso, a estatística Q_L resultou em 1,7776 (valor $p = 0,776$, $g.l. = 4$), indicando a não rejeição do modelo.

Tabela 8.3 – Probabilidades observadas e preditas a partir do modelo selecionado

Escola	Período	Ensino	Observadas		Preditas		Obs–Pred
			Probabilidade	e.p.	Probabilidade	e.p.	
1	Padrão	Indiv	0,1887	0,0537	0,1580	0,0403	0,0306
		Grupo	0,3208	0,0641	0,3049	0,0527	0,0159
		Sala	0,4906	0,0687	0,5371	0,0560	−0,0465
1	Integral	Indiv	0,0746	0,0321	0,0989	0,0279	−0,0243
		Grupo	0,1791	0,0468	0,1916	0,0393	−0,0125
		Sala	0,7463	0,0532	0,7095	0,0459	0,0368
2	Padrão	Indiv	0,3281	0,0587	0,3409	0,0515	−0,0128
		Grupo	0,2656	0,0552	0,2667	0,0469	−0,0011
		Sala	0,4063	0,0614	0,3924	0,0509	0,0139
2	Integral	Indiv	0,2500	0,0541	0,2372	0,0444	0,0128
		Grupo	0,1875	0,0488	0,1864	0,0389	0,0011
		Sala	0,5625	0,0620	0,5764	0,0518	−0,0139
3	Padrão	Indiv	0,3261	0,0691	0,3436	0,0587	−0,0175
		Grupo	0,3261	0,0691	0,3429	0,0582	−0,0168
		Sala	0,3478	0,0702	0,3135	0,0536	0,0343
3	Integral	Indiv	0,2727	0,0671	0,2545	0,0521	0,0182
		Grupo	0,2727	0,0671	0,2552	0,0517	0,0175
		Sala	0,4545	0,0751	0,4904	0,0608	−0,0359

Nota: e.p. = erro-padrão, indiv = individual, obs = observada e pred = predita.

Valores em torno de zero e entre −1 e 1 observados para os resíduos de Pearson (Figura 8.2) também mostram evidências a favor do modelo.

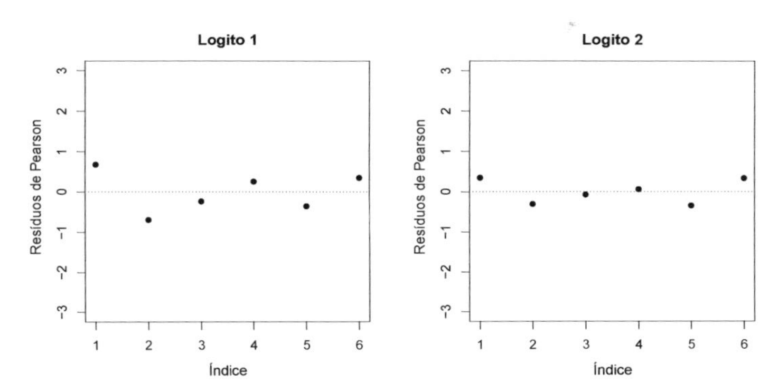

Figura 8.2 – Resíduos de Pearson associados ao modelo selecionado.

A Tabela 8.4 exibe as estimativas dos parâmetros associados ao modelo selecionado, enquanto a Tabela 8.5 apresenta, para ambos os logitos, as expressões e estimativas da chance de ocorrência da categoria de resposta j, $j = 1, 2$, em relação à categoria $r = 3$ para um dado vetor $\mathbf{x} = (\mathrm{x}_1, \mathrm{x}_2)$.

Tabela 8.4 – Estimativas dos parâmetros associados ao modelo selecionado

Parâmetros	Logito 1 individual/sala de aula		Logito 2 grupo/sala de aula	
	Estimativa	Erro-padrão	Estimativa	Erro-padrão
β_{0j} intercepto	−1,9707	0,320	−1,3088	0,259
β_{1j} escola 2	1,0828	0,353	0,1801	0,317
β_{2j} escola 3	1,3147	0,384	0,6556	0,339
β_{3j} período padrão	0,7474	0,282	0,7426	0,270

Nota: $j = 1$ se logito 1 e $j = 2$ se logito 2.

A partir das estimativas mostradas na Tabela 8.5, tem-se que a chance de preferência pelo aprendizado em sala de aula entre as crianças da escola 1 do período padrão foi $\widehat{p}_3(\mathbf{x})/\widehat{p}_1(\mathbf{x}) = 1/0{,}294 = 3{,}4$ vezes a chance de preferência pelo aprendizado individual, enquanto entre as crianças do período integral foi de $1/0{,}139 = 7{,}2$ vezes. Quanto às crianças da escola 2 do período padrão, a chance de preferência pelo aprendizado em sala de aula foi $1/0{,}869 = 1{,}15$ vezes a do aprendizado individual, enquanto entre as crianças do período integral foi de $1/0{,}411 = 2{,}43$ vezes. Ainda, entre as crianças da escola 3 do período padrão, a chance de preferência pelo aprendizado em sala de aula foi similar à do aprendizado individual (≈ 1) e entre as crianças do período integral foi de $1/0{,}519 = 1{,}92$ vezes. Do que foi relatado, nota-se predominância de preferência de aprendizado em sala de aula em relação ao aprendizado individual, sendo ela mais acentuada entre as crianças do período integral.

Tabela 8.5 – Expressões e estimativas da chance de ocorrência da categoria de resposta j em relação à categoria r, $p_j(\mathbf{x})/p_r(\mathbf{x})$, $j = 1, 2$ e $r = 3$

Escola	Período	Individual/Sala de aula		Grupo/Sala de aula	
		$p_1(\mathbf{x})/p_3(\mathbf{x})$	Estimativa	$p_2(\mathbf{x})/p_3(\mathbf{x})$	Estimativa
1	Padrão	$\exp(\beta_{01} + \beta_{31})$	0,294	$\exp(\beta_{02} + \beta_{32})$	0,567
1	Integral	$\exp(\beta_{01})$	0,139	$\exp(\beta_{02})$	0,270
2	Padrão	$\exp(\beta_{01} + \beta_{11} + \beta_{31})$	0,869	$\exp(\beta_{02} + \beta_{12} + \beta_{32})$	0,679
2	Integral	$\exp(\beta_{01} + \beta_{11})$	0,411	$\exp(\beta_{02} + \beta_{12})$	0,323
3	Padrão	$\exp(\beta_{01} + \beta_{21} + \beta_{31})$	1,095	$\exp(\beta_{02} + \beta_{22} + \beta_{32})$	1,093
3	Integral	$\exp(\beta_{01} + \beta_{21})$	0,519	$\exp(\beta_{02} + \beta_{22})$	0,520

Nota: $\mathbf{x} = (\mathrm{x}_1, \mathrm{x}_2)$ corresponde ao vetor de valores de X_1 (escola) e X_2 (período).

Quanto à comparação de aprendizado em grupo e em sala de aula, as estimativas dispostas na Tabela 8.5 também mostram predominância de preferência de aprendizado em sala de aula em relação ao aprendizado em grupo, em particular para as crianças do período integral. Nota-se que esses resultados estão de acordo com os gráficos mostrados na Figura 8.1, que evidenciaram preferência pelo aprendizado em sala de aula, em particular para as crianças das escolas 1 e 2.

Razões de chances também podem ser obtidas a partir do MLCR ajustado, a fim de comparar a preferência de aprendizado entre períodos e entre escolas. A partir do logito 1 tem-se as seguintes razões de chances

i) entre períodos: $\widehat{OR}_{P/I} = \dfrac{\exp(\widehat{\beta}_{01} + \widehat{\beta}_{31})}{\exp(\widehat{\beta}_{01})} = \exp(\widehat{\beta}_{31}) = 2{,}11$

ii) entre escolas: $\widehat{OR}_{2/1} = \dfrac{\exp(\widehat{\beta}_{01} + \widehat{\beta}_{11} + \widehat{\beta}_{31})}{\exp(\widehat{\beta}_{01} + \widehat{\beta}_{31})} = \exp \widehat{\beta}_{11} = 2{,}95$

$$\widehat{OR}_{3/1} = \frac{\exp(\widehat{\beta}_{01} + \widehat{\beta}_{21} + \widehat{\beta}_{31})}{\exp(\widehat{\beta}_{01} + \widehat{\beta}_{31})} = \exp(\widehat{\beta}_{21}) = 3{,}72$$

$$\widehat{OR}_{3/2} = \frac{\exp(\widehat{\beta}_{01} + \widehat{\beta}_{21})}{\exp(\widehat{\beta}_{01} + \widehat{\beta}_{11})} = \exp(\widehat{\beta}_{21} - \widehat{\beta}_{11}) = 1{,}26.$$

Logo, a chance de preferência pelo aprendizado individual entre as crianças do período padrão foi 2,11 vezes a das crianças do período integral. Além disso, a chance de preferência pelo aprendizado individual entre as crianças da escola 2 foi 2,95 vezes a das crianças da escola 1, bem como entre as crianças das escolas 3 e 1 de 3,72 vezes e entre as das escolas 3 e 2 de 1,26 vezes.

De modo análogo, tem-se, a partir do logito 2, as razões de chances

i) entre períodos: $\widehat{OR}_{P/I} = \exp(\widehat{\beta}_{32}) = 2{,}10$

ii) entre escolas: $\widehat{OR}_{2/1} = \exp(\widehat{\beta}_{12}) = 1{,}19$

$$\widehat{OR}_{3/1} = \exp(\widehat{\beta}_{22}) = 1{,}93$$

$$\widehat{OR}_{3/2} = \exp(\widehat{\beta}_{22} - \widehat{\beta}_{12}) = 1{,}61.$$

Desse modo, a chance de preferência pelo aprendizado em grupo entre as crianças do período padrão foi 2,1 vezes a das crianças do período integral. Ainda, a chance desta preferência entre as crianças da escola 3 foi 1,93 vezes a das crianças da escola 1, enquanto entre as crianças das escolas 2 e 1 foi de 1,19 vezes e entre as das escolas 3 e 2 de 1,61 vezes.

Quanto à preferência pelo aprendizado individual em relação ao aprendizado em grupo, nota-se que

$$\frac{p_1(\mathbf{x})/p_3(\mathbf{x})}{p_2(\mathbf{x})/p_3(\mathbf{x})} = \frac{p_1(\mathbf{x})}{p_2(\mathbf{x})},$$

de modo que as razões de chances de preferência pelo aprendizado individual ao em grupo podem ser obtidas a partir dos logitos 1 e 2. Logo, tem-se

i) entre períodos: $\widehat{OR}_{P/I} = 2{,}11 \;/\; 2{,}10 \approx 1$

ii) entre escolas: $\widehat{OR}_{2/1} = 2{,}95 \;/\; 1{,}19 = 2{,}48$

$\widehat{OR}_{3/1} = 3{,}72 \;/\; 1{,}93 = 1{,}93$

$\widehat{OR}_{3/2} = 1{,}26 \;/\; 1{,}61 = 0{,}78 \quad \Rightarrow \widehat{OR}_{2/3} = 1{,}28.$

Sendo assim, a chance de preferência pelo aprendizado individual ao em grupo não diferiu entre as crianças dos períodos padrão e integral. Ainda, a chance dessa preferência foi maior entre as crianças das escolas 2 e 3 do que entre as da escola 1. Entre as crianças da escola 2, a chance dessa preferência foi 1,28 vezes a das crianças da escola 3.

8.3 Modelo logitos cumulativos

Para a análise de estudos que apresentam variável resposta Y politômica ordinal com r categorias ($r > 2$), foram propostos modelos que utilizam logitos que levam em conta a natureza ordinal de Y.

Um desses logitos é denominado logitos cumulativos. Para apresentá-lo, sejam $1, 2, \ldots, r$ os índices das categorias ordenadas de Y, em que Y segue distribuição multinomial, e considere as quantidades definidas por

$$\begin{aligned}
\theta_1(\mathbf{x}) &= p_1(\mathbf{x}) = P(Y \leq 1 \mid \mathbf{x}), \\
\theta_2(\mathbf{x}) &= p_1(\mathbf{x}) + p_2(\mathbf{x}) = P(Y \leq 2 \mid \mathbf{x}), \\
&\ldots \\
\theta_r(\mathbf{x}) &= p_1(\mathbf{x}) + p_2(\mathbf{x}) + \ldots + p_{r-1}(\mathbf{x}) + p_r(\mathbf{x}) = P(Y \leq r \mid \mathbf{x}),
\end{aligned}$$

em que $p_j(\mathbf{x}) = P(Y = j \mid \mathbf{x})$ corresponde à probabilidade de ocorrência da j-ésima categoria de resposta para um dado vetor $\mathbf{x}$ de valores de p covariáveis, $j = 1, \ldots, r$, com $\sum_{j=1}^{r} p_j(\mathbf{x}) = \theta_r(\mathbf{x}) = 1$.

Com base nas quantidades $\theta_j(\mathbf{x})$, $j = 1, \ldots, r$, que correspondem às probabilidades acumuladas (ou cumulativas), tal que $\theta_1(\mathbf{x}) \leq \theta_2(\mathbf{x}) \leq \ldots \leq \theta_{r-1}(\mathbf{x}) \leq \theta_r(\mathbf{x}) = 1$, definem-se os logitos cumulativos por

$$\ln\left[\frac{\theta_j(\mathbf{x})}{1-\theta_j(\mathbf{x})}\right] = \ln\left[\frac{P(Y \leq j \mid \mathbf{x})}{1 - P(Y \leq j \mid \mathbf{x})}\right] = \ln\left[\frac{P(Y \leq j \mid \mathbf{x})}{P(Y > j \mid \mathbf{x})}\right], \qquad (8.2)$$

para $j = 1, \ldots, r-1$ e $\mathbf{x}$ um vetor de valores de p covariáveis.

A partir de (8.2), é possível notar que cada logito utiliza as r categorias de resposta e que o j-ésimo logito, $j = 1, \ldots, r-1$, corresponde ao logaritmo da chance de ocorrência da resposta em uma das categorias de $Y \leq j$.

As r categorias de Y são usualmente ordenadas a partir da categoria de resposta mais favorável para a menos favorável. Contudo, dependendo do estudo, a ordem reversa pode facilitar as interpretações e conclusões.

A seguir, são apresentados alguns modelos que consideram os logitos cumulativos definidos em (8.2), ditos modelos logitos cumulativos (MLC).

8.3.1 MLC com chances não proporcionais

Considerando um conjunto de p covariáveis com $\mathbf{x}$ denotando um vetor de valores observados para elas, um modelo proposto por Williams e Grizzle (1972) para os logitos cumulativos é dado por

$$\ln\left[\frac{\theta_j(\mathbf{x})}{1-\theta_j(\mathbf{x})}\right] = \ln\left[\frac{P(Y \leq j \mid \mathbf{x})}{1 - P(Y \leq j \mid \mathbf{x})}\right] = \beta_{0j} + \boldsymbol{\beta}_j'\mathbf{x}, \qquad (8.3)$$

$j = 1, \ldots, r-1$, com $\boldsymbol{\beta}_j = (\beta_{1j}, \ldots, \beta_{pj})$ o vetor de parâmetros de regressão tal que β_{kj} descreve, para o logito j, o efeito da covariável k, $k = 1, \ldots, p$.

Nota-se que o modelo expresso em (8.3) assume que os efeitos das covariáveis diferem entre os $r-1$ logitos cumulativos (propriedade de chances não proporcionais), sendo necessários $r-1$ vetores de parâmetros de regressão $\boldsymbol{\beta}_j$, $j = 1, \ldots, r-1$, para descrever tais efeitos.

Em termos das probabilidades cumulativas $\theta_j(\mathbf{x})$, $j = 1, \ldots, r-1$, o modelo logitos cumulativos (MLC) fica expresso por

$$\theta_j(\mathbf{x}) = \frac{\exp\left(\beta_{0j} + \boldsymbol{\beta}_j'\mathbf{x}\right)}{1 + \exp\left(\beta_{0j} + \boldsymbol{\beta}_j'\mathbf{x}\right)},$$

de modo que as probabilidades $p_j(\mathbf{x})$, para $j = 1, \ldots, r$, ficam determinadas por meio de subtrações dos $\theta_j(\mathbf{x})$, $j = 1, \ldots, r-1$, isto é,

$$p_j(\mathbf{x}) = \theta_j(\mathbf{x}) - \theta_{j-1}(\mathbf{x}),$$

$j = 1, \ldots, r$, em que $\theta_0(\mathbf{x}) = 0$ e $\theta_r(\mathbf{x}) = \sum_{j=1}^{r} p_j(\mathbf{x}) = 1$.

Por exemplo, para Y com $r = 3$ categorias de resposta tem-se

$$\begin{cases} p_1(\mathbf{x}) & = & \theta_1(\mathbf{x}) \\ p_2(\mathbf{x}) & = & \theta_2(\mathbf{x}) - \theta_1(\mathbf{x}) \\ p_3(\mathbf{x}) & = & 1 - \theta_2(\mathbf{x}). \end{cases}$$

Quanto à estimação dos parâmetros do modelo (8.3), esta é usualmente realizada por meio do método de máxima verossimilhança, em que a função de verossimilhança é dada por

$$L = \prod_{i=1}^{n} \left\{ \prod_{j=1}^{r} \left[p_j(\mathbf{x}_i) \right]^{y_{ij}} \right\} = \prod_{i=1}^{n} \left\{ \prod_{j=1}^{r} \left[\theta_j(\mathbf{x}_i) - \theta_{j-1}(\mathbf{x}_i) \right]^{y_{ij}} \right\},$$

em que $y_{ij} = 1$ se a resposta do indivíduo i, $i = 1, \ldots, n$, está na categoria j, $j = 1, \ldots, r$ e $y_{ij} = 0$, caso contrário, com $\sum_{j=1}^{r} y_{ij} = 1$.

Observa-se que nem sempre será possível maximizar tal função de verossimilhança. Por exemplo, quando os dados forem esparsos, o que pode ocorrer quando poucas observações forem registradas em uma das categorias de resposta ou quando algumas covariáveis forem contínuas.

Agresti (2010) observa que o modelo (8.3) pode ser mais indicado para dados com poucas covariáveis, sendo todas de natureza categórica, do que para dados com diversas covariáveis, com algumas delas contínuas.

8.3.2 MLC com chances proporcionais

Em certos estudos em que a suposição de chances proporcionais for válida, o que equivale a supor $\boldsymbol{\beta}_j = \boldsymbol{\beta}$ para todo j, torna-se possível simplificar o modelo (8.3). Tal modelo, popularizado por McCullagh (1980), é denominado modelo de chances proporcionais (MCP) sendo expresso por

$$\ln\left[\frac{\theta_j(\mathbf{x})}{1-\theta_j(\mathbf{x})}\right] = \ln\left[\frac{P(Y \leq j \mid \mathbf{x})}{P(Y > j \mid \mathbf{x})}\right] = \beta_{0j} + \boldsymbol{\beta}'\mathbf{x}, \tag{8.4}$$

para $j = 1, \ldots, r-1$, com $\boldsymbol{\beta} = (\beta_1, \ldots, \beta_p)$ o vetor de parâmetros de regressão comum aos $r-1$ logitos. Diferente, portanto, do modelo (8.3), o modelo (8.4) assume que os efeitos das covariáveis $\boldsymbol{\beta}$ não diferem entre os $r-1$ logitos (propriedade de chances proporcionais).

Em termos das probabilidades cumulativas, o MCP fica expresso por

$$\theta_j(\mathbf{x}) = \frac{\exp\left(\beta_{0j} + \boldsymbol{\beta}'\mathbf{x}\right)}{1 + \exp\left(\beta_{0j} + \boldsymbol{\beta}'\mathbf{x}\right)}, \qquad j = 1, \ldots, r-1,$$

com $\boldsymbol{\beta}$ o vetor de parâmetros que descreve os efeitos das covariáveis.

Análogo ao modelo (8.3), as probabilidades $p_j(\mathbf{x})$, $j = 1, \ldots, r$, são obtidas para o modelo (8.4) por meio de subtrações dos $\theta_j(\mathbf{x})$ tal que

$$p_j(\mathbf{x}) \quad = \quad \theta_j(\mathbf{x}) - \theta_{j-1}(\mathbf{x}),$$

$j = 1, \ldots, r$, em que $\theta_0(\mathbf{x}) = 0$ e $\theta_r(\mathbf{x}) = \sum_{j=1}^{r} p_j(\mathbf{x}) = 1$.

Tendo em vista que o modelo (8.4) apresenta, em relação ao modelo (8.3), um número menor de parâmetros a serem estimados, torna-se menos complicado maximizar a função de verossimilhança

$$L = \prod_{i=1}^{n} \left\{ \prod_{j=1}^{r} \left[p_j(\mathbf{x}_i)\right]^{y_{ij}} \right\} = \prod_{i=1}^{n} \left\{ \prod_{j=1}^{r} \left[\theta_j(\mathbf{x}_i) - \theta_{j-1}(\mathbf{x}_i)\right]^{y_{ij}} \right\},$$

em que $y_{ij} = 1$ se a resposta do indivíduo i, $i = 1, \ldots, n$, está na categoria j, $j = 1, \ldots, r$ e $y_{ij} = 0$, caso contrário, com $\sum_{j=1}^{r} y_{ij} = 1$.

Como o modelo (8.4) assume chances proporcionais, é necessário testar a hipótese de que os efeitos das covariáveis não diferem entre os logitos, ou seja, testar se $\boldsymbol{\beta}_j = \boldsymbol{\beta}$ para $j = 1, \ldots, r-1$. Uma estatística de teste que pode ser utilizada para esta finalidade é a da razão de verossimilhanças que, sob H_0: $\boldsymbol{\beta}_j = \boldsymbol{\beta}$, para $j = 1, \ldots, r-1$, segue distribuição aproximada qui-quadrado com os graus de liberdade definidos pela diferença entre os números de parâmetros dos modelos sob as hipóteses H_0 e H_A: $\boldsymbol{\beta}_j \neq \boldsymbol{\beta}$.

No caso de a hipótese nula ser rejeitada para todas as covariáveis, uma opção é utilizar o modelo logitos cumulativos (8.3). Se, contudo, a hipótese nula for rejeitada para parte das covariáveis, foi proposto o modelo de chances proporcionais parciais (MCPP) apresentado a seguir.

8.3.3 MLC com chances proporcionais parciais

Assumir chances proporcionais parciais para o modelo (8.3) equivale a supor que parte das covariáveis apresenta a propriedade de chances proporcionais e parte não. Assim, sendo $\mathbf{x}$ o vetor de valores observados para as covariáveis que apresentam chances proporcionais e $\mathbf{z}$ o vetor para as que não apresentam, o modelo de chances proporcionais parciais (MCPP), proposto por Peterson e Harrell (1990), fica expresso por

$$\ln\left[\frac{\theta_j(\mathbf{x})}{1-\theta_j(\mathbf{x})}\right] = \ln\left[\frac{P(Y \leq j \mid \mathbf{x},\mathbf{z})}{P(Y > j \mid \mathbf{x},\mathbf{z})}\right] = \beta_{0j} + \boldsymbol{\beta}'\mathbf{x} + \boldsymbol{\gamma}'_j\mathbf{z}, \qquad (8.5)$$

com $\boldsymbol{\beta}$ e $\boldsymbol{\gamma}_j$, $j = 1, \ldots, r-1$, os vetores de parâmetros que descrevem os efeitos das covariáveis associados, respectivamente, aos vetores $\mathbf{x}$ e $\mathbf{z}$.

Em termos das probabilidades cumulativas, o MCPP fica expresso por

$$\theta_j(\mathbf{x},\mathbf{z}) = \frac{\exp\left(\beta_{0j} + \boldsymbol{\beta}'\mathbf{x} + \boldsymbol{\gamma}'_j\mathbf{z}\right)}{1 + \exp\left(\beta_{0j} + \boldsymbol{\beta}'\mathbf{x} + \boldsymbol{\gamma}'_j\mathbf{z}\right)}.$$

Tal qual nos modelos (8.3) e (8.4), as probabilidades $p_j(\mathbf{x},\mathbf{z})$ são obtidas a partir de subtrações das probabilidades cumulativas, isto é,

$$p_j(\mathbf{x},\mathbf{z}) = \theta_j(\mathbf{x},\mathbf{z}) - \theta_{j-1}(\mathbf{x},\mathbf{z}), \quad j = 1, \ldots, r.$$

Quanto à estimação dos parâmetros do modelo (8.5), esta também pode ser realizada por meio do método de máxima verossimilhança. Sendo assim, os estimadores dos parâmetros serão obtidos maximizando-se a função de verossimilhança a seguir (ou o seu logaritmo)

$$L = \prod_{i=1}^{n} \left\{ \prod_{j=1}^{r} \left[p_j(\mathbf{x}_i) \right]^{y_{ij}} \right\} = \prod_{i=1}^{n} \left\{ \prod_{j=1}^{r} \left[\theta_j(\mathbf{x}_i) - \theta_{j-1}(\mathbf{x}_i) \right]^{y_{ij}} \right\},$$

com $y_{ij} = 1$ se a resposta do indivíduo i, $i = 1, \ldots, n$, está na categoria j, $j = 1, \ldots, r$, e $y_{ij} = 0$, caso contrário, tal que $\sum_{j=1}^{r} y_{ij} = 1$.

8.3.4 Seleção e qualidade de ajuste dos MLC

Para dados não esparsos dispostos em tabelas de contigência e na ausência de covariáveis contínuas, é possível investigar a qualidade de ajuste dos modelos (8.3), (8.4) e (8.5) por meio de testes baseados nas estatísticas de Pearson e *deviance*, Q_P e Q_L, tal qual discutido no Capítulo 7.

Desse modo, para um dado vetor $\mathbf{x}_i$, sendo i a i-ésima combinação de categorias das covariáveis, $i = 1, \ldots, s$, para o qual se tem n_{i+} observações, com n_{ij} a frequência observada para a categoria j, $j = 1, \ldots, r$, tal que $\sum_{j=1}^{r} n_{ij} = n_{i+}$, as estatísticas Q_P e Q_L são dadas por

$$Q_P = \sum_{i=1}^{s} \sum_{j=1}^{r} \frac{\left(n_{ij} - e_{ij}\right)^2}{e_{ij}} \quad \text{e} \quad Q_L = 2 \sum_{i=1}^{s} \sum_{j=1}^{r} n_{ij} \ln\left(\frac{n_{ij}}{e_{ij}}\right),$$

sendo $e_{ij} = (n_{i+})\widehat{P}(Y = j \mid \mathbf{x}_i) = (n_{i+})\widehat{p}_j(\mathbf{x}_i)$, $j = 1, \ldots, r$, a frequência esperada sob a hipótese nula de que o modelo é adequado.

As estatísticas Q_P e Q_L seguem distribuição assintótica qui-quadrado com $g.l. = (r-1)(s-1) - q$, sendo r o número de categorias da variável resposta Y, s o número de subpopulações (combinações das categorias das covariáveis) e q o número de parâmetros do modelo associados às covariáveis (ou seja, q não leva em conta os parâmetros β_{0j}).

Agresti (2007) observa que, na presença de dados esparsos ou de pelo menos uma covariável contínua no modelo, as estatísticas de teste Q_P e Q_L não são válidas. Para esses casos, Lipsitz et al. (1996) propuseram uma generalização da estatística de Hosmer-Lemeshow, Q_{HL}, discutida no contexto de dados com resposta dicotômica no Capítulo 7. Contudo, esta estatística não se encontra implementada na maioria dos pacotes.

Quando pelo menos uma covariável for contínua ou quando houver várias covariáveis, uma maneira alternativa de se avaliar o ajuste do modelo é adicionar termos (inclusive interações entre as covariáveis) e analisar se o ajuste melhora significativamente. O teste da razão de verossimilhanças, útil para a comparação de pares de modelos encaixados, pode ser utilizado com essa finalidade. Sua respectiva estatística de teste é dada por $\text{TRV} = -2\,(L_0 - L_1)$, com L_0 o logaritmo da função de verossimilhança maximizada sob o modelo mais simples e L_1 sob o modelo com mais termos. Assintoticamente, a estatística TRV segue distribuição qui-quadrado com os graus de liberdade definidos pela diferença entre os números de parâmetros dos dois modelos.

Alternativamente, a comparação de modelos pode ser realizada por meio de critérios que sumarizam o quão próximas as probabilidades preditas pelo modelo tendem a estar das probabilidades verdadeiras. Um desses critérios, o de informação de Akaike, indica o modelo que minimiza

$$\text{AIC} = -2(\text{log verossimilhança} - \text{número de parâmetros do modelo})$$

como sendo o modelo que fornece as melhores probabilidades preditas.

Adicional ao que foi apresentado, a inspeção gráfica dos resíduos brutos e dos resíduos de Pearson também auxilia a detectar possíveis falhas de ajuste dos modelos. Tais resíduos, para um dado vetor $\mathbf{x}_i$ de covariáveis para o qual se tem n_{i+} observações, com n_{ij} a frequência observada para a categoria j, $j = 1, \ldots, r$ e $i = 1, \ldots, s$, são dados, respectivamente, por

$$r_{ij} = n_{ij} - (n_{i+})\,\widehat{p}_j(\mathbf{x}_i)$$

e

$$c_{ij} = \frac{\sum_{k=1}^{j} n_{ik} - [n_{i+}\,\widehat{\theta}_j(\mathbf{x}_i)]}{\sqrt{(n_{i+})\,\widehat{\theta}_j(\mathbf{x}_i)[1 - \widehat{\theta}_j(\mathbf{x}_i)]}}, \quad j = 1, \ldots, r-1,$$

com $\widehat{p}_j(\mathbf{x}_i) = \widehat{P}(Y = j \mid \mathbf{x}_i)$ a probabilidade predita a partir do modelo para $i = 1, \ldots, s$, com i a i-ésima combinação de valores das covariáveis, e $\widehat{\theta}_j(\mathbf{x}_i) = \widehat{P}(Y \leq j \mid \mathbf{x}_i)$ a probabilidade acumulada predita pelo modelo.

8.3.5 Ilustração do modelo logitos cumulativos

Para ilustrar os modelos que fazem uso de logitos cumulativos, são considerados os dados dispostos na Tabela 8.6 e Figura 8.3 em que, para pacientes do sexo feminino e masculino que receberam o tratamento A ou placebo, foi registrado o grau de melhora de suas dores de artrite em uma de três categorias: melhora acentuada, alguma melhora ou nenhuma melhora.

Tabela 8.6 – Ensaio clínico sobre tratamentos para dores de artrite

Sexo	Tratamento	Grau de melhora			Totais
		Acentuada	Alguma	Nenhuma	
F	A	16	5	6	27
	Placebo	6	7	19	32
M	A	5	2	7	14
	Placebo	1	1	9	11

Fonte: Stokes et al. (2000).

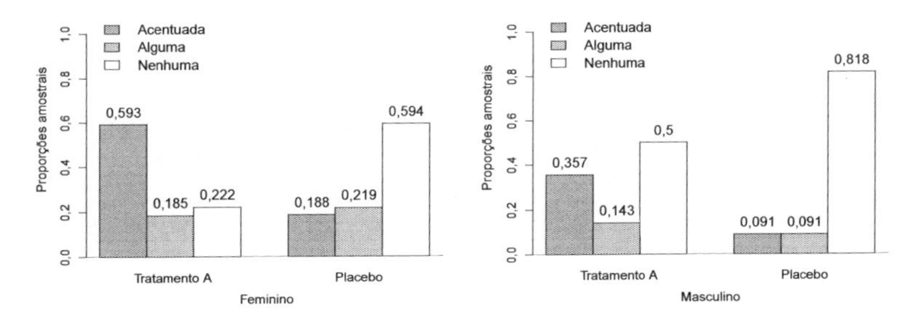

Figura 8.3 – Gráficos de colunas dos dados do estudo sobre artrite.

Considerando que a variável resposta Y (grau de melhora) é composta de $r = 3$ categorias, os dois logitos cumulativos ficam definidos por

$$\ln\left[\frac{\theta_1(\mathbf{x})}{1-\theta_1(\mathbf{x})}\right] = \ln\left[\frac{P(Y \leq 1 \mid \mathbf{x})}{P(Y > 1 \mid \mathbf{x})}\right] = \ln\left[\frac{p_1(\mathbf{x})}{p_2(\mathbf{x}) + p_3(\mathbf{x})}\right]$$

e

$$\ln\left[\frac{\theta_2(\mathbf{x})}{1-\theta_2(\mathbf{x})}\right] = \ln\left[\frac{P(Y \leq 2 \mid \mathbf{x})}{P(Y > 2 \mid \mathbf{x})}\right] = \ln\left[\frac{p_1(\mathbf{x}) + p_2(\mathbf{x})}{p_3(\mathbf{x})}\right],$$

para $\mathbf{x} = (\mathrm{x}_1, \mathrm{x}_2)$ um dado vetor de valores das covariáveis X_1 (1 se sexo feminino e 0 se masculino) e X_2 (1 se tratamento A e 0 se placebo).

Para avaliar a validade da suposição de chances proporcionais para todas, parte ou nenhuma das covariáveis, foram considerados, inicialmente, os modelos (8.3) e (8.4) com as covariáveis X_1 e X_2, ou seja,

$$\ln\left[\frac{\theta_j(\mathbf{x})}{1-\theta_j(\mathbf{x})}\right] = \beta_{0j} + \beta_{1j}\mathrm{x}_1 + \beta_{2j}\mathrm{x}_2, \qquad j = 1, 2$$

e

$$\ln\left[\frac{\theta_j(\mathbf{x})}{1-\theta_j(\mathbf{x})}\right] = \beta_{0j} + \beta_1\mathrm{x}_1 + \beta_2\mathrm{x}_2, \qquad j = 1, 2.$$

O teste da hipótese H_0: $\boldsymbol{\beta}_j = \boldsymbol{\beta}$, $j = 1, 2$, resultou em TRV = 0,77 (p = 0,68, $g.l.$ = 2), fornecendo evidências a favor da suposição de chances proporcionais. Além disso, ao serem considerados os modelos (8.3) e (8.4) somente com X_1, obteve-se TRV = 0,38 (p = 0,538, $g.l.$ = 1) e, somente com X_2, TRV = 0,51 (p = 0,476, $g.l.$= 1), indicando evidências a favor da suposição de chances proporcionais tanto para X_1 quanto para X_2.

Tendo em vista a não violação da suposição de chances proporcionais, prosseguiu-se com a análise adotando-se o MCP. A Tabela 8.7 mostra os resultados obtidos para os modelos de chances proporcionais sequenciais ajustados aos dados de artrite. Os graus de liberdade associados aos modelos foram obtidos por $g.l. = s\,(r-1)-p$, sendo s o número de subpopulações (combinações das categorias das covariáveis), r o número de categorias da variável resposta Y e p o número de parâmetros do modelo.

Tabela 8.7 – Resultados dos MCP considerados para os dados de artrite

Modelo	$g.l.$	*Deviance*	TRV	$\neq$ de $g.l.$	Valor p	AIC
Nulo	8−2 = 6	18,200				44,98
X_1	8−3 = 5	15,250	2,950	1	0,0858	44,03
$X_2 \mid X_1$	8−4 = 4	0,785	14,465	1	< 0,0002	31,57
$X_1 * X_2 \mid X_1, X_2$	8−5 = 3	0,781	0,004	1	0,9471	33,56

Nota: X_1 = sexo, X_2 = tratamento, $g.l.$ = graus de liberdade e $\neq$ denota diferença.

A partir da Tabela 8.7, pode-se observar que a interação entre as covariáveis sexo e tratamento, denotada por $X_1 * X_2$, não apresentou efeito significativo, uma vez que TRV = 0,004 (valor p = 0,9471). Quanto ao efeito de X_1 (sexo) e ao efeito de $X_2 \mid X_1$ (tratamento na presença de sexo), tem-se TRV = 2,95 (valor p = 0,0858) e TRV = 14,46 (valor $p < 0,0002$), o que evidencia que ambos os efeitos são significativos. O menor valor AIC também foi observado para o modelo com as covariáveis X_1 e X_2. Sendo assim, este foi o modelo selecionado para a análise dos dados de artrite.

A Tabela 8.8 apresenta as estimativas dos parâmetros do modelo selecionado (MCP com X_1 e X_2). Exceto pela existência de dois parâmetros de intercepto, nota-se que o modelo selecionado se assemelha ao modelo de regressão logística dicotômica, com β_1 descrevendo o efeito diferencial de sexo feminino e β_2 o efeito diferencial do tratamento A. Sexo masculino e placebo correspondem à combinação de referência.

Tabela 8.8 – Estimativas dos parâmetros do MCP selecionado

Parâmetros	Estimativa	Erro-padrão
β_{01}: intercepto 1	−2,4234	0,5708
β_{02}: intercepto 2	−1,5332	0,5300
β_1: sexo feminino	1,1121	0,5098
β_2: tratamento A	1,6738	0,4603

Quanto à qualidade de ajuste do modelo selecionado, as estatísticas resultaram em Q_L = 0,785 (valor p = 0,9404, $g.l.$ = 4) e Q_P = 0,752 (valor p = 0,9447, $g.l.$ = 4), o que indica evidências a favor do modelo. Os graus de liberdade associados às duas estatísticas foram obtidos por $g.l. = (r-1)(s-1)-q$, sendo r o número de categorias da variável resposta, s o número de subpopulações e q o número de parâmetros associado às covariáveis no modelo. Desse modo, $g.l. = (3-1)(4-1)-2 = 4$.

Ainda, a inspeção das probabilidades observadas e preditas pelo modelo, exibidas na Tabela 8.9, mostra diferenças pequenas entre elas, o que também sugere evidências a favor do modelo selecionado. Os resíduos de Pearson, que estão distribuídos em torno de zero e entre −1 e 1 (Figura 8.4), também sugerem ajuste satisfatório do modelo.

Tabela 8.9 – Probabilidades observadas e preditas pelo modelo

Observadas	Preditas	Observadas − preditas
0,59259	0,58964	0,00295
0,18518	0,18812	−0,00293
0,22222	0,22223	−0,00001
0,18750	0,21227	−0,02477
0,21875	0,18398	0,03477
0,59375	0,60375	−0,01000
0,35714	0,32090	0,03624
0,14285	0,21418	−0,07132
0,50000	0,46492	0,03508
0,09090	0,08140	0,00951
0,09090	0,09611	−0,00521
0,81818	0,82248	−0,00430

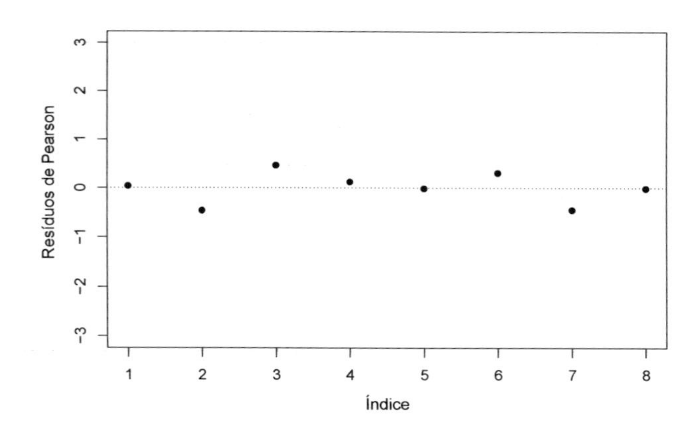

Figura 8.4 – Resíduos de Pearson do MCP selecionado.

Para o modelo selecionado tem-se, portanto, que ele ficou expresso, em termos dos logitos cumulativos, por

$$\ln\left[\frac{\widehat{\theta}_j(\mathbf{x})}{1-\widehat{\theta}_j(\mathbf{x})}\right] = \widehat{\beta}_{0j} + 1,1121\,\mathrm{x}_1 + 1,6738\,\mathrm{x}_2, \quad j = 1, 2,$$

ou, em termos das probabilidades cumulativas, por

$$\widehat{\theta}_j(\mathbf{x}) = \frac{\exp\left(\widehat{\beta}_{0j} + 1,1121\ \mathrm{x}_1 + 1,6738\ \mathrm{x}_2\right)}{1+\exp\left(\widehat{\beta}_{0j} + 1,1121\ \mathrm{x}_1 + 1,6738\ \mathrm{x}_2\right)}, \quad j = 1, 2,$$

em que $x_1 = 1$ se sexo feminino e 0 se masculino; e $x_2 = 1$ se tratamento A e 0 se placebo. As probabilidades cumulativas e não cumulativas preditas por meio do modelo selecionado estão na Tabela 8.10.

Tabela 8.10 – Probabilidades cumulativas $\theta_j(\mathbf{x})$ e não cumulativas $p_j(\mathbf{x})$ preditas a partir do modelo selecionado para análise dos dados de artrite

Sexo	Tratamento	$\widehat{\theta}_1(\mathbf{x})$	$\widehat{\theta}_2(\mathbf{x})$	$\widehat{p}_1(\mathbf{x})$	$\widehat{p}_2(\mathbf{x})$	$\widehat{p}_3(\mathbf{x})$
F	A	0,5896	0,7777	0,5896	0,1881	0,2223
F	Placebo	0,2123	0,3963	0,2123	0,1840	0,6037
M	A	0,3209	0,5351	0,3209	0,2142	0,4649
M	Placebo	0,0814	0,1775	0,0814	0,0961	0,8225

Quanto à obtenção de chances e razões de chances decorrentes do modelo ajustado, tem-se, a partir das expressões na Tabela 8.11, que

i) a chance de melhora acentuada (em relação a alguma ou nenhuma melhora) entre as mulheres, mantendo-se x_2 fixo, foi $\widehat{OR} = \frac{\exp(\widehat{\beta}_{01}+\widehat{\beta}_1+\widehat{\beta}_2)}{\exp(\widehat{\beta}_{01}+\widehat{\beta}_2)}$ $= \exp(\widehat{\beta}_1) \approx 3$ vezes a dos homens,

ii) a chance de melhora acentuada (em relação a alguma ou nenhuma melhora) dos pacientes que receberam o tratamento A, mantendo-se x_1 fixo, foi $\exp(\widehat{\beta}_2) = 5{,}33$ vezes a dos que receberam placebo.

Tabela 8.11 – Expressões para as chances decorrentes do modelo ajustado

Sexo	Tratamento	Melhora acentuada *versus* alguma ou nenhuma	Melhora acentuada ou alguma melhora *versus* nenhuma
F	A	$\exp(\beta_{01} + \beta_1 + \beta_2)$	$\exp(\beta_{02} + \beta_1 + \beta_2)$
F	Placebo	$\exp(\beta_{01} + \beta_1)$	$\exp(\beta_{02} + \beta_1)$
M	A	$\exp(\beta_{01} + \beta_2)$	$\exp(\beta_{02} + \beta_2)$
M	Placebo	$\exp(\beta_{01})$	$\exp(\beta_{02})$

A partir das expressões na Tabela 8.11 tem-se, ainda, que a chance de melhora acentuada em relação a alguma ou nenhuma melhora entre os pacientes do sexo feminino que receberam o tratamento A foi $\exp(\widehat{\beta}_1+\widehat{\beta}_2) \approx$ 16 vezes a dos pacientes do sexo masculino que receberam placebo.

Devido à suposição de chances proporcionais assumida para o modelo ajustado aos dados de artrite, as mesmas conclusões são obtidas quando da comparação da chance de melhora acentuada ou alguma melhora em relação à chance de nenhuma melhora.

8.4 Outros modelos para respostas ordinais

Modelos que consideram logitos cumulativos não são os únicos propostos para a análise de dados com resposta politômica ordinal. Outros modelos que não fazem uso de probabilidades cumulativas também estão disponíveis para a análise desse tipo de dados. Dois deles são apresentados a seguir.

8.4.1 Modelo logitos categorias adjacentes

O modelo logitos categorias adjacentes utiliza pares de categorias adjacentes, sendo expresso, para um dado vetor $\mathbf{x}$ de covariáveis, por

$$\ln\left[\frac{p_j(\mathbf{x})}{p_{j+1}(\mathbf{x})}\right] = \beta_{0j} + \boldsymbol{\beta}_j'\mathbf{x}, \quad j = 1, \ldots, r-1, \tag{8.6}$$

com r o número de categorias de Y, $p_j(\mathbf{x}) = P(Y = j \mid \mathbf{x})$ a probabilidade de ocorrência da categoria j tal que $\sum_{j=1}^{r} p_j(\mathbf{x}) = 1$ e $\boldsymbol{\beta}_j$ o vetor de parâmetros que descreve os efeitos das covariáveis para o logito j.

Nota-se que o modelo (8.6) assume que os efeitos das covariáveis diferem entre os $r-1$ logitos, com o logito j representando a chance de ocorrência da categoria de resposta j em relação à categoria de resposta $j+1$.

Em termos das probabilidades $p_j(\mathbf{x})$, o modelo (8.6) fica expresso por

$$p_j(\mathbf{x}) = \begin{cases} \dfrac{\exp(\beta_{0j} + \boldsymbol{\beta}_j'\mathbf{x})}{1 + \sum_{k=1}^{r-1}\exp(\beta_{0k} + \boldsymbol{\beta}_k'\mathbf{x})}, & j = 1, \ldots, r-1, \\ 1 - \sum_{j=1}^{r-1} p_j(\mathbf{x}), & j = r. \end{cases}$$

A estimação dos parâmetros do modelo (8.6) pode ser realizada por maximização do logaritmo da função de verossimilhança L dada por

$$L = \prod_{i=1}^{n} \left[\prod_{j=1}^{r} [p_j(\mathbf{x}_i)]^{y_{ij}} \right] = \prod_{i=1}^{n} \left[\prod_{j=1}^{r-1} [p_j(\mathbf{x}_i)]^{y_{ij}} [p_r(\mathbf{x}_i)]^{y_{ir}} \right],$$

em que $y_{ij} = 1$ se a resposta do indivíduo i pertence à categoria j e $y_{ij} = 0$ caso contrário, com $\sum_{j=1}^{r} y_{ij} = 1$ e $y_{ir} = 1 - \sum_{j=1}^{r-1} y_{ij}$, e $\mathbf{x}_i$ o vetor de valores das covariáveis do indivíduo i, $i = 1, \ldots, n$.

Similar ao que foi apresentado para o modelo logitos cumulativos (8.3), os efeitos das covariáveis podem não diferir entre os logitos (propriedade de chances proporcionais), o que simplifica a expressão do modelo (8.6) para

$$\ln \left[\frac{p_j(\mathbf{x})}{p_{j+1}(\mathbf{x})} \right] = \beta_{0j} + \boldsymbol{\beta}'\mathbf{x}, \quad j = 1, \ldots, r-1, \tag{8.7}$$

em que $\boldsymbol{\beta}$ denota o vetor de parâmetros comum aos $r - 1$ logitos, os quais descrevem os efeitos das covariáveis.

Por outro lado, o efeito de algumas covariáveis pode diferir entre os logitos, enquanto o efeito de outras não (chances proporcionais parciais). Nesses casos, o modelo fica expresso por

$$\ln \left[\frac{p_j(\mathbf{x}, \mathbf{z})}{p_{j+1}(\mathbf{x}, \mathbf{z})} \right] = \beta_{0j} + \boldsymbol{\beta}'\mathbf{x} + \boldsymbol{\gamma}'_j\mathbf{z}, \quad j = 1, \ldots, r-1, \tag{8.8}$$

em que $\mathbf{x}$ denota o vetor das covariáveis cujos efeitos não diferem entre os logitos e $\mathbf{z}$ o vetor das que diferem, com $\boldsymbol{\beta}$ e $\boldsymbol{\gamma}_j$, $j = 1, \ldots, r-1$, os vetores de parâmetros que descrevem os efeitos das covariáveis.

A estimação dos parâmetros dos modelos (8.7) e (8.8) também se dá por meio de maximização do logaritmo de suas respectivas funções de verossimilhanças que, para o modelo (8.7), é dada por

$$L_1 = \prod_{i=1}^{n} \left[\prod_{j=1}^{r} [p_j(\mathbf{x}_i)]^{y_{ij}} \right] = \prod_{i=1}^{n} \left[\prod_{j=1}^{r-1} [p_j(\mathbf{x}_i)]^{y_{ij}} [p_r(\mathbf{x}_i)]^{y_{ir}} \right],$$

$$\text{em que } p_j(\mathbf{x}_i) = \begin{cases} \dfrac{\exp(\beta_{0j} + \boldsymbol{\beta}'\mathbf{x}_i)}{1 + \sum_{k=1}^{r-1} \exp(\beta_{0k} + \boldsymbol{\beta}\mathbf{x}_i)} & j = 1, \ldots, r-1, \\ 1 - \sum_{j=1}^{r-1} p_j(\mathbf{x}_i) & j = r \end{cases}$$

e, para o modelo (8.8), por

$$L_2 = \prod_{i=1}^{n} \left[\prod_{j=1}^{r} [p_j(\mathbf{x}_i, \mathbf{z}_i)]^{y_{ij}} \right] = \prod_{i=1}^{n} \left[\prod_{j=1}^{r-1} [p_j(\mathbf{x}_i, \mathbf{z}_i)]^{y_{ij}} [p_r(\mathbf{x}_i, \mathbf{z}_i)]^{y_{ir}} \right],$$

$$\text{em que } p_j(\mathbf{x}_i, \mathbf{z}_i) = \begin{cases} \dfrac{\exp(\beta_{0j} + \boldsymbol{\beta}'\mathbf{x}_i + \boldsymbol{\gamma}'_j\mathbf{z}_i)}{1 + \sum_{k=1}^{r-1} \exp(\beta_{0k} + \boldsymbol{\beta}'\mathbf{x}_i + \boldsymbol{\gamma}'_k\mathbf{z}_i)} & j = 1, \ldots, r-1, \\ 1 - \sum_{j=1}^{r-1} p_j(\mathbf{x}_i, \mathbf{z}_i) & j = r \end{cases}$$

com $y_{ij} = 1$ se a resposta do indivíduo i pertence à categoria j e 0 caso contrário, $j = 1, \ldots, r-1$, $y_{ir} = 1 - \sum_{j=1}^{r-1} y_{ij}$, $\mathbf{x}_i$ e $\mathbf{z}_i$ vetores de covariáveis.

Procedimentos similares aos apresentados para os modelos logitos cumulativos são realizados para testar a hipótese H_0: $\boldsymbol{\beta}_j = \boldsymbol{\beta}$, $j = 1, \ldots, r-1$, bem como avaliar a qualidade de ajuste dos modelos (8.6), (8.7) e (8.8).

8.4.2 Ilustração do modelo logitos categorias adjacentes

A título de ilustração do modelo logitos categorias adjacentes, são considerados os dados hipotéticos dispostos na Tabela 8.12 e Figura 8.5, referentes à comparação de dois tratamentos para artrite reumatoide (AR) em pacientes de ambos os sexos. A resposta da doença aos tratamentos foi registrada em uma das seguintes categorias: remissão total (RT), remissão parcial (RP), nenhuma mudança (NM) ou progressão da doença (PD).

Considerando que a variável resposta Y é composta de $r = 4$ categorias, segue que os três logitos categorias adjacentes ficam definidos por

$$\ln \left[\frac{P(Y = j \mid \mathbf{x})}{P(Y = j+1 \mid \mathbf{x})} \right] = \ln \left[\frac{p_j(\mathbf{x})}{p_{j+1}(\mathbf{x})} \right],$$

para $j = 1, 2, 3$ e $\mathbf{x} = (\mathrm{x}_1, \mathrm{x}_2)$ um vetor de valores de X_1 e X_2 tal que

$$X_1 = \begin{cases} 0 \text{ se tratamento A} \\ 1 \text{ se tratamento B} \end{cases} \quad \text{e} \quad X_2 = \begin{cases} 0 \text{ se sexo feminino} \\ 1 \text{ se sexo masculino.} \end{cases}$$

Tabela 8.12 – Dados sobre tratamentos de pacientes com artrite

Tratamento	Sexo	Resposta ao tratamento				Totais
		RT	RP	NM	PD	
A	M	25	30	46	27	128
	F	7	15	35	13	70
B	M	20	19	44	42	125
	F	8	10	21	36	75

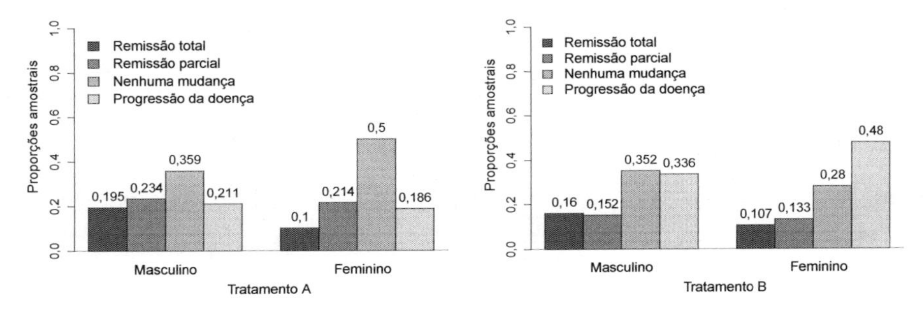

Figura 8.5 – Gráficos de colunas dos dados sobre tratamentos para artrite.

Com a finalidade de testar a suposição de chances proporcionais, foram considerados os modelos (8.6) e (8.7) com as covariáveis X_1 e X_2. Tendo como base esses dois modelos, o teste da hipótese H_0: $\boldsymbol{\beta}_j = \boldsymbol{\beta}$, $j = 1, 2, 3$, resultou em TRV = 8,99 (valor p = 0,06, $g.l.$ = 4), o que sugere violação da referida suposição para pelo menos uma das covariáveis. Desse modo, foram considerados os modelos (8.6) e (8.7) somente com X_1, cujo teste resultou em TRV = 8,56 (valor p = 0,013, $g.l.$ = 2), e somente com X_2, em que foi obtido TRV = 0,41 (valor p = 0,81, $g.l.$ = 2). Desse modo, há evidências de chances proporcionais para X_2 (sexo), mas não para X_1 (tratamento).

Adotando-se, assim, o modelo logitos categorias adjacentes com chances proporcionais parciais expresso em (8.8), foram ajustados os modelos mostrados na Tabela 8.13 a fim de investigar quais efeitos são significativos.

Os graus de liberdade foram obtidos por $g.l. = s\,(r-1)-p$, com s o número de combinações das categorias das covariáveis, r o número de categorias da variável resposta Y e p o número de parâmetros do modelo.

Tabela 8.13 – Resultados dos modelos ajustados aos dados de artrite

Modelo	$g.l.$	*Deviance*	TRV	$\neq$ de $g.l.$	Valor p	AIC
Nulo	$12-3=9$	27,357				86,30
X_1	$12-6=6$	9,398	17,958	3	$<$ 0,001	74,34
$X_2 \mid X_1$	$12-7=5$	4,652	4,746	1	0,029	71,59
$X_1 * X_2 \mid X_1, X_2$	$12-8=4$	4,578	0,074	1	0,786	73,52

Nota: X_1 = tratamento, X_2 = sexo, $g.l.$ = graus de liberdade e $\neq$ denota diferença.

A partir da Tabela 8.13, é possível notar que a interação entre as variáveis tratamento e sexo, denotada por $X_1 * X_2$, não apresentou efeito significativo (valor p = 0,786). Já quanto ao efeito de X_1 (tratamento) e ao efeito de $X_2 \mid X_1$ (sexo na presença de tratamento), nota-se a significância de ambos com valores $p <$ 0,001 e 0,029 respectivamente. Além disso, o modelo com as covariáveis X_1 e X_2 foi o que apresentou o menor valor para o AIC, sendo, desse modo, o modelo selecionado. As estimativas dos parâmetros desse modelo estão na Tabela 8.14.

Tabela 8.14 – Estimativas dos parâmetros e respectivos erros-padrão do modelo selecionado para a análise dos dados de artrite, $j = 1, 2, 3$

Parâmetros	Logitos categorias adjacentes		
	$\ln\left[\frac{P(Y=1\mid \mathbf{x})}{P(Y=2\mid \mathbf{x})}\right]$	$\ln\left[\frac{P(Y=2\mid \mathbf{x})}{P(Y=3\mid \mathbf{x})}\right]$	$\ln\left[\frac{P(Y=3\mid \mathbf{x})}{P(Y=4\mid \mathbf{x})}\right]$
β_{0j}	−0,502 (0,245)	−0,737 (0,199)	0,568 (0,202)
β_{1j}: tratamento B	0,307 (0,352)	−0,218 (0,291)	−0,887 (0,256)
β_{2j}: sexo M	0,228 (0,106)	0,228 (0,106)	0,228 (0,106)

No que se refere à qualidade de ajuste do modelo selecionado, tem-se Q_L = 4,652 (p = 0,459, $g.l.$ = 5) e Q_P =4,597 (p = 0,466, $g.l.$ = 5), o que indica evidências a favor do modelo. Os graus de liberdade foram obtidos por $g.l. = (r-1)(s-1)-q$, com r o número de categorias de Y, s o número de combinações das categorias das covariáveis e q o número de parâmetros associado às covariáveis no modelo. Logo, $g.l. = (4-1)(4-1)-4 = 5$.

Ademais, as probabilidades observadas (Figura 8.5) e as preditas pelo modelo (Tabela 8.15) mostraram, de modo geral, diferenças pequenas, como pode ser visto no gráfico (a) da Figura 8.6. Ainda, os resíduos de Pearson (gráfico (b) da Figura 8.6), mostram valores distribuídos em torno de zero e entre $-1{,}3$ e $1{,}3$, o que também fornece evidências a favor do modelo.

Tabela 8.15 – Probabilidades preditas a partir do modelo selecionado

Tratamento	Sexo	$\widehat{p}_1(\mathbf{x})$	$\widehat{p}_2(\mathbf{x})$	$\widehat{p}_3(\mathbf{x})$	$\widehat{p}_4(\mathbf{x})$
A	M	0,1821	0,2395	0,3985	0,1797
A	F	0,1240	0,2049	0,4283	0,2426
B	M	0,1622	0,1569	0,3249	0,3557
B	F	0,1028	0,1250	0,3250	0,4470

Logo, o modelo selecionado, em termos dos logitos, ficou expresso por

$$\ln\left[\frac{\widehat{P}(Y=j \mid \mathbf{x})}{\widehat{P}(Y=j+1 \mid \mathbf{x})}\right] = \widehat{\beta}_{0j} + \widehat{\beta}_{1j}\,\mathrm{x}_1 + 0,228\,\mathrm{x}_2, \;\; j = 1, 2, 3,$$

de modo que, para um dado vetor $\mathbf{x} = (\mathrm{x}_1, \mathrm{x}_2)$, estimativas para a chance de ocorrência da categoria de resposta j em relação à categoria $j+1$, para $j = 1, 2, 3$, são obtidas a partir de

$$\frac{\widehat{P}(Y=j \mid \mathbf{x})}{\widehat{P}(Y=j+1 \mid \mathbf{x})} = \exp(\widehat{\beta}_{0j} + \widehat{\beta}_{1j}\,\mathrm{x}_1 + 0,228\,\mathrm{x}_2),$$

com $\mathrm{x}_1 = 0$ se tratamento A e $\mathrm{x}_1 = 1$ se tratamento B; e $\mathrm{x}_2 = 0$ se sexo feminino e $\mathrm{x}_2 = 1$ se masculino. Tais estimativas estão na Tabela 8.16.

A partir da Tabela 8.16, nota-se que a chance de remissão total foi inferior à chance de remissão parcial, em particular para pacientes do sexo feminino sob o tratamento A. Por exemplo, a chance de uma mulher sob o tratamento A apresentar remissão total foi estimada em 0,6 vezes a de apresentar remissão parcial, enquanto a de um homem foi de 0,76 vezes. Isso equivale a dizer que a chance de remissão parcial entre as mulheres foi de 1/0,6 ≈ 1,7 vezes a chance de remissão total e, entre os homens, de 1/0,76 ≈ 1,3 vezes. A partir da Tabela 8.16 também é possível notar que a chance de remissão parcial foi inferior à chance de nenhuma mudança e que, sob o tratamento A, a chance de nenhuma mudança foi superior à chance de progressão da doença (sob o tratamento B ocorreu o contrário).

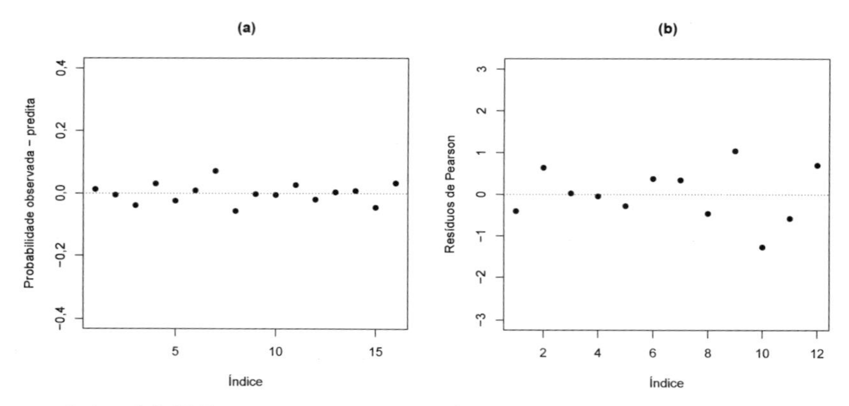

Figura 8.6 – (a) Diferenças entre as probabilidades observadas e preditas pelo modelo e (b) resíduos de Pearson do modelo selecionado.

Tabela 8.16 – Estimativas da chance de ocorrência da categoria de resposta j em relação à categoria $j+1$ para um dado vetor $\mathbf{x}$ de covariáveis

Tratamento	Sexo	$\frac{P(Y=1 \mid \mathbf{x})}{P(Y=2 \mid \mathbf{x})}$	$\frac{P(Y=2 \mid \mathbf{x})}{P(Y=3 \mid \mathbf{x})}$	$\frac{P(Y=3 \mid \mathbf{x})}{P(Y=4 \mid \mathbf{x})}$
A	M	0,76	0,60	2,21
A	F	0,60	0,48	1,76
B	M	1,03	0,48	0,91
B	F	0,82	0,38	0,73

Nota: $\mathbf{x} = (\mathrm{x}_1, \mathrm{x}_2)$ = vetor de valores de X_1 = tratamento e X_2 = sexo, $j = 1$ remissão total, $j = 2$ remissão parcial, $j = 3$ nenhuma mudança e $j = 4$ progressão da doença.

De modo geral, é possível dizer, com base nas estimativas dos parâmetros do modelo (Tabela 8.14), que, para x_2 fixo, os homens apresentaram chance de remissão total, em relação à remissão parcial, de $\exp(0,228) \approx 1,25$ vezes a das mulheres. Devido à propriedade de chances proporcionais observada para a covariável sexo, esta mesma conclusão é válida para as categorias de resposta comparadas nos demais logitos. Ademais, tem-se para x_1 fixo que os pacientes sob o tratamento B apresentaram chance de remissão total, em relação à remissão parcial, de $\exp(0,307) \approx 1,4$ vezes a dos pacientes sob o tratamento A. Ainda, a chance de nenhuma mudança sob o tratamento B, em relação à remissão parcial, foi de $1/\exp(-0,218) \approx$ 1,2 vezes essa mesma chance sob o tratamento A. Por fim, a chance de progressão da doença dos pacientes sob o tratamento B, em relação à nenhuma mudança, foi de $1/\exp(-0,887) \approx 2,4$ vezes essa mesma chance sob o tratamento A.

8.4.3 Modelo logitos razão contínua

No modelo logitos razão contínua (MLRC), os $r-1$ logitos são definidos pelo logaritmo da chance de ocorrência da categoria de resposta j, $j = 1, \ldots, r-1$, relativo às categorias de resposta superiores a j, isto é,

$$\ln\left[\frac{P(Y=j \mid \mathbf{x})}{P(Y>j \mid \mathbf{x})}\right] = \ln\left[\frac{p_j(\mathbf{x})}{p_{j+1}(\mathbf{x}) + \ldots + p_r(\mathbf{x})}\right], \tag{8.9}$$

com r o número de categorias de Y e $\mathbf{x}$ um vetor de valores de covariáveis.

Alternativamente, os $r-1$ logitos podem ser expressos pelo logaritmo da chance de ocorrência da categoria de resposta j, $j = 2, \ldots, r$, relativo às categorias de resposta inferiores a j, isto é,

$$\ln\left[\frac{P(Y=j \mid \mathbf{x})}{P(Y<j \mid \mathbf{x})}\right] = \ln\left[\frac{p_j(\mathbf{x})}{p_1(\mathbf{x}) + \ldots + p_{j-1}(\mathbf{x})}\right],$$

com r o número de categorias de Y e $\mathbf{x}$ um vetor de valores de covariáveis.

De acordo com Agresti (2010), os logitos razão contínua na forma apresentada em (8.9) são particularmente úteis quando a variável resposta Y for caracterizada por um processo sequencial no qual cada sujeito tem de ter passado por todas as categorias de resposta anteriores àquela em que se encontra. Por exemplo, variáveis que envolvem escalas de desenvolvimento ou duração tais como: nível educacional (primário, secundário, superior e pós-graduação) e sobrevida após receber um específico tratamento médico ($<$ 1 ano, 1 a 5 anos, 5 a 10 anos e $>$ 10 anos).

Sendo a resposta Y caracterizada por um processo sequencial, Agresti (2010) observa que os $r-1$ logitos em (8.9) podem ser expressos em termos das probabilidades condicionais

$$w_j(\mathbf{x}) = P(Y = j \mid Y \geq j,\ \mathbf{x}) = \frac{p_j(\mathbf{x})}{p_j(\mathbf{x}) + \ldots + p_r(\mathbf{x})},$$

$j = 1, \ldots, r-1$, tendo em vista que

$$\ln\left[\frac{w_j(\mathbf{x})}{1 - w_j(\mathbf{x})}\right] = \ln\left[\frac{P(Y = j \mid Y \geq j,\ \mathbf{x})}{1 - P(Y = j \mid Y \geq j,\ \mathbf{x})}\right] = \ln\left[\frac{P(Y = j \mid \mathbf{x})}{P(Y > j \mid \mathbf{x})}\right].$$

Similar ao que foi discutido para os modelos logitos cumulativos e categorias adjacentes, os efeitos das covariáveis no modelo logitos razão contínua podem ser: *a*) diferentes entre os logitos, *b*) comuns entre os logitos ou *c*) diferentes entre os logitos para algumas covariáveis e para outras não. Para esses cenários, as expressões para o modelo logitos razão contínua são

$$a)\ \ln\left[\frac{w_j(\mathbf{x})}{1 - w_j(\mathbf{x})}\right] = \ln\left[\frac{P(Y = j \mid \mathbf{x})}{P(Y > j \mid \mathbf{x})}\right] = -\beta_{0j} - \boldsymbol{\beta}_j'\mathbf{x},$$

$$b)\ \ln\left[\frac{w_j(\mathbf{x})}{1 - w_j(\mathbf{x})}\right] = \ln\left[\frac{P(Y = j \mid \mathbf{x})}{P(Y > j \mid \mathbf{x})}\right] = -\beta_{0j} - \boldsymbol{\beta}'\mathbf{x},$$

$$c)\ \ln\left[\frac{w_j(\mathbf{x})}{1 - w_j(\mathbf{x})}\right] = \ln\left[\frac{P(Y = j \mid \mathbf{x})}{P(Y > j \mid \mathbf{x})}\right] = -\beta_{0j} - \boldsymbol{\beta}'\mathbf{x} - \boldsymbol{\gamma}_j'\mathbf{z},$$

em que $\mathbf{x}$ e $\mathbf{z}$ são vetores de covariáveis e $\boldsymbol{\beta}_j$, $\boldsymbol{\beta}$ e $\boldsymbol{\gamma}_j$, $j = 1, \ldots, r-1$, são vetores de parâmetros que descrevem os efeitos das covariáveis.

Em termos da probabilidade de ocorrência da categoria j, $j = 1, \ldots, r$, o modelo logitos razão contínua com a propriedade de chances proporcionais fica expresso, para um dado vetor $\mathbf{x}$ de covariáveis, por

$$p_j(\mathbf{x}) = \begin{cases} \dfrac{\exp(-\beta_{0j} - \boldsymbol{\beta}'\mathbf{x})}{\prod_{k=1}^{j}\left[1 + \exp(-\beta_{0k} - \boldsymbol{\beta}'\mathbf{x})\right]} & j = 1, \ldots, r-1, \\ 1 - \sum_{j=1}^{r-1} p_j(\mathbf{x}) & j = r. \end{cases}$$

Similar aos modelos logitos cumulativos e categorias adjacentes, a estimação dos parâmetros do MLRC é realizada por meio do método de máxima verossimilhança. A avaliação da suposição de chances proporcionais e da qualidade de ajuste desse modelo também se dá de maneira similar à apresentada para os modelos logitos cumulativos e categorias adjacentes.

Os logitos razão contínua definidos em (8.9) também são algumas vezes expressos, para $j = 1, \ldots, r-1$ e $\mathbf{x}$ um vetor de covariáveis, por

$$\ln\left[\frac{P(Y > j \mid \mathbf{x})}{P(Y = j \mid \mathbf{x})}\right] = \ln\left[\frac{p_{j+1}(\mathbf{x}) + \ldots + p_r(\mathbf{x})}{p_j(\mathbf{x})}\right].$$

Nesses casos, tem-se, por exemplo, que o modelo logitos razão contínua com chances proporcionais fica expresso, para um dado vetor $\mathbf{x}$, por

$$\ln\left[\frac{1 - w_j(\mathbf{x})}{w_j(\mathbf{x})}\right] = \ln\left[\frac{P(Y > j \mid \mathbf{x})}{P(Y = j \mid \mathbf{x})}\right] = \beta_{0j} + \boldsymbol{\beta}'\mathbf{x},$$

sendo a probabilidade de ocorrência da categoria j obtida por

$$p_j(\mathbf{x}) = \begin{cases} \dfrac{\exp(\beta_{0j} + \boldsymbol{\beta}'\mathbf{x})}{\prod_{k=1}^{j}\left[1 + \exp(\beta_{0k} + \boldsymbol{\beta}'\mathbf{x})\right]} & j = 1, \ldots, r-1, \\ 1 - \sum_{j=1}^{r-1} p_j(\mathbf{x}) & j = r. \end{cases}$$

8.4.4 Ilustração do modelo logitos razão contínua

Para ilustrar o modelo logitos razão contínua, são considerados os dados hipotéticos dispostos na Tabela 8.17 e Figura 8.7 referentes à comparação de dois métodos de analgesia para o controle da dor no pós-operatório. Para esses pacientes, registrou-se a intensidade da dor após 24 horas em uma das seguintes categorias: intolerável, intensa, moderada, fraca ou ausente.

Tendo em vista que a variável resposta Y (intensidade da dor) apresenta $r = 5$ categorias, tem-se os quatro logitos razão contínua definidos por

$$\ln\left[\frac{P(Y = j \mid \mathbf{x})}{P(Y > j \mid \mathbf{x})}\right] = \ln\left[\frac{p_j(\mathbf{x})}{p_{j+1}(\mathbf{x}) + \ldots + p_r(\mathbf{x})}\right],$$

para $j = 1, \ldots, 4$ e $\mathbf{x} = (\mathrm{x}_1, \mathrm{x}_2)$ um vetor de valores de X_1 e X_2 tal que

$$X_1 = \begin{cases} 0 \text{ se feminino} \\ 1 \text{ se masculino} \end{cases} \quad \text{e} \quad X_2 = \begin{cases} 0 \text{ se método de analgesia A} \\ 1 \text{ se método de analgesia B.} \end{cases}$$

Para avaliar a suposição de chances proporcionais, foram, inicialmente, considerados os dois modelos a seguir

$$\ln\left[\frac{P(Y = j \mid \mathbf{x})}{P(Y > j \mid \mathbf{x})}\right] = -\beta_{0j} - \beta_{1j}\mathrm{x}_1 - \beta_{2j}\mathrm{x}_2, \qquad j = 1, \ldots, 4$$

e

$$\ln\left[\frac{P(Y = j \mid \mathbf{x})}{P(Y > j \mid \mathbf{x})}\right] = -\beta_{0j} - \beta_1\mathrm{x}_1 - \beta_2\mathrm{x}_2, \qquad j = 1, \ldots, 4.$$

Tabela 8.17 – Avaliação da intensidade da dor em um período pós-operatório

Sexo	Método	Intensidade da dor					Totais
		Intolerável	Intensa	Moderada	Fraca	Ausente	
F	A	9	19	21	81	537	667
	B	17	33	37	134	445	666
M	A	6	9	13	53	586	667
	B	12	16	25	86	528	667

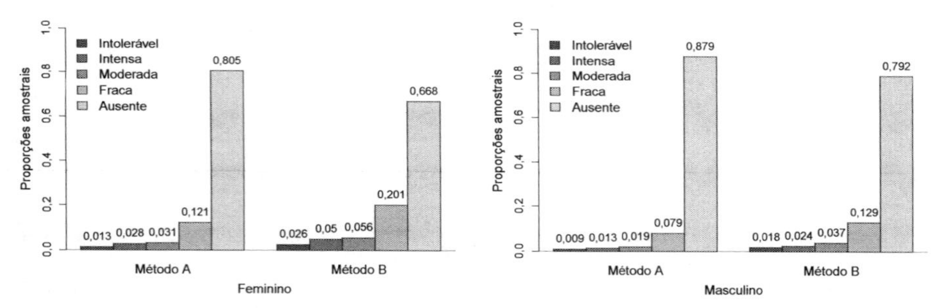

Figura 8.7 – Gráficos de colunas dos dados sobre intensidade da dor após 24 horas da cirurgia considerando dois métodos de analgesia.

O teste da hipótese H_0: $\boldsymbol{\beta}_j = \boldsymbol{\beta}$, $j = 1, \ldots, 4$, resultou em TRV = 1,28 (valor p = 0,97, $g.l.$ = 6), fornecendo evidências a favor da suposição de chances proporcionais. Ainda, ao ser considerado o modelo somente com X_1, obteve-se TRV = 1,21 (valor p = 0,749, $g.l.$ = 3) e, somente com X_2, TRV = 0,058 (valor p = 0,996, $g.l.$ = 3), indicando evidências a favor da suposição de chances proporcionais para ambas as covariáveis.

Tendo em vista a não violação da suposição de chances proporcionais, prosseguiu-se com a análise ajustando-se os modelos logitos razão contínua com chances proporcionais mostrados na Tabela 8.18. Os graus de liberdade foram obtidos por $g.l. = s\,(r-1) - p$, com s o número de combinações das categorias das covariáveis, r o número de categorias da variável resposta Y e p o número de parâmetros do modelo.

Tabela 8.18 – Modelos ajustados aos dados de dor em período pós-operatório

Modelo	*g.l.*	*Deviance*	TRV	$\neq$ de *g.l.*	Valor p	AIC
Nulo	$16-4=12$	91,526				178,97
X_1	$16-5=11$	52,647	39,059	1	$< 0{,}0001$	142,09
$X_2 \mid X_1$	$16-6=10$	1,491	50,976	1	$< 0{,}0001$	92,94
$X_1 * X_2 \mid X_1, X_2$	$16-7=9$	1,439	0,052	1	0,8196	94,89

Nota: X_1 = sexo, X_2 = método de analgesia, $g.l.$ = graus de liberdade e $\neq$ denota diferença.

A partir da Tabela 8.18, nota-se que o efeito da interação entre as covariáveis sexo e método de analgesia ($X_1 * X_2$) não foi significativo, visto que TRV = 0,052 ($p = 0{,}8196$). Quanto ao efeito de X_1 (sexo) e ao efeito de $X_2 \mid X_1$ (método de analgesia na presença de sexo), tem-se: TRV = 39,06 ($p < 0{,}0001$) e TRV = 50,97 ($p < 0{,}0001$), o que implica em ambos os efeitos significativos. O modelo com X_1 e X_2 foi também o que apresentou o menor valor AIC e, desse modo, foi o modelo selecionado. A Tabela 8.19 apresenta as estimativas dos parâmetros para esse modelo.

Tabela 8.19 – Estimativas dos parâmetros do modelo selecionado

Parâmetros	Estimativas	Erro-padrão
β_{01}: intercepto 1	4,2143	0,1666
β_{02}: intercepto 2	3,6200	0,1342
β_{03}: intercepto 3	3,3536	0,1241
β_{04}: intercepto 4	1,8669	0,0878
β_1: sexo masculino	0,5649	0,0909
β_2: método B	−0,6437	0,0916

Quanto à qualidade de ajuste do modelo selecionado, tem-se Q_L =1,491 (p = 0,998, $g.l.$ = 10) e Q_P =1,489 (p = 0,998, $g.l.$ = 10), o que indica evidências a favor do modelo. Os graus de liberdade foram obtidos por $g.l. = (r - 1)(s - 1) - q$, com r o número de categorias de Y, s o número de combinações das categorias das covariáveis e q o número de parâmetros associado às covariáveis no modelo. Logo, $g.l. = (4 - 1)(5 - 1) - 2 = 10$.

Além disso, as probabilidades observadas (Figura 8.7) e as preditas pelo modelo (Tabela 8.20) mostraram diferenças pequenas, como pode ser observado no gráfico (a) da Figura 8.8. Ainda, os resíduos de Pearson, exibidos no gráfico (b) da Figura 8.8, estão distribuídos em torno de zero e entre -1 e 1, o que também fornece evidências a favor do modelo selecionado.

Tabela 8.20 – Probabilidades preditas a partir do modelo selecionado

Sexo	Métodos	$\widehat{p}_1(\mathbf{x})$	$\widehat{p}_2(\mathbf{x})$	$\widehat{p}_3(\mathbf{x})$	$\widehat{p}_4(\mathbf{x})$	$\widehat{p}_5(\mathbf{x})$
F	A	0,0146	0,0257	0,0324	0,1242	0,8031
F	B	0,0274	0,0472	0,0577	0,1973	0,6704
M	A	0,0083	0,0149	0,0190	0,0774	0,8804
M	B	0,0157	0,0277	0,0349	0,1321	0,7896

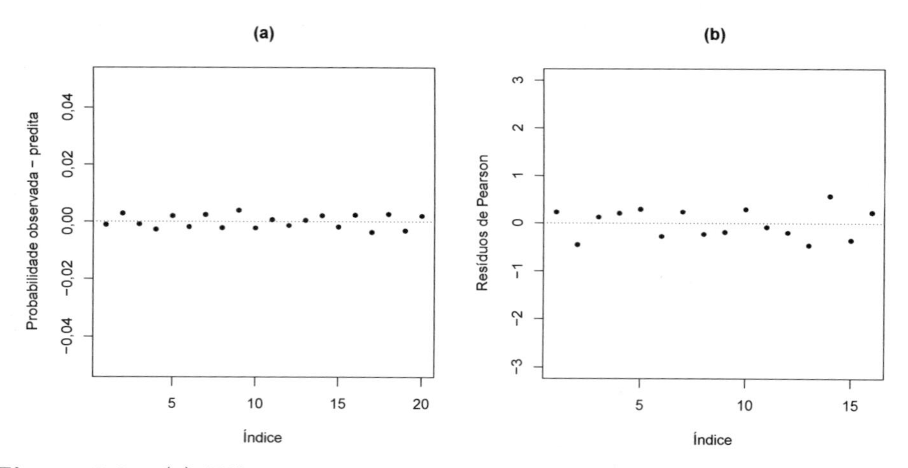

Figura 8.8 – (a) Diferenças entre as probabilidades observadas e preditas pelo modelo e (b) resíduos de Pearson do modelo selecionado.

Logo, o modelo selecionado em termos dos logitos ficou dado por

$$\ln\left[\frac{\widehat{P}(Y=j\mid \mathbf{x})}{\widehat{P}(Y>j\mid \mathbf{x})}\right] = -\widehat{\beta}_{0j} - 0,5649\,\mathrm{x}_1 + 0,6437\,\mathrm{x}_2,$$

de modo que, para um dado vetor $\mathbf{x} = (\mathrm{x}_1, \mathrm{x}_2)$, estimativas para a chance de ocorrência da categoria de resposta j, $j = 1, \ldots, 4$, em relação às categorias superiores a j podem ser obtidas a partir de

$$\frac{\widehat{P}(Y=j\mid \mathbf{x})}{\widehat{P}(Y>j\mid \mathbf{x})} = \exp(-\widehat{\beta}_{0j} - 0,5649\,\mathrm{x}_1 + 0,6437\,\mathrm{x}_2),$$

com $\mathrm{x}_1 = 0$ se paciente feminino e $\mathrm{x}_1 = 1$ se masculino; e $\mathrm{x}_2 = 0$ se método de analgesia A e $\mathrm{x}_2 = 1$ se B. Tais estimativas estão na Tabela 8.21.

Tabela 8.21 – Estimativas da chance de ocorrência da categoria de resposta j em relação às categorias superiores a j para um dado vetor $\mathbf{x}$

Sexo	Método	$\frac{P(Y=1\mid\mathbf{x})}{P(Y>1\mid\mathbf{x})}$	$\frac{P(Y=2\mid\mathbf{x})}{P(Y>2\mid\mathbf{x})}$	$\frac{P(Y=3\mid\mathbf{x})}{P(Y>3\mid\mathbf{x})}$	$\frac{P(Y=4\mid\mathbf{x})}{P(Y>4\mid\mathbf{x})}$
F	A	0,0148	0,0268	0,0349	0,1546
F	B	0,0281	0,0509	0,0665	0,2943
M	A	0,0084	0,0152	0,0198	0,0878
M	B	0,0159	0,0289	0,0378	0,1673

Nota: $\mathbf{x} = (\mathrm{x}_1, \mathrm{x}_2)$ denota o vetor de valores de X_1 = sexo e X_2 = método de analgesia $j = 1$ intolerável, $j = 2$ intensa, $j = 3$ moderada, $j = 4$ fraca e $j = 5$ ausente.

A partir das estimativas dispostas na Tabela 8.21, nota-se que seus valores são todos inferiores a 1, indicando que a chance de ocorrência da categoria de resposta j ($j = 1, \ldots, 4$) foi inferior à chance de ocorrência de uma das categorias de resposta superiores a j.

Por exemplo, para pacientes do sexo feminino sob o método de analgesia A, a chance de dor fraca após 24 horas da cirurgia foi estimada em 0,1546 vezes à de ausência de dor. Isso equivale a dizer, para esses pacientes, que a chance de ausência de dor após 24 horas foi $1/0{,}1546 \approx 6{,}5$ vezes a chance de dor fraca. Já para pacientes do sexo masculino sob o método de analgesia A, a chance de ausência de dor após 24 horas da cirurgia foi estimada em 1/0,0878 $\approx$ 11 vezes a chance de dor fraca. Logo, sob o método de analgesia A, pacientes do sexo masculino apresentaram chance maior de ausência de dor do que os pacientes do sexo feminino. De acordo com as estimativas mostradas na Tabela 8.19, essa chance para pacientes do sexo masculino foi $\exp(0,5649) = 1,76$ vezes a dos pacientes do sexo feminino.

Com base nas estimativas mostradas na Tabela 8.19, a mesma conclusão é válida para o método de analgesia B. Ou seja, sob esse método, a chance de ausência de dor (relativo à dor fraca) foi também maior entre os pacientes do sexo masculino, sendo que a chance de ausência de dor entre os homens foi $\exp(0,5649) = 1,76$ vezes essa mesma chance entre as mulheres. Esse fato pode também ser notado a partir da Tabela 8.21, uma vez que, sob o método de analgesia B, a chance de ausência de dor para os pacientes do sexo feminino foi estimada em 1/0,294 $\approx$ 3,4 vezes a chance de dor fraca e, para os pacientes do sexo masculino, em 1/0,1673 $\approx$ 6 vezes. Logo, 6/3,4 $\approx$ 1,76. Devido à suposição de chances proporcionais não ter sido rejeitada, tal conclusão é válida para as demais comparações das categorias de resposta consideradas nos demais logitos.

Quanto à comparação entre os métodos de analgesia A e B tem-se, por exemplo, que a chance de ausência de dor para pacientes do sexo feminino sob o método A foi 1/0,1546 $\approx$ 6,5 vezes a chance de dor fraca. Já sob o método B, tal chance foi 1/0,2943 $\approx$ 3,4. Em contrapartida, para pacientes do sexo masculino, tais chances foram, respectivamente, 1/0,0878 $\approx$ 11,4 e 1/0,1673 $\approx$ 6. Segue, portanto, que o método A apresentou chance de ausência de dor (relativo à dor fraca) igual a $\exp(0,6437) \approx$ 1,9 vezes essa mesma chance sob o método B, o que implica na superioridade do método de analgesia A sobre o B. Tendo em vista a suposição de chances proporcionais não ter sido violada, tal conclusão também é válida para as comparações das categorias de resposta consideradas nos demais logitos.

8.4.5 Comentários

Neste capítulo, foram apresentados alguns dos modelos propostos na literatura para a análise de dados caracterizados pela presença de variável resposta politômica nominal ou ordinal. A Tabela 8.24, após os exercícios, traz uma síntese desses modelos. Para os casos em que se tem variável resposta ordinal, foram abordados, em particular, os modelos que fazem uso de logitos cumulativos, logitos categorias adjacentes e logitos razão contínua, por serem os mais utilizados na literatura. Segundo Agresti (2010), a escolha por um desses logitos depende se o interesse se concentra na comparação de efeitos entre grupos de categorias ou entre categorias individuais ou, ainda, entre uma categoria individual e um grupo de categorias.

Embora modelos expressos em termos dos logitos sejam os mais populares e comumente utilizados, ressalta-se que outras funções de ligação também são possíveis, dentre elas, a probito e a complemento log-log tratadas no Capítulo 7 no contexto de dados com resposta dicotômica. Para mais detalhes sobre esses modelos podem ser consultados, dentre outros, Agresti (2010) e Liu e Agresti (2005).

Modelos para estudos que apresentam particularidades, como o da variável resposta avaliada em ocasiões diferentes ao longo do tempo (dados categóricos longitudinais), também foram propostos na literatura, podendo ser citados: Hedeker e Gibbons (1994), Heagerty e Zeger (1996), Hedeker (2003), Molenberger e Verbeke (2005) e Paulino e Singer (2006).

8.5 Exercícios

1. Os dados mostrados na Tabela 8.22 são de um estudo sobre demência realizado com indivíduos de 65 anos ou mais de idade. O objetivo do estudo foi investigar a associação entre as variáveis X_1 (uso de tabaco) e X_2 (problema cardíaco) com o estado geral de saúde dos indivíduos (variável resposta).

(a) Represente graficamente os dados do estudo.

(b) Analise os dados fazendo uso do modelo logitos cumulativos.

(c) Apresente conclusões sobre a associação de interese.

Tabela 8.22 – Estudo sobre o estado de saúde de indivíduos idosos

Uso de tabaco	Problema cardíaco	Estado geral de saúde				Totais
		Excelente	Bom	Moderado	Ruim	
Sim	Sim	27	76	101	39	243
Sim	Não	402	1.050	522	145	2.119
Não	Sim	83	406	442	114	1.045
Não	Não	1.959	4.521	2.243	405	9.128

Fonte: Lall et al. (2002).

2. Analise os dados do estudo sobre demência dispostos na Tabela 8.22:

(a) por meio do modelo logitos categorias adjacentes;

(b) por meio do modelo logitos razão contínua.

3. Um grupo de 613 pacientes diabéticos foi acompanhado por seis anos com a finalidade de investigar a associação de SM = *status* de fumo (1 se sim e 0 se não), DIAB (duração do diabetes, em anos), GH (hemoglobina glicada, em percentual) e BP (pressão diastólica, em mmHg) com o *status* de retinopatia (RT = 1 ausência de retinopatia, 2 = retinopatia não proliferativa e 3 = retinopatia avançada ou cego). Os dados (BENDER; GROUVEN, 1998) estão disponíveis no pacote *catdata* do *software* *R* e em https://docs.ufpr.br/~giolo/LivroADC.

(a) Analise os dados (retinopathy.txt) e apresente conclusões.

4. Os dados na Tabela 8.23 são de um estudo sobre doença respiratória crônica em que as categorias da variável resposta Y indicam: I = sem sintomas, II = tosse por menos de 3 meses ao ano, III = tosse por mais de 3 meses ao ano e IV = tosse e outros sintomas por mais de 3 meses ao ano. O objetivo foi investigar a associação da poluição do ar, da poluição no trabalho e do *status* de fumo com a doença.

(a) Analise os dados por meio do modelo logitos cumulativos.

(b) Avalie a qualidade de adequação do modelo considerado em (a).

(c) Apresente conclusões sobre a associação de interesse.

Tabela 8.23 – Estudo sobre doença respiratória crônica

Poluição do ar	Poluição no trabalho	*Status* de fumo	Sintomas da doença I	II	III	IV	Totais
Baixa	Não	Não	158	9	4	1	172
	Não	Ex	167	19	5	3	194
	Não	Sim	307	102	83	68	560
	Sim	Não	26	5	5	1	37
	Sim	Ex	38	12	4	4	58
	Sim	Sim	94	48	46	60	248
Alta	Não	Não	94	7	5	1	107
	Não	Ex	67	8	4	3	82
	Não	Sim	184	65	33	36	318
	Sim	Não	32	3	6	1	42
	Sim	Ex	39	11	4	2	56
	Sim	Sim	77	48	39	51	215

Fonte: Semenya e Koch (1980).

5. Para o modelo logitos categoria de referência (8.1), mostre que as probabilidades $p_j(\mathbf{x})$, para $j = 1, \ldots, r$, são dadas por

$$p_j(\mathbf{x}) = \frac{\exp(\beta_{0j} + \boldsymbol{\beta}_j'\mathbf{x})}{1 + \sum_{j=1}^{r-1} \exp(\beta_{0j} + \boldsymbol{\beta}_j'\mathbf{x})}, \quad j = 1, \ldots, r-1$$

e $$p_r(\mathbf{x}) = \frac{1}{1 + \sum_{j=1}^{r-1} \exp(\beta_{0j} + \boldsymbol{\beta}_j'\mathbf{x})}, \text{ com } \sum_{j=1}^{r} p_j(\mathbf{x}) = 1.$$

Tabela 8.24 – Síntese de modelos para a análise de dados com Y politômica com $r > 2$ categorias e $j = 1, \ldots, r-1$

Modelos	Y	Forma funcional do modelo em termos dos $r-1$ logitos
1. Modelo logitos categoria de referência	Nominal	$\ln\left[\frac{P(Y=j \mid \mathbf{x})}{P(Y=r \mid \mathbf{x})}\right] = \beta_{0j} + \boldsymbol{\beta}_j'\mathbf{x}$
2. Modelo logitos cumulativos		
a) sem a propriedade de chances proporcionais	Ordinal	$\ln\left[\frac{P(Y\leq j \mid \mathbf{x})}{1-P(Y\leq j \mid \mathbf{x})}\right] = \ln\left[\frac{P(Y\leq j \mid \mathbf{x})}{P(Y>j \mid \mathbf{x})}\right] = \beta_{0j} + \boldsymbol{\beta}_j'\mathbf{x}$
b) com a propriedade de chances proporcionais	Ordinal	$\ln\left[\frac{P(Y\leq j \mid \mathbf{x})}{1-P(Y\leq j \mid \mathbf{x})}\right] = \ln\left[\frac{P(Y\leq j \mid \mathbf{x})}{P(Y>j \mid \mathbf{x})}\right] = \beta_{0j} + \boldsymbol{\beta}'\mathbf{x}$
c) com chances proporcionais parciais	Ordinal	$\ln\left[\frac{P(Y\leq j \mid \mathbf{x},\mathbf{z})}{1-P(Y\leq j \mid \mathbf{x},\mathbf{z})}\right] = \ln\left[\frac{P(Y\leq j \mid \mathbf{x},\mathbf{z})}{P(Y>j \mid \mathbf{x},\mathbf{z})}\right] = \beta_{0j} + \boldsymbol{\beta}'\mathbf{x} + \boldsymbol{\gamma}_j'\mathbf{z}$
3. Modelo logitos categorias adjacentes		
a) sem a propriedade de chances proporcionais	Ordinal	$\ln\left[\frac{P(Y=j \mid \mathbf{x})}{P(Y=j+1 \mid \mathbf{x})}\right] = \beta_{0j} + \boldsymbol{\beta}_j'\mathbf{x}$
b) com a propriedade de chances proporcionais	Ordinal	$\ln\left[\frac{P(Y=j \mid \mathbf{x})}{P(Y=j+1 \mid \mathbf{x})}\right] = \beta_{0j} + \boldsymbol{\beta}'\mathbf{x}$
c) com chances proporcionais parciais	Ordinal	$\ln\left[\frac{P(Y=j \mid \mathbf{x},\mathbf{z})}{P(Y=j+1 \mid \mathbf{x},\mathbf{z})}\right] = \beta_{0j} + \boldsymbol{\beta}'\mathbf{x} + \boldsymbol{\gamma}_j'\mathbf{z}$
4. Modelo logitos razão contínua		
a) sem a propriedade de chances proporcionais	Ordinal	$\ln\left[\frac{P(Y=j \mid \mathbf{x})}{P(Y>j \mid \mathbf{x})}\right] = -\beta_{0j} - \boldsymbol{\beta}_j'\mathbf{x}$
b) com a propriedade de chances proporcionais	Ordinal	$\ln\left[\frac{P(Y=j \mid \mathbf{x})}{P(Y>j \mid \mathbf{x})}\right] = -\beta_{0j} - \boldsymbol{\beta}'\mathbf{x}$
c) com chances proporcionais parciais	Ordinal	$\ln\left[\frac{P(Y=j \mid \mathbf{x},\mathbf{z})}{P(Y>j \mid \mathbf{x},\mathbf{z})}\right] = -\beta_{0j} - \boldsymbol{\beta}'\mathbf{x} - \boldsymbol{\gamma}_j'\mathbf{z}$

Nota: $\mathbf{x}$ e $\mathbf{z}$ são vetores de covariáveis, β_{0j}, $\boldsymbol{\beta}$, $\boldsymbol{\beta}_j$ e $\boldsymbol{\gamma}_j$ são os coeficientes do modelo regressão para $j = 1, \ldots, r-1$.

Capítulo 9

Regressão logística condicional

9.1 Introdução

Algumas vezes a abordagem de máxima verossimilhança utilizada para estimação em regressão logística não se mostra apropriada quando os dados são altamente estratificados (isto é, estão distribuídos em muitos estratos existindo um número pequeno de indivíduos em cada um deles). Exemplos comuns são os de observações pareadas tais como as de gêmeos fraternos, lados esquerdo e direito do corpo em estudos dermatológicos ou, ainda, uma opinião coletada em duas ocasiões distintas. Para dados dessa natureza, o modelo de regressão logística clássico pode ser inviável, tendo em vista o tamanho amostral ser insuficiente para estimar adequadamente o efeito do par. Contudo, se forem utilizados argumentos condicionais, é possível remover o efeito do par e estimar os demais efeitos de interesse.

Um modelo de regressão sugerido para a análise de dados como os que foram mencionados é denominado modelo de regressão logística condicional. O termo condicional em tal modelo se deve à estimação dos parâmetros ser realizada com base em uma função de verossimilhança condicional.

9.2 Modelo de regressão logística condicional

Algumas situações que ilustram a utilização do modelo de regressão logística condicional são apresentadas a seguir.

9.2.1 Ensaio clínico com frequência pequena nos estratos

Considere um ensaio clínico em que em cada um dos $i = 1, \ldots, q$ centros médicos escolhidos para a sua realização foram selecionados dois pacientes, um para receber o tratamento A sob pesquisa e o outro um placebo. O interesse se concentra na avaliação da melhora do paciente. Nota-se que há somente duas observações por centro, o que inviabiliza que o efeito de centro seja estimado adequadamente.

Suponha, para o ensaio mencionado, que $Y_{ij} = 1$ denote a ocorrência de melhora e $Y_{ij} = 0$ a não ocorrência de melhora do paciente, em que $j = 1$ indexa o tratamento A e $j = 2$ o placebo ($i = 1, \ldots, q$ centros médicos). Suponha, ainda, que a variável tratamento seja definida tal que

$$X_{ij} = \begin{cases} 1 & \text{se tratamento A} \\ 0 & \text{se placebo,} \end{cases}$$

bem como que $\mathbf{z}_{ij} = (z_{ij1}, z_{ij2}, \ldots, z_{ijk})'$ represente os valores observados das demais variáveis explanatórias.

Se o modelo de regressão logística clássico fosse considerado para os dados desse estudo, o mesmo ficaria expresso por

$$P(Y_{ij} = 1) = \frac{\exp(\alpha_i + \beta \mathrm{x}_{ij} + \boldsymbol{\gamma}'\mathbf{z}_{ij})}{1 + \exp(\alpha_i + \beta \mathrm{x}_{ij} + \boldsymbol{\gamma}'\mathbf{z}_{ij})},$$

sendo α_i o efeito do i-ésimo centro, β o parâmetro associado ao tratamento A e $\boldsymbol{\gamma} = (\gamma_1, \gamma_2, \ldots, \gamma_k)'$ o vetor de parâmetros associado às variáveis explanatórias $\mathbf{z}$. Como, no entanto, os parâmetros α_i ($i = 1, \ldots, q$) não podem ser estimados adequadamente pelo fato de existirem somente duas observações por centro, uma alternativa é considerar um modelo baseado em probabilidades condicionais, em que os efeitos dos centros são considerados como parâmetros de perturbação (do inglês *nuisance parameters*).

Sob essa abordagem, a probabilidade condicional para Y_{ij} fica escrita como a razão entre: *a*) a probabilidade conjunta de o paciente tratado de um par melhorar e o paciente placebo deste par não melhorar; e *b*) a probabilidade conjunta de o paciente tratado, ou o paciente placebo, apresentar melhora. Tem-se, então

$$\begin{aligned} & P(Y_{i1} = 1, Y_{i2} = 0 \mid Y_{i1} = 1, Y_{i2} = 0 \text{ ou } Y_{i1} = 0, Y_{i2} = 1) \\ & = \frac{P(Y_{i1} = 1)P(Y_{i2} = 0)}{P(Y_{i1} = 1)P(Y_{i2} = 0) + P(Y_{i1} = 0)P(Y_{i2} = 1)}. \end{aligned} \tag{9.1}$$

Como as probabilidades envolvidas em (9.1), em termos do modelo de regressão logística clássico, são dadas por

$$\begin{aligned} P(Y_{i1} = 1)P(Y_{i2} = 0) &= \left[\frac{\exp\left(\alpha_i + \beta + \boldsymbol{\gamma}'\mathbf{z}_{i1}\right)}{1 + \exp\left(\alpha_i + \beta + \boldsymbol{\gamma}'\mathbf{z}_{i1}\right)}\right]\left[\frac{1}{1 + \exp\left(\alpha_i + \boldsymbol{\gamma}'\mathbf{z}_{i2}\right)}\right] \\ P(Y_{i1} = 0)P(Y_{i2} = 1) &= \left[\frac{1}{1 + \exp\left(\alpha_i + \beta + \boldsymbol{\gamma}'\mathbf{z}_{i1}\right)}\right]\left[\frac{\exp\left(\alpha_i + \boldsymbol{\gamma}'\mathbf{z}_{i2}\right)}{1 + \exp\left(\alpha_i + \boldsymbol{\gamma}'\mathbf{z}_{i2}\right)}\right], \end{aligned}$$

segue que a razão (9.1) resulta em

$$\frac{\exp(\alpha_i + \beta + \boldsymbol{\gamma}'\mathbf{z}_{i1})}{\exp(\alpha_i + \beta + \boldsymbol{\gamma}'\mathbf{z}_{i1}) + \exp(\alpha_i + \boldsymbol{\gamma}'\mathbf{z}_{i2})}. \tag{9.2}$$

Se (9.2) for multiplicado e dividido por $\exp(-\alpha_i - \boldsymbol{\gamma}'\mathbf{z}_{i2})$ obtém-se

$$\frac{\exp[\beta + \boldsymbol{\gamma}'(\mathbf{z}_{i1} - \mathbf{z}_{i2})]}{1 + \exp[\beta + \boldsymbol{\gamma}'(\mathbf{z}_{i1} - \mathbf{z}_{i2})]},$$

que não inclui os parâmetros α_i $(i = 1, \ldots, q)$.

Sob a abordagem de probabilidades condicionais, tem-se, portanto, um modelo com um número reduzido de parâmetros. Desse modo, a função de verossimilhança condicional fica expressa por

$$\begin{aligned} L(\beta, \boldsymbol{\gamma}) = & \prod_{i=1}^{q} \left\{\frac{\exp[\beta + \boldsymbol{\gamma}'(\mathbf{z}_{i1} - \mathbf{z}_{i2})]}{1 + \exp[\beta + \boldsymbol{\gamma}'(\mathbf{z}_{i1} - \mathbf{z}_{i2})]}\right\}^{y_{i1}(1-y_{i2})} \\ & \times \left\{\frac{1}{1 + \exp[\beta + \boldsymbol{\gamma}'(\mathbf{z}_{i1} - \mathbf{z}_{i2})]}\right\}^{(1-y_{i1})y_{i2}} \end{aligned} \tag{9.3}$$

que, na realidade, é a função de verossimilhança não condicional para o modelo de regressão logística clássico, exceto que o intercepto é agora β (efeito do tratamento) e cada observação representa o par de observações do centro i ($i = 1, \dots, q$), em que a resposta é 1 se o par apresenta a combinação ($Y_{i1} = 1$, $Y_{i2} = 0$) e 0 se apresenta a combinação ($Y_{i1} = 0$, $Y_{i2} = 1$). Ainda, $(\mathbf{z}_{i1} - \mathbf{z}_{i2})$ denota a diferença entre os valores das variáveis do paciente tratado e do paciente placebo do centro i. Como a função de verossimilhança é condicionada nos pares discordantes, os pares concordantes ($Y_{i1} = 1$, $Y_{i2} = 1$) e ($Y_{i1} = 0$, $Y_{i2} = 0$) são não-informativos.

A função de verossimilhança (9.3) pode, ainda, ser reescrita como

$$L(\beta, \boldsymbol{\gamma}) = \prod_{i=1}^{q} \left\{ \frac{\exp(\beta + \boldsymbol{\gamma}'\mathbf{z}_{i1})}{\exp(\beta + \boldsymbol{\gamma}'\mathbf{z}_{i1}) + \exp(\boldsymbol{\gamma}'\mathbf{z}_{i2})} \right\}^{y_{i1}(1-y_{i2})} \times \left\{ \frac{\exp(\beta + \boldsymbol{\gamma}'\mathbf{z}_{i2})}{\exp(\beta + \boldsymbol{\gamma}'\mathbf{z}_{i1}) + \exp(\boldsymbol{\gamma}'\mathbf{z}_{i2})} \right\}^{(1-y_{i1})y_{i2}},$$

que é a mesma função de verossimilhança que se aplica a dados pareados em um caso simples do modelo de regressão de Cox, utilizado em análise de sobrevivência. Isso significa que os mesmos procedimentos computacionais utilizados para ajustar o modelo de Cox podem ser utilizados para ajustar o modelo de regressão logística condicional.

Nota-se, na ausência das covariáveis $\mathbf{z}$, que os dados podem ser representados em uma tabela de contingência 2×2 em que as respostas para o tratamento são cruzadas com as respostas para o placebo. Testar se $\beta = 0$ é, desse modo, equivalente ao teste de McNemar. Ainda, pode ser mostrado que $\exp(\beta)$ é estimado por n_{12}/n_{21}, sendo n_{12} e n_{21} as frequências que aparecem fora da diagonal principal da tabela de contingência.

9.2.1.1 Ensaio clínico multicentros

Com o objetivo de investigar o efeito de um tratamento em um problema de pele, um ensaio clínico foi conduzido com 158 pacientes de 79 clínicas (dois de cada uma delas). Um dos pacientes recebeu o tratamento e o outro um placebo. As informações coletadas foram: idade (em anos), sexo (1 se masculino e 0 se feminino) e o grau inicial do problema (1 = leve a 4 = grave). A resposta registrada foi melhora ou não do problema. Os dados (STOKES et al., 2000) e os códigos em linguagem *R* utilizados para sua análise estão em https://docs.ufpr.br/~giolo/LivroADC.

Considerando o modelo de regressão logística condicional para a análise dos dados, foram obtidas as estimativas dos parâmetros e os resultados do teste de Wald exibidos na Tabela 9.1, bem como os resultados do teste da razão de verossimilhanças (TRV) e valores AIC mostrados na Tabela 9.2.

Tabela 9.1 – Estimativas obtidas para os dados de tratamento de pele

	Estimativa	Erro-padrão	Wald	Valor p
Tratamento (β)	0,7025	0,3601	3,8064	0,051
Sexo (M) (γ_1)	0,5312	0,5545	0,9177	0,338
Idade (γ_2)	0,0248	0,0224	1,2254	0,268
Grau inicial (γ_3)	1,0915	0,3351	10,608	0,001

Tabela 9.2 – Resultados do TRV e AIC para os dados de tratamento de pele

Modelo	$-\ln[L(\beta, \boldsymbol{\gamma})]$	TRV	Valor p	AIC
Nulo	37,4299			74,86
Tratamento	35,5942	3,6714	0,051	73,19
Sexo | tratamento	34,8132	1,5620	0,338	71,83
Idade | tratamento, sexo	33,7708	2,0848	0,268	69,84
Grau inicial | tratamento, sexo, idade	25,2811	16,979	0,001	52,96
Tratamento e grau inicial	26,3986	22,063	<0,001	54,99

A partir das Tabelas 9.1 e 9.2, pode ser observado que duas variáveis apresentaram efeito significativo, grau inicial do problema (valor $p = 0,001$) e tratamento (valor $p = 0,051$), e duas não (sexo e idade). As duas variáveis com efeito não significativo foram removidas do modelo, obtendo-se para o modelo resultante as estimativas exibidas na Tabela 9.3.

Tabela 9.3 – Estimativas de máxima verossimilhança do modelo final

	Estimativa	Erro-padrão	Wald	Valor p
Tratamento (β)	0,711	0,349	4,1616	0,0413
Grau inicial (γ_1)	1,077	0,321	11,2225	0,0008

Quanto aos resíduos, mostrados na Figura 9.1, nota-se que eles estão distribuídos aleatoriamente em torno de zero e entre -1 e 1, o que sugere evidências a favor do modelo selecionado. Além disso, o AIC do modelo selecionado está próximo daquele com todas as variáveis (Tabela 9.2).

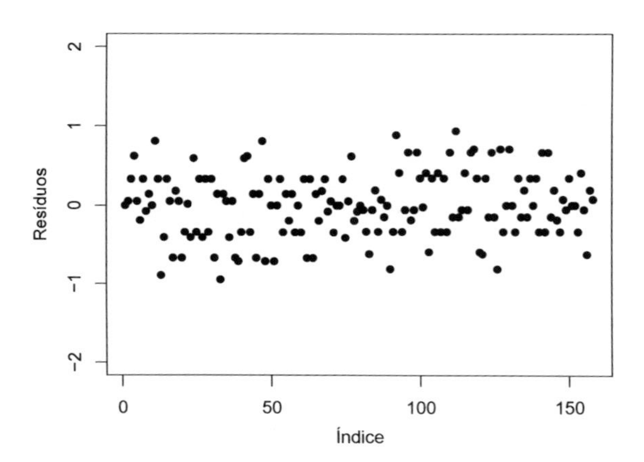

Figura 9.1 – Resíduos do modelo final ajustado.

Portanto, pode-se concluir que a chance de melhora dos pacientes que receberam o tratamento foi $\exp(0,711) \approx 2$ vezes a dos pacientes que receberam o placebo. A chance de melhora também cresceu em torno de $\exp(1,077) \approx 3$ para cada unidade de acréscimo no grau inicial.

9.2.2 Estudos cruzados de dois ou mais períodos

Regressão logística condicional também é uma ferramenta útil para a análise de dados provenientes de estudos conduzidos sob delineamentos cruzados (do inglês *crossover design*). Sob esses delineamentos (usuais em ensaios clínicos), o estudo é dividido em períodos e os pacientes recebem um tratamento diferente em cada um deles. Desse modo, o paciente atua como seu próprio controle. O interesse se concentra na comparação dos tratamentos, ajustado tanto pelo efeito de períodos quanto do tratamento recebido no período anterior. O delineamento cruzado básico é o de dois períodos, mas delineamentos com três ou mais períodos também são frequentes.

9.2.2.1 Exemplo de um estudo cruzado de dois períodos

Um estudo cruzado de dois períodos pode também ser considerado um estudo com observações pareadas. Na Tabela 9.4, encontram-se os dados de um ensaio clínico conduzido sob o delineamento cruzado de dois períodos em que os pacientes foram estratificados de acordo com dois grupos de idade (jovens e adultos). Três sequências de tratamentos foram então designadas a cada um dos dois grupos. A sequência A:B, por exemplo, denota que a droga A foi administrada no período 1 e a droga B no período 2. A notação P indica placebo. Cada sequência foi administrada a 50 pacientes, sendo que FF indica resposta favorável nos períodos 1 e 2, FU indica resposta favorável no período 1 e não favorável no período 2, e assim sucessivamente.

Tabela 9.4 – Delineamento cruzado de dois períodos

Idade	Sequência	Respostas				Totais
		FF	FU	UF	UU	
Adultos	A:B	12	12	6	20	50
Adultos	B:P	8	5	6	31	50
Adultos	P:A	5	3	22	20	50
Jovens	B:A	19	3	25	3	50
Jovens	A:P	25	6	6	13	50
Jovens	P:B	13	5	21	11	50

Fonte: Stokes et al. (2000).

Uma estratégia de análise para esses dados é a de modelar a probabilidade de melhora de cada paciente no período 1 (e não no 2) *versus* a probabilidade de melhora no período 1 ou no 2 (mas não em ambos), o que pode ser expresso como a probabilidade condicional dada por

$$\frac{P(p_1 = F)P(p_2 = U)}{P(p_1 = F)P(p_2 = U) + P(p_1 = U)P(p_2 = F)},$$

em que p_1 denota período 1 e p_2 período 2. Desse modo, a análise pode ser realizada de maneira similar à do exemplo anterior. Naquele caso, a análise foi ajustada para centros, removendo-se a variabilidade entre centros (intercentros) e se concentrando na variabilidade intracentros. Nesse exemplo, a análise será ajustada para pacientes, removendo-se a variabilidade entre pacientes (interpacientes) e se concentrando na informação intrapacientes. Os efeitos a serem considerados são: efeito do período, efeito dos grupos de idade, efeito das drogas e, ainda, os efeitos residuais das drogas A e B que resultam da passagem do período 1 para o período 2.

O modelo incluindo os efeitos residuais das drogas pode ser escrito por

$$P(FU \mid FU \text{ ou } UF) = \frac{\exp(\beta + \boldsymbol{\gamma}'\mathbf{z})}{1 + \exp(\beta + \boldsymbol{\gamma}'\mathbf{z})},$$

em que $\mathbf{z}$ consiste das diferenças entre os dois períodos para: grupos de idade, droga A, droga B, residual da droga A e residual da droga B. O parâmetro β corresponde ao efeito do período, γ_1 e γ_2 aos efeitos das drogas A e B, respectivamente, γ_3 ao efeito de grupos de idade, e γ_4 e γ_5 aos efeitos residuais das drogas A e B respectivamente. Nota-se que, como $\mathbf{z}$ consiste das diferenças entre os dois períodos, serão considerados, para os pacientes adultos, os valores 1 e 0 nos períodos 1 e 2, respectivamente, e, para os pacientes jovens, o valor 0 para ambos os períodos. Desse modo, as diferenças resultarão em: $z_{idade} = 1$, se adulto, e $z_{idade} = 0$, se jovem.

As estimativas dos parâmetros do modelo de regressão logística condicional ajustado aos dados desse estudo estão na Tabela 9.5. A partir dos valores p exibidos na tabela mencionada, pode-se observar que os efeitos residuais das drogas A e B não foram significativos. Assim, os efeitos residuais de ambas as drogas foram removidos do modelo. O efeito de grupos de idade, por apresentar um efeito modestamente sugestivo, foi mantido no modelo. As estimativas do modelo reduzido estão na Tabela 9.6.

Tabela 9.5 – Estimativas de máxima verossimilhança do modelo inicial

	Estimativa	Erro-padrão	Wald	Valor p
Período (p_1) (β)	−1,4370	0,703	4,183	0,041
Droga A (γ_1)	1,2467	0,681	3,354	0,067
Droga B (γ_2)	−0,0019	0,641	0,000	0,997
Gpidade (adultos) (γ_3)	0,6912	0,465	2,205	0,137
Residual droga A (γ_4)	−0,1903	1,112	0,029	0,864
Residual droga B (γ_5)	−0,5653	1,156	0,239	0,624

Nota: Gpidade = grupos de idade.

Tabela 9.6 – Estimativas de máxima verossimilhança do modelo reduzido

	Estimativa	Erro-padrão	Wald	Valor p
Período (p_1) (β)	−1,191	0,331	12,95	0,0003
Droga A (γ_1)	1,346	0,329	16,75	$<$ 0,0001
Droga B (γ_2)	0,266	0,323	0,67	0,4104
Gpidade (adultos) (γ_3)	0,710	0,458	2,41	0,1207

Nota: Gpidade = grupos de idade.

A partir da Tabela 9.6, nota-se que o efeito de período permaneceu significativo (p = 0,0003). A droga A, em relação ao placebo, também apresentou efeito significativo. O mesmo não ocorreu com a droga B, que apresentou efeito não significativo em relação ao placebo. O efeito de grupos de idade permaneceu sugestivo. Removê-lo ou não do modelo depende do próposito da análise. Se não for de interesse a distinção entre os grupos adulto e jovem, então a escolha provável será pela remoção dessa variável, resultando nas estimativas exibidas na Tabela 9.7. Evidências a favor do modelo foram obtidas a partir da inspeção dos resíduos (não mostrados).

Tabela 9.7 – Estimativas do modelo sem os grupos de idade

		Estimativa	Erro-padrão	Wald	Valor p
Período (p_1)	(β)	−0,845	0,231	13,45	0,0002
Droga A	(γ_1)	1,408	0,341	17,09	$<$ 0,0001
Droga B	(γ_2)	0,296	0,316	0,87	0,3500

Para comparar as drogas A e B, testou-se a hipótese H_0: $\gamma_1 = \gamma_2$ via a estatística de Wald, $W = \frac{(\widehat{\gamma}_1 - \widehat{\gamma}_2)^2}{\text{var}(\widehat{\gamma}_1 - \widehat{\gamma}_2)} = \frac{(\widehat{\gamma}_1 - \widehat{\gamma}_2)^2}{\text{var}(\widehat{\gamma}_1) + \text{var}(\widehat{\gamma}_2) - 2\text{cov}(\widehat{\gamma}_1, \widehat{\gamma}_2)}$, que resultou em 12,41 (valor p = 0,00042, $g.l.$ = 1), mostrando que as drogas apresentaram efeitos diferentes.

A partir das razões de chances, ajustadas para períodos e obtidas de modo similar ao dos demais estudos, foi possível concluir que a chance de resposta favorável dos pacientes que receberam a droga A foi $\exp(1,408) \approx 4$ vezes a dos que receberam o placebo e de $\exp(1,408 - 0,296) \approx 3$ vezes a dos que receberam a droga B.

9.2.2.2 Estudos cruzados de três períodos

Os estudos cruzados de três períodos, embora com certo trabalho adicional, podem também ser analisados de maneira similar à dos estudos de dois períodos. Um exemplo pode ser encontrado em Stokes et al. (2000).

9.2.3 Estudos retrospectivos com observações pareadas

Estudos retrospectivos são frequentes em pesquisas epidemiológicas. Em um estudo caso-controle, por exemplo, um indivíduo com determinada doença (caso) é usualmente pareado com um ou mais indivíduos livres da doença (controles). A situação mais comum consiste de pareamento 1:1, isto é, um controle para cada caso. Outras situações seriam as de pareamento 1:m, com m o número de controles (usualmente entre 2 e 5), bem como as de pareamento n:m (com n casos e m controles).

Em estudos dessa natureza, o modelo de regressão logística condicional também pode ser uma alternativa útil. A função de verossimilhança $L(\boldsymbol{\beta})$ é construída, nesses casos, com base nas probabilidades condicionais de se observar as covariáveis dado a resposta (doença: sim ou não) e no uso do teorema de Bayes. Tal função é similar àquela derivada na Seção 9.2.1 para os estudos prospectivos com contagens pequenas nos estratos sendo que, no caso de pareamento 1:1, $L(\boldsymbol{\beta})$ fica expressa por

$$L(\boldsymbol{\beta}) = \prod_{i=1}^{q} \left\{ \frac{\exp[\boldsymbol{\beta}'(\mathbf{x}_{i1} - \mathbf{x}_{i2})]}{1 + \exp[\boldsymbol{\beta}'(\mathbf{x}_{i1} - \mathbf{x}_{i2})]} \right\}, \tag{9.4}$$

em que $(\mathbf{x}_{i1} - \mathbf{x}_{i2})$ denota a diferença entre os valores das covariáveis do caso e do controle envolvidos no i-ésimo pareamento $(i = 1, \ldots, q)$. Nota-se que o efeito do par (caso e seu respectivo controle) é considerado um parâmetro de perturbação (do inglês *nuisance*). Sendo assim, seu efeito é removido e, consequentemente, não existe intercepto no modelo. Ainda, os pares em que $\mathbf{x}_{i1} = \mathbf{x}_{i2}$ são não-informativos, visto que a contribuição deles para a função de verossimilhança condicional (9.4) é 0,5.

A função de verossimilhança condicional (9.4) é, na realidade, a função de verossimilhança para o modelo de regressão logística não condicional sem o intercepto, em que a resposta é sempre 1 e os valores das covariáveis são dados pelas diferenças entre os valores dos casos e dos controles.

Para estudos com pareamento 1:m pode ser mostrado que a função de verossimilhança condicional fica expressa por

$$L(\boldsymbol{\beta}) = \prod_{i=1}^{q} \left\{ 1 + \sum_{h=1}^{m} \exp\left[\boldsymbol{\beta}'(\mathbf{x}_{ih} - \mathbf{x}_{i0})\right] \right\}^{-1},$$

em que $h = 1, \ldots, m$ indexa os controles e $h = 0$ corresponde aos casos. Essa função não é, contudo, equivalente a nenhuma forma não condicional e, sendo assim, programas computacionais específicos são necessários nos casos em que ocorrem pareamentos 1:m e n:m.

9.2.3.1 Exemplo de estudo com observações pareadas

Um estudo foi realizado em uma comunidade de aposentadas nos anos 1970 para estudar a associação entre o uso de estrogênio e a incidência de câncer do endométrio. Cada caso foi pareado com um controle que estava no mesmo ano de idade, que tinha o mesmo *status* marital e vivia na mesma comunidade na data do diagnóstico do caso (pareamento 1:1). Outras informações coletadas foram: o *status* de hipertensão, o histórico de litíase biliar e o uso de estrogênio. Participaram do estudo 126 mulheres. Os dados (STOKES et al., 2000) estão em https://docs.ufpr.br/~giolo/LivroADC.

No procedimento de ajuste do modelo de regressão logística condicional, foi observado que somente as variáveis histórico de litíase biliar (HLB) e uso de estrogênio (EST) apresentaram efeito significativo. As estimativas obtidas para o modelo com essas duas variáveis estão na Tabela 9.8. A análise gráfica dos resíduos indicou evidências a favor do modelo ajustado.

Tabela 9.8 – Estimativas associadas ao modelo final ajustado

	Estimativa	Erro-padrão	Wald	Valor p
HLB (β_1)	1,66	0,798	4,3	0,0381
EST (β_2)	2,78	0,760	13,3	0,0003

Nota: HLB = histórico de litíase biliar e EST = uso de estrogênio.

Os resultados mostraram que a chance de relatos de histórico de litíase biliar (HLB) entre as aposentadas com câncer do endométrio foi $\exp(1,66) = 5,23$ vezes essa mesma chance entre as aposentadas sem o câncer. Por outro lado, a chance de relatos de uso do estrogênio entre as aposentadas com câncer do endométrio foi $\exp(2,78) \approx 16$ vezes essa mesma chance entre as aposentadas sem o câncer. Isso significa que o maior número de relatos de histórico de litíase biliar (HLB) e de uso do estrogênio (EST) ocorreu entre as aposentadas com câncer do endométrio, o que sugere associação de ambos esses fatores (histórico de litíase biliar e uso do estrogênio) com o câncer do endométrio.

9.3 Exercícios

1. Um estudo caso-controle com pareamento 1:1 envolveu um total de 78 indivíduos (39 pares) a fim de pesquisar se fumo (SMK) estaria associado ao infarto do miocárdio (MI) (KLEINBAUM, 1994). As variáveis consideradas no pareamento foram: idade, raça e sexo. Duas outras variáveis registradas foram: pressão arterial sistólica (SBP) e *status* do eletrocardiograma (ECG). O arquivo com os dados (infart.txt) está em https://docs.ufpr.br/~giolo/LivroADC.

(a) Analise os dados desse estudo e apresente conclusões.

2. Medicamentos utilizados no controle de ansiedade grave podem apresentar efeitos adversos como: diminuição de apetite, dor de estômago, dor de cabeça, dentre outros. Para avaliar dois medicamentos (A e B), 150 indivíduos de ambos os sexos participaram de um ensaio clínico sob o delineamento cruzado de dois períodos. A resposta registrada em cada período foi a presença (S) ou não (N) de efeitos adversos. Os dados hipotéticos estão na Tabela 9.9 com P denotando placebo.

(a) Analise os dados e responda se os medicamentos A e B diferiram entre si quanto à ocorrência de efeitos adversos.

Tabela 9.9 – Delineamento cruzado de dois períodos

Sexo	Sequência	Efeitos adversos				Totais
		SS	SN	NS	NN	
Feminino	A:B	10	7	3	5	25
	B:P	2	11	2	10	25
	P:A	4	3	16	2	25
Masculino	A:B	11	8	4	2	25
	B:P	2	9	5	9	25
	P:A	3	2	18	2	25

3. Para investigar se a infertilidade secundária feminina estaria associada com abortos prévios (induzidos ou espontâneos), 83 mulheres com a infertilidade e 83 sem a infertilidade mencionada participaram de um estudo caso-controle (TRICHOPOULOS et al., 1976). As variáveis consideradas no pareamento foram: idade, número de gestações (incluindo abortos) e anos de escolaridade. O arquivo infertilidade.txt, contendo as variáveis descritas a seguir, encontra-se disponível em https://docs.ufpr.br/~giolo/LivroADC.

Anos de escolaridade	0 = 0 a 5, 1 = 6 a 11 e 2 = 12 anos ou mais
Idade	idade em anos
Número de gestações	1 a 6
Aborto induzido	0 = 0, 1 = 1 e 2 = 2 ou mais
Status de caso	1 = caso e 0 = controle
Aborto espontâneo	0 = 0, 1 = 1 e 2 = 2 ou mais
Identificação do par	1 a 83

(a) Analise os dados desse estudo.

(b) Apresente conclusões com base no modelo ajustado.

Apêndices

Apêndice A

Estimador de máxima verossimilhança

Considere que a variável aleatória $N_{11} \mid (n_{1+}, p_{(1)1}) \sim \text{Bin}(n_{1+}, p_{(1)1})$, com $n_{1+} = n_{11} + n_{12} > 0$ e $p_{(1)1} \in [0, 1]$. Desse modo, tem-se que a função de verossimilhança e seu logaritmo, denotados por $L(p_{(1)1} \mid n_{11})$ e $\ell(p_{(1)1} \mid n_{11})$, são dados por

$$L(p_{(1)1} \mid n_{11}) = \frac{(n_{1+})!}{n_{11}!(n_{1+} - n_{11})!}(p_{(1)1})^{n_{11}}(1 - p_{(1)1})^{(n_{1+} - n_{11})}$$

$$\ell(p_{(1)1} \mid n_{11}) = \ln\left[\frac{(n_{1+})!}{n_{11}!(n_{1+} - n_{11})!}\right] + n_{11}\ln(p_{(1)1}) + (n_{1+} - n_{11})\ln(1 - p_{(1)1}).$$

Assim, derivando-se $\ell(p_{(1)1} \mid n_{11})$ em relação a $p_{(1)1}$ e igualando-se a expressão resultante a zero, obtém-se a equação de verossimilhança

$$\frac{\partial \ell(p_{(1)1} \mid n_{11})}{\partial p_{(1)1}} = \frac{n_{11}}{p_{(1)1}} - \frac{(n_{1+} - n_{11})}{1 - p_{(1)1}} = 0.$$

Logo, o valor de $p_{(1)1}$ que maximiza $\ell(p_{(1)1} \mid n_{11})$, e consequentemente $L(p_{(1)1} \mid n_{11})$, solução da equação acima, resulta em $\frac{n_{11}}{n_{1+}}$. Ainda, a derivada de segunda ordem de $\ell(\cdot)$ apresentada a seguir

$$\frac{\partial^2 \ell(p_{(1)1} \mid n_{11})}{\partial^2 p_{(1)1}} = -\frac{n_{11}}{(p_{(1)1})^2} - \frac{(n_{1+} - n_{11})}{(1 - p_{(1)1})^2}$$

é negativa, o que garante que a solução encontrada é um ponto de máximo.

Desse modo, a estimativa de máxima verossimilhança de $p_{(1)1}$ (função do valor observado n_{11}) é obtida por $\frac{n_{11}}{n_{1+}}$, em que $n_{11} \geq 0$. Já o estimador de máxima verossimilhança (EMV) de $p_{(1)1}$ (função da variável aleatória N_{11}), denotado por $\widehat{p}_{(1)1}$, fica expresso por

$$\widehat{p}_{(1)1} = \frac{N_{11}}{n_{1+}}.$$

Em decorrência da propriedade de invariância do EMV (MOOD et al., 1974), segue que o EMV de $p_{(1)2} = 1 - p_{(1)1}$ resulta em

$$\widehat{p}_{(1)2} = 1 - \widehat{p}_{(1)1} = \frac{N_{12}}{n_{1+}},$$

sendo a correspondente estimativa de máxima verossimilhança (função do valor observado n_{12}) obtida por $\dfrac{n_{12}}{n_{1+}}$, em que $n_{12} \geq 0$.

Ainda,

$$-E\left[\frac{\partial^2 \ell(p_{(1)1} \mid n_{11})}{\partial^2 p_{(1)1}}\right] = \frac{n_{1+}}{p_{(1)1}(1 - p_{(1)1})},$$

de modo que a variância assintótica de $\widehat{p}_{(1)1}$ é $\dfrac{p_{(1)1}(1 - p_{(1)1})}{n_{1+}}$.

Visto que $\mathrm{E}(N_{11}) = n_{1+}p_{(1)1}$ e $\mathrm{Var}(N_{11}) = n_{1+}p_{(1)1}(1 - p_{(1)1})$, a distribuição de $\widehat{p}_{(1)1}$ tem média e erro-padrão dados, respectivamente, por

$$E[\widehat{p}_{(1)1}] = p_{(1)1} \qquad \text{e} \qquad \sigma(\widehat{p}_{(1)1}) = \sqrt{\frac{n_{1+}}{p_{(1)1}(1 - p_{(1)1})}}.$$

Apêndice B

Elementos da matriz de covariância da multinomial

Considere um estudo composto de n ensaios independentes no qual cada ensaio resulta em um número r finito de categorias de resposta com probabilidades $p_1, p_2, \ldots, p_r$, tal que $p_j \geq 0$, $j = 1, \ldots, r$, e $\sum_{j=1}^{r} p_j = 1$. Denotando por N_j o número de vezes que a j-ésima resposta ocorre nos n ensaios, segue que a distribuição associada ao vetor aleatório $\mathbf{N} = (N_1, \ldots, N_r)'$ é a multinomial com parâmetros n e $\mathbf{p} = (p_1, p_2, \ldots, p_r)$, denotada aqui por $\mathbf{N} \sim \text{Multi}(n,\, \mathbf{p})$, cuja função de probabilidade é dada por

$$\begin{aligned} P(\mathbf{N} = \mathbf{n}) &= P(N_1 = n_1, N_2 = n_2, \ldots, N_r = n_r) \\ &= \frac{n!}{n_1!\, n_2! \ldots n_r!}\,(p_1)^{n_1}(p_2)^{n_2} \ldots (p_r)^{n_r} \\ &= n! \prod_{j=1}^{r} \frac{(p_j)^{n_j}}{(n_j)!}, \end{aligned}$$

em que $n_j \geq 0$ e $\sum_{j=1}^{r} n_j = n$.

Como em cada ensaio ocorre somente uma das j categorias possíveis de resposta ($j = 1, \ldots, r$), defina $X_j = 1$ se a j-ésima resposta ocorreu no i-ésimo ensaio ($i = 1, \ldots, n$) e $X_j = 0$, caso contrário, de modo que $N_j = \sum_{i=1}^{n} X_j$, $j = 1, \ldots, r$. Assim, para $j = j'$, segue que

$$\begin{aligned} \text{Cov}(X_j, X_{j'}) = \text{Var}(X_j) &= E[X_j X_j] - E[X_j]\,E[X_j] \\ &= E[X_j^2] - E[X_j]\,E[X_j] \\ &= E[X_j] - E[X_j]\,E[X_j] \\ &= p_j - (p_j)^2 \\ &= p_j\,(1 - p_j), \end{aligned}$$

com $X_j^2 = X_j$ devido ao fato de X_j assumir somente os valores 1 ou 0.

Por analogia, para $j \neq j'$, segue que

$$\begin{aligned}\text{Cov}(X_j, X_{j'}) &= E[X_j X_{j'}] - E[X_j]\,E[X_{j'}] \\ &= -E[X_j]\,E[X_{j'}] = -\,p_j\,p_{j'},\end{aligned}$$

com $X_j X_{j'} = 0$ devido ao fato de X_j e $X_{j'}$ não poderem ser ambos iguais a 1 ao mesmo tempo. Logo, segue que

$$\text{Cov}(N_j, N_{j'}) = n\,\text{Cov}(X_j, X_{j'}) = \begin{cases} n\,p_j\,(1 - p_j) & \text{para } j = j' \\ -\,n\,p_j\,p_{j'} & \text{para } j \neq j'. \end{cases}$$

Apêndice C

Modelos probabilísticos discretos

Tabela C.1 – Função de probabilidade, esperança e variância dos principais modelos probabilísticos discretos

Modelos	Função de probabilidade	Parâmetros e domínio de x	Esperança	Variância
Bernoulli (p)	$p^x(1-p)^{1-x}$	$p \in [0,1]$, $x = 0,1$	p	$p\,(1-p)$
Binomial (n,p)	$\frac{n!}{x!(n-x)!}\, p^x(1-p)^{n-x}$	$n > 0$, $p \in [0,1]$, $x = 0,1,\ldots,n$	$n\,p$	$n\,p\,(1-p)$
Multinomial $(n, p_1, \ldots, p_r)$	$\frac{n!}{x_1!\ldots x_r!}\,(p_1)^{x_1}\ldots(p_r)^{x_r}$	$n > 0$, $p_j \in [0,1]$, $\sum_{j=1}^{r} p_j = 1$ $x_j \in \{0,1,\ldots,n\}$, $\sum_{j=1}^{r} x_j = n$	$n\,p_j$	$n\,p_j(1-p_j)$
Hipergeométrico (n,m,r)	$\frac{\binom{m}{x}\binom{n-m}{r-x}}{\binom{n}{r}}$	$x = 0,1,\ldots,\min(r,m)$ $n > 0$, $r < n$	$\frac{r\,m}{n}$	$\frac{r\,m(n-m)(n-r)}{n^2\,(n-1)}$
Poisson (μ)	$\frac{e^{-\mu}\mu^x}{x!}$	$\mu > 0$, $x = 0,1,2,\ldots$	μ	μ

Nota: uma variável aleatória é denominada discreta se o número de valores possíveis que ela assume for enumerável (finito ou infinito).

Apêndice D

Método delta

Seja $\boldsymbol{\theta}$ um vetor de p parâmetros $\theta_1, \ldots, \theta_p$ e, para g uma função diferenciável de $\boldsymbol{\theta}$, defina, para $k = 1, \ldots, p$,

$$g'_k(\boldsymbol{\theta}) = \frac{\partial}{\partial \theta_k} g(\boldsymbol{\theta}) \bigg|_{\boldsymbol{\theta} = \widehat{\boldsymbol{\theta}}}$$

com $\widehat{\boldsymbol{\theta}}$ o estimador de máxima verossimilhança de $\boldsymbol{\theta}$.

Então, pela expansão em série de Taylor para g($\boldsymbol{\theta}$) em torno de $\widehat{\boldsymbol{\theta}}$, pode-se mostrar que

$$\text{Var}[g(\widehat{\boldsymbol{\theta}})] \approx \sum_{k=1}^{p} \left[g'_k(\widehat{\boldsymbol{\theta}})\right]^2 \text{Var}(\widehat{\theta}_k) + 2 \sum \sum_{k\,<\,\ell} \left[g'_k(\widehat{\boldsymbol{\theta}})\right] \left[g'_\ell(\widehat{\boldsymbol{\theta}})\right] \text{Cov}(\widehat{\theta}_k, \widehat{\theta}_\ell),$$

em que $\text{Var}(\widehat{\theta}_k)$ corresponde à variância do estimador de máxima verossimilhança $\widehat{\theta}_k$, $k = 1, \ldots, p$, e $\text{Cov}(\widehat{\theta}_k, \widehat{\theta}_\ell)$ às respectivas covariâncias entre $\widehat{\theta}_k$ e $\widehat{\theta}_\ell$, para $k, \ell = 1, \ldots, p$, com $k \neq \ell$.

Logo, uma estimativa aproximada para Var[g($\widehat{\boldsymbol{\theta}}$)], isto é, $\widehat{\text{Var}}[g(\widehat{\boldsymbol{\theta}})]$, pode ser obtida substituindo-se $\widehat{\theta}_k$, $\text{Var}(\widehat{\theta}_k)$, $k = 1, \ldots, p$, e $\text{Cov}(\widehat{\theta}_k, \widehat{\theta}_\ell)$, $k, \ell = 1, \ldots, p$, com $k \neq \ell$, por suas respectivas estimativas, de modo que

$$\widehat{\text{Var}}[g(\widehat{\boldsymbol{\theta}})] \approx \sum_{k=1}^{p} \left[g'_k(\widehat{\boldsymbol{\theta}})\right]^2 \widehat{\text{Var}}(\widehat{\theta}_k) + 2 \sum \sum_{k\,<\,\ell} \left[g'_k(\widehat{\boldsymbol{\theta}})\right] \left[g'_\ell(\widehat{\boldsymbol{\theta}})\right] \widehat{\text{Cov}}(\widehat{\theta}_k, \widehat{\theta}_\ell),$$

com $\widehat{\text{Var}}(\widehat{\theta}_k)$ e $\widehat{\text{Cov}}(\widehat{\theta}_k, \widehat{\theta}_\ell)$ as variâncias e as covariâncias estimadas.

Nota-se que, para $\boldsymbol{\theta}$ composto de um único parâmetro, tem-se

$$\text{Var}[g(\widehat{\boldsymbol{\theta}})] \approx \left[g'_1(\widehat{\theta}_1)\right]^2 \text{Var}(\widehat{\theta}_1)$$

e, em consequência,

$$\widehat{\text{Var}}[g(\widehat{\boldsymbol{\theta}})] \approx \left[g'_1(\widehat{\theta}_1)\right]^2 \widehat{\text{Var}}(\widehat{\theta}_1),$$

em que $\widehat{\text{Var}}(\widehat{\theta}_1)$ corresponde à variância estimada de $\widehat{\theta}_1$.

Apêndice E

Nomograma de Fagan

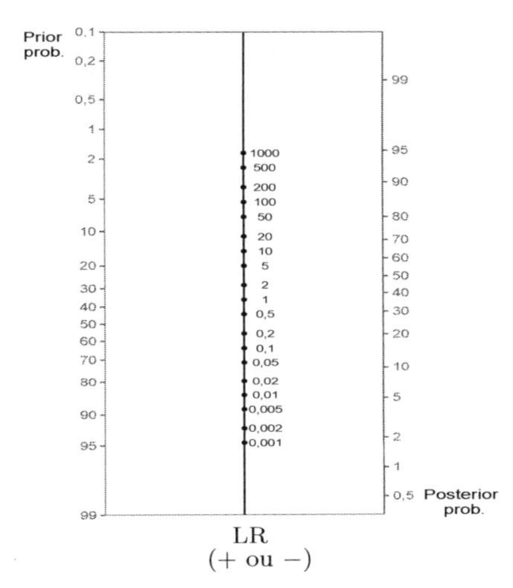

LR+ = razão de probabilidades positiva = sensibilidade/(1−especificidade)

LR− = razão de probabilidades negativa = (1−sensibilidade)/especificidade

p_1 = *prior probability* = probabilidade *a priori* = prevalência da doença

c_1 = chance *a priori* = prevalência/(1−prevalência) = $p_1/(1-p_1)$

c_2 = chance *a posteriori* = $c_1 \times$ LR+ (ou $c_1 \times$ LR−)

p_2 = *posterior probability* = probabilidade *a posteriori* = $c_2/(1+c_2)$

Tabela E.1 – Intervalos de confiança para LR+, LR− e p_2 = probabilidade *a posteriori*

Resultado do exame	IC(LR+) = $(L_{i+}; L_{s+})$	IC(p_2) = $(L_i; L_s)$
+	$L_{i+} = \exp\left[\ln(\text{LR+}) - z_{\alpha/2}\sqrt{\text{V(LR+)}}\right]$	$L_i = \frac{c_{2i}}{1+c_{2i}}$ com $c_{2i} = c_1 \times L_{i+}$
	$L_{s+} = \exp\left[\ln(\text{LR+}) + z_{\alpha/2}\sqrt{\text{V(LR+)}}\right]$	$L_s = \frac{c_{2s}}{1+c_{2s}}$ com $c_{2s} = c_1 \times L_{s+}$
	IC(LR−) = $(L_{i-}; L_{s-})$	IC(p_2) = $(L_i; L_s)$
−	$L_{i-} = \exp\left[\ln(\text{LR−}) - z_{\alpha/2}\sqrt{\text{V(LR−)}}\right]$	$L_i = \frac{c_{2i}}{1+c_{2i}}$ com $c_{2i} = c_1 \times L_{i-}$
	$L_{s-} = \exp\left[\ln(\text{LR−}) + z_{\alpha/2}\sqrt{\text{V(LR−)}}\right]$	$L_s = \frac{c_{2s}}{1+c_{2s}}$ com $c_{2s} = c_1 \times L_{s-}$

Nota: Schwartz (2006) implementou esses IC em http://araw.mede.uic.edu/cgi-bin/testcalc.pl
$\text{V(LR+)} = \frac{(1-\text{sens})}{(n_{1+})(\text{sens})} + \frac{\text{esp}}{(n_{2+})(1-\text{esp})}$ e $\text{V(LR−)} = \frac{\text{sens}}{(n_{1+})(1-\text{sens})} + \frac{(1-\text{esp})}{(n_{2+})(\text{esp})}$,
$z_{\alpha/2}$ = percentil $100(1-\alpha/2)$ da N(0,1), esp = especificidade e sens = sensibilidade.

Referências

AGRESTI, A. *Categorical data analysis.* New York: John Wiley & Sons, 1990.

AGRESTI, A. *An introduction to categorical data analysis.* New York: John Wiley & Sons, 1996.

AGRESTI, A. *Categorical data analysis.* 2. ed. New York: John Wiley & Sons, 2002.

AGRESTI, A. *An introduction to categorical data analysis.* 2. ed. New York: John Wiley & Sons, 2007.

AGRESTI, A. *Analysis of ordinal categorical data.* 2. ed. New York: John Wiley & Sons, 2010.

AKAIKE, H. A new look at the statistical model identification. *IEEE Transactions on Automatic Control*, v. 19, n. 6, p. 716-723, 1974.

ATINKSON, A. C. *Plots, transformations and regressions.* Oxford: Statistical Science Series, 1985.

BANGDIWALA, S. I. *The agreement chart.* Department of Biostatistics, University of North Carolina at Chapel Hill, Institute of Statistics Mimeo Series, n. 1859, 1988. Disponível em: <http://www.stat.ncsu.edu/information/library/mimeo.archive/ISMS_1988_1859.pdf>. Acesso em: 10 mar. 2016.

BAUMAN, K. E.; KOCH, G. G.; LENTZ, M. Parent characteristics, perceived health risk, and smokeless tobacco use among white adolescent males. *NCI Monographs*, n. 8, p. 43-48, 1989.

BENDER, R.; GROUVEN, U. Using binary logistic regression models for ordinal data with non-proportional odds. *Journal of Clinical Epidemiology*, v. 51, n. 10, p. 809-816, 1998.

BERGKVIST, L. et al. The risk of breast cancer after estrogen and estrogen-progestin replacement. *The New England Journal of Medicine*, v. 321, n. 5, p. 293-297, 1989.

BILDER, C. R.; LOUGHIN, T. M. *Analysis of categorical data using R*. New York: Chapman & Hall, 2015.

BISHOP, Y. M.; FIENBERG, S. E.; HOLLAND, P. W. *Discrete multivariate analysis*: theory and applications. New York: Springer, 2007.

BOLFARINE, H.; BUSSAB, W. O. *Elementos de amostragem*. São Paulo: Blucher, 2005.

BRESLOW, N. E.; DAY, N. E. *Statistical methods in cancer research*: the analysis of case-control studies. Lyon: International Agency for Research on Cancer, 1980.

CAJAMARCA, B. S. T. *Urgências em dermatologia*. 2005. 25f. Monografia (Especialização) – Departamento de Nutrição, Curso de Especialização em Nutrição Clínica, Universidade Federal do Paraná, Curitiba, 2005.

CASTRO-COSTA, E.; FERRI, C. P. Measures of effect for cross-sectional studies. *Revista Brasileira de Psiquiatria*, v. 30, n. 4, p. 399-408, 2008.

CHARNET, R. et al. *Análise de modelos de regressão linear com aplicações*. 2. ed. Campinas: Unicamp, 2008.

CHRISTENSEN, R. *Log-linear models and logistic regression*. N. York: Springer-Verlag, 1997.

COCHRAN, W. G. Some methods for strengthening the common chi-square tests. *Biometrics*, v. 10, n. 4, p. 417-451, 1954.

COCHRAN, W. G. *Sampling techniques*. 3. ed. New York: John Wiley & Sons, 1977.

COHEN, J. A coefficient of agreement for nominal scales. *Educational and Psychological Measurement*, v. 20, n. 1, p. 37-46, 1960.

COHEN, J. Weighted kappa: nominal scale agreement with provision for scaled disagreement or partial credit. *Psychological Bulletin*, v. 70, n. 4, p. 213-220, 1968.

CURI, P. R. *Metodologia e análise de pesquisa em ciências biológicas*. Botucatu: Tipomic, 1997.

DANTAS, C. A. B. *Probabilidade*: um curso introdutório. 2. ed. São Paulo: Edusp, 2000.

DAVISON, A. C.; GIGLI, A. Deviance residuals and normal scores plots. *Biometrika*, v. 76, n. 2, p. 211-221, 1989.

DEMÉTRIO, C. G. B. Modelos lineares generalizados em experimentação agronômica. In: 46ª RBRAS E 9º SEAGRO, 2001, Piracicaba. *Minicurso...* Piracicaba: Rbras, 2001, p. 1-113.

ERNSTER, V. L. Nested case-control studies. *Preventive Medicine*, v. 23, n. 5, p. 586-590, 1994.

EVERITT, B. S. *The analysis of contingency tables*. 2. ed. New York: Chapman & Hall, 1992.

FAGAN, T. J. Nomogram for Bayes's theorem. *The New England Journal of Medicine*, v. 293, n. 5, p. 257, 1975.

FAREWELL, V. T. Some results on the estimation of logistic models based on retrospective data. *Biometrika*, v. 66, n. 1, p. 27-32, 1979.

FINNEY, D. J. *Estimation of the median effective dose*: probit analysis. 3. ed. London: Cambridge University Press, 1971.

FLETCHER, R. H; FLETCHER, S. W.; FLETCHER, G. S. *Clinical epidemiology:* the essentials. 5. ed. Philadelphia: Lippincott Williams & Wilkins, 2014.

FRIENDLY, M. *Visualizing categorical data*. Cary, NC: SAS Institute Inc., 2000.

FRIENDLY, M.; MEYER, D. *Discrete data analysis with R*: visualization and modeling techniques for categorical and count data. New York: Chapman & Hall, 2015.

GAVRILOFF, M. M. *Avaliação das ações de promoção do aleitamento materno em hospital universitário*. 1994. 241f. Dissertação (Mestrado) – Setor de Ciências da Saúde, Universidade Federal do Paraná, Curitiba, 1994.

GENETIC ANALYSIS WORKSHOP 16: strategies for genome-wide association study analyses. *BMC Proceedings*, v. 3, 2009. Disponível em: <https://bmcproc.biomedcentral.com/articles/10.1186/1753-6561-3-S7-S1>. Acesso em: 23 abr. 2017.

HEAGERTY, P. J.; ZEGER, S. L. Marginal regression models for clustered ordinal measurements. *Journal of the American Statistical Association*, v. 91, n. 435, p. 1024-1036, 1996.

HEDEKER, D. A. Mixed-effects multinomial logistic regression model. *Statistics in Medicine*, v. 22, n. 9, p. 1433-1446, 2003.

HEDEKER, D.; GIBBONS, R. D. A random-effects ordinal regression-model for multilevel analysis. *Biometrics*, v. 50, n. 4, p. 933-944, 1994.

HOSMER JR., D. W.; LEMESHOW, S. *Applied logistic regression.* New York: John Wiley & Sons, 1989.

HOSMER JR., D. W.; LEMESHOW, S. *Applied logistic regression.* 2. ed. New York: John Wiley & Sons, 2000.

HUEB, W. et al. Ten-year follow-up survival of the medicine, angioplasty, or surgery study (MASS-II): a randomized controlled clinical trial of 3 therapeutic strategies for multivessel coronary artery disease. *Circulation*, v. 122, n. 10, p. 949-957, 2010.

HUGHES, K. Odds ratios in cross-sectional studies. *International Journal of Epidemiology*, v. 24, n. 2, p. 463-464, 1995.

HULLEY, S. B. et al. *Designing Clinical Research.* 4. ed. Philadelphia: Lippincott Williams & Wilkins, 2013.

JAMES, B. R. *Probabilidade*: um curso em nível intermediário. 2. ed. Rio de Janeiro: LTC, 1996.

KELLY, G. E. The median lethal dose-design and estimation. *Journal of the Royal Statistical Society, Series D*, v. 50, n. 1, p. 41-50, 2001.

KELLY, G. E.; LINDSEY, J. K. Robust estimation of the median lethal dose. *Journal of Biopharmaceutical Statistics*, v. 12, n. 2, p. 137-147, 2002.

KENDALL, M. G.; STUART, A. *The advanced theory of statistics.* v. 2, 3. ed., 3. impr. New York: Hafner Publishing Company, 1961.

KLEINBAUM, D. G. *Logistic regression:* a self-learning text. New York: Springer Verlag, 1994.

KOCH, G. G.; SINGER, J. M.; AMARA, I. A. A two-stage procedure for the analysis of ordinal categorical data. In: *Biostatistics*: statistics in biomedical, public health and environmental sciences. Amsterdam: P. K. Sen, ed., p. 357-387, 1985.

KURITZ, S. J.; LANDIS, J. R.; KOCH, G. G. A general overview of Mantel-Haenszel methods: applications and recent developments. *Annual Review of Public Health*, v. 9, p. 123-160, 1988.

LALL, R. et al. A review of ordinal regression models applied on health-related quality of life assessments. *Statistical Methods in Medical Research*, v. 11, n. 1, p 49-67, 2002.

LANDIS, J. R.; KOCH, G. G. The measurement of observer agreement for categorical data. *Biometrics*, v. 33, n. 1, p. 159-174, 1977a.

LANDIS, J. R.; KOCH, G. G. An application of hierarchical Kappa-type statistics in the assessment of majority agreement among multiple observers. *Biometrics*, v. 33, n. 2, p. 363-374, 1977.

LAWAL, H. B. *Categorical data analysis with SAS and SPSS applications.* New Jersey: Lawrence Erlbaum Associates, Inc., 2003.

LEE, J. Odds ratio or relative risk for cross-sectional data? *International Journal of Epidemiology*, v. 23, n. 1, p. 201-203, 1994.

LEVINE, D. M.; BERENSON, M. L.; STEPHAN, D. *Estatística*: teoria e aplicações. Rio de Janeiro: LTC, 2000.

LIPSITZ, S. R.; FITZMAURICE, G. M.; MOLENBERGHS, G. Goodness-of-fit tests for ordinal response regression models. *Journal of the Royal Statistical Society. Series C*, v. 45, n. 2, p. 175-190, 1996.

LIU, I.; AGRESTI, A. The analysis of ordered categorical data: an overview and a survey of recent developments. *Test*, v. 14, n. 1, p. 1-73, 2005.

MACHADO, E. B. *Controle de Condylorrhiza vestigialis (Guenée, 1854) (Lepidoptera: Crambidae), a mariposa do álamo, com uso de C. vestigialis multiplenucleopolyhedrovirus em condições de laboratório e campo.* 2006. 124f. Dissertação (Mestrado) – Engenharia Florestal, Universidade Federal do Paraná, Curitiba, 2006.

MANTEL, N. Chi-square tests with one degree of freedom: extensions of the Mantel-Haenszel procedure. *Journal of the American Statistical Association*, v. 58, n. 303, p. 690-700, 1963.

MANTEL, N.; HAENSZEL, W. Statistical aspects of the analysis of data from retrospective studies of disease. *Journal of the National Cancer Institute*, v. 22, n. 4, p. 719-748, 1959.

MAXWELL, A. E. *Analysing qualitative data.* London: Methuen, 1961.

McCULLAG, P. Regression models for ordinal data. *Journal of the Royal Statistical Society, Series B*, v. 42, n. 2, p. 109-142, 1980.

McCULLACH, P.; NELDER, J. A. *Generalized linear models.* 2. ed. London: Chapman & Hall, 1989.

McNEMAR, Q. Note on the sampling error of the difference between correlated proportions or percentages. *Psychometrika*, v. 12, n. 2, p. 153-157, 1947.

MECKLENBURG, R. S. et al. Acute complications associated with insulin pump therapy: report of experience with 161 patients. *Journal of the American Medical Association*, v. 252, n. 23, p. 3265-3269, 1984.

MELIA, B. M.; DIENER-WEST, M. *Modeling interrater agreement for pathologic features of choroidal melanoma.* In: LANGE, Nicolas et al. *Case studies in biometry.* New York: John Wiley & Sons, 1994. cap 16.

MOLENBERGHS, G.; VERBEKE, G. *Models for discrete longitudinal data.* New York: Springer, 2005.

MOOD, A. M.; GRAYBILL, F. A., BOES; D. C. *Introduction to the theory of statistics.* 3. ed. New York: McGraw-Hill, 1974.

NASSER NETO, B. *Avaliação da microinfiltração marginal em restaurações da amálgama adesiva tipo classe II comparando dois tipos de sistemas adesivos.* 2003. 36f. Trabalho de Conclusão de Curso (Graduação) – Faculdade de Ciências Biológicas e da Saúde, Universidade Tuiuti do Paraná, Curitiba, 2003.

OTT, L. *An introduction to statistical methods and data analysis.* Boston: Duxbury Press, 1984.

OVERVAD, K. et al. Selenium in human mammary carcinogenesis: a case-cohort study. *European Journal of Cancer*, v. 27, n. 7, p. 900-902, 1991.

PAULA, G. A. *Modelos de regressão com apoio computacional.* Disponível em: <www.ime.usp.br/~giapaula>. Acesso em: 16 mar. 2016.

PAULINO, C. D. M.; SINGER, J. M. *Análise de dados categorizados.* São Paulo: Blucher, 2006.

PAWITAN, Y. *All in likelihood:* statistical modelling and inferences using likelihood. Oxford: Oxford University Press, 2001.

PETERSON, B.; HARRELL JR., F. E. Partial proportional odds models for ordinal response variables. *Journal of the Royal Statistical Society. Series C*, v. 39, n. 2, p. 205-217, 1990.

PLACKETT, R. L. Karl Pearson and the chi-squared test. *International Statistical Review*, v. 51, n. 1, p. 59-72, 1983.

PREGIBON, D. Logistic regression diagnostics. *The Annals of Statistics*, v. 9, n. 4, p. 705-724, 1981.

PRENTICE, R. L.; PYKE, R. Logistic disease incidence models and case control studies. *Biometrika*, v. 66, n. 3, p. 403-411, 1979.

R CORE TEAM. *R:* a language and environment for statistical computing. Vienna: R Foundation for Statistical Computing. Disponível em: <https://www.R-project.org>. Acesso em: 25 mar. 2017.

SCHNEIDER, J. A. et al. Ineffectiveness of ascorbic acid therapy in nephropathic cystinosis. *The New England Journal of Medicine*, v. 300, n. 14, p. 756-759, 1979.

SCHWARTZ, A. *Diagnostic test calculator*. Chigago: University of Illinois, 2006. Disponível em: <http://araw.mede.uic.edu/cgi-bin/testcalc.pl>. Acesso em: 26 abr. 2017.

SEMENYA, K. A.; KOCH, G. G. Linear models analysis for rank functions ordinal categorical data. In: ANNUAL MEETING OF THE AMERICAN STATISTICAL ASSOCIATION, 1980, Houston. *Proceedings*... Houston: Statistical Computing Section, 1980. p. 271-276.

SIDNEY, S.; FRIEDMAN, G. D.; HIATT, R. A. Serum cholesterol and large bowel cancer: a case-control study. *American Journal of Epidemiology*, v. 124, n. 1, p. 33-38, 1986.

SIEGEL, S; CATELLAN JR., J. *Estatística não-paramétrica para ciências do comportamento*. 2. ed. Porto Alegre: Artmed, 2006.

SILVEIRA NETO, S. et al. *Manual de ecologia dos insetos*. São Paulo: Agronômica Ceres, 1976.

STOKES, M. E. *An application of categorical data analysis to a large environmental data set with repeated measurements and missing values*. Institute of Statistics Mimeo Series, n. 1807, Chapel Hill: University of North Carolina, 1986.

STOKES, M. E.; DAVIS, C. S.; KOCH, G. G. *Categorical data analysis using the SAS System*. Cary: SAS Institute Inc., 2000.

THOMPSON, M. L.; MYERS, J. E.; KRIEBEL, D. Prevalence odds ratio or prevalence ratio in the analysis of cross sectional data: what is to be done? *Occupational and Environmental Medicine*, v. 55, n. 4, p. 272-277, 1998.

TRICHOPOULOS, D. et al. Induced abortion and secondary infertility. *British Journal of Obstetrics and Gynaecology*, v. 83, n. 8, p. 645-650, 1976.

TUYNS, A. J.; PEQUIGNOT, G.; JENSEN, O. M. Le cancer de l'oesophage en Ille-etVilaine en fonction des niveaux de consommation d'alcool et de tabac. *Bulletin du Cancer*, v. 64, n. 1, p. 45-60, 1977.

WACHOLDER, S.; GAIL, M. H.; PEE, D. Selecting an efficient design for assessing exposure-disease relationships in an assembled cohort. *Biometrics*, v. 47, n. 1, p. 63-76, 1991.

WACHOLDER, S. et al. Selection of controls in case-control studies. III. Design Options. *American Journal of Epidemiology*, v. 135, n. 9, p. 1042-1050, 1992.

WALD, A. Tests of statistical hypotheses concerning several parameters when the number of observations is large. *Transactions of the American Mathematical Society*, v. 54, n. 3, p. 426-482, 1943.

WASSERTHEIL-SMOLLER, S. et al. The trial of antihypertensive interventions and management (TAIM) study: final results with regard to blood pressure, cardiovascular risk, and quality of life. *American Journal of Hypertension*, v. 5, n. 1, p. 37-44, 1992.

WILLIAMS, D. H. Interval estimation of the median lethal dose. *Biometrics*, v. 42, n. 3, p. 641-645, 1986.

WILLIAMS, O. D.; GRIZZLE, J. E. Analysis for contingency tables having ordered response categories. *Journal of the American Statistical Association*, v. 67, n. 337, p. 55-63, 1972.

WMA - WORLD MEDICAL ASSOCIATION. Medical ethics. Disponível em: <https://www.wma.net/what-we-do/medical-ethics>. Acesso em: 25 abr. 2017.

Índice remissivo